印刷工业出版分社

Adobe® 创意大学指定教材

U0315050

Adobe® 创意大学

After Effects CS5产品专家认证

标准教材

◎ 易锋教育　总策划
◎ 刘慧　王夕勇　编著

文化发展出版社
Cultural Development Press

内容提要

  After Effects是Adobe公司出品的著名的视频制作与处理软件，可以高效且精确地创建无数种引人注目的动态图形和震撼人心的视觉效果，在影像合成、动画、视觉效果、多媒体和网页动画方面都可发挥其作用，在全球拥有大量用户，备受视频制作设计师青睐。

  本书采用了最新版本After Effects CS5，知识安排合理，目的是提升学生的岗位技能竞争力；结构清晰明确，通过"理论知识+实战案例"结合的模式循序渐进，由浅入深，重点突出；版式设计新颖，对After Effects CS5产品专家认证的考核知识点在书中进行了加黑重点标注，一目了然，方便初学者和有一定基础的读者更有效地掌握After Effects CS5的重点和难点。本书介绍After Effects CS5产品的各项基本功能，内容包括影视后期制作基础知识、After Effects CS5基本概念、关键帧动画、层和遮罩、特效、文本、三维空间合成、运动跟踪和稳定技术、表达式、渲染输出等。

  本书可作为参加"Adobe 创意大学产品专家认证"考试的指导用书，还可作为大中专院校数字媒体艺术、视频编辑等相关专业和影视后期制作培训班的教材，也可供初学者自学使用。

图书在版编目（CIP）数据

Adobe创意大学 After Effects CS5产品专家认证标准教材/刘慧,王夕勇编著.
—北京:文化发展出版社，2011.6
ISBN 978-7-5142-0113-0

Ⅰ．A… Ⅱ．①刘… ②王… Ⅲ．图形软件，After Effects CS5－技术培训－教材 Ⅳ.TP391.41

中国版本图书馆CIP数据核字(2011)第077640号

Adobe 创意大学 After Effects CS5 产品专家认证标准教材

编　著：刘　慧　王夕勇

责任编辑：张　鑫　　　　　　　　　执行编辑：王　丹
责任印制：孙晶莹　　　　　　　　　责任设计：侯　铮
出版发行：文化发展出版社（北京市翠微路2号 邮编：100036）
网　　址：www.wenhuafazhan.com
经　　销：各地新华书店
印　　刷：北京建宏印刷有限公司
开　　本：787mm×1092mm　　1/16
字　　数：508千字
印　　张：21
印　　次：2011年6月第1版　2016年12月第2次印刷
定　　价：46.00元
ＩＳＢＮ：978-7-5142-0113-0

丛书编委会

主任：黄耀辉

副主任：赵鹏飞　毛屹槟

编委（或委员）：（按照姓氏字母顺序排列）

范淑兰　　高山泉　　高仰伟　　韩培付　　何清超

黄耀辉　　霍奇超　　李春英　　刘　强　　吕　莉

马增友　　毛屹槟　　石文涛　　田振华　　王夕勇

魏振华　　温暖天　　徐春红　　尹小港　　于秀芹

张　鑫　　赵　杰　　赵鹏飞　　钟星翔　　庄　元

本书编委会

主编：易锋教育

编者：刘　慧　孙巧环　王夕勇

审稿：张　鑫

Adobe 是全球最大、最多元化的软件公司之一，以其卓越的品质享誉世界，旗下拥有众多深受广大客户信赖和认可的软件品牌。Adobe 彻底改变了世人展示创意、处理信息的方式。从印刷品、视频和电影中的丰富图像到各种媒体的动态数字内容，Adobe 解决方案的影响力在创意产业中是毋庸置疑的。任何创作、观看以及与这些信息进行交互的人，对这一点更是有切身体会。

中国创意产业已经成为一个重要的支柱产业，将在中国经济结构的升级过程中发挥非常重要的作用。2009 年，中国创意产业的总产值占国民生产总值的 3%，但在欧洲国家这个比例已经占到 10%～15%，这说明在中国创意产业还有着巨大的市场机会，同时，这个行业也将需要大量的与市场需求所匹配的高素质人才。

从目前的诸多报道中可以看到，许多拥有丰富传统知识的毕业生，一出校门很难找到理想的工作，这是因为他们的知识与技能达不到市场的期望和行业的要求。出现这种情况的主要原因很大程度上在于教育行业缺乏与产业需求匹配的专业课程以及能教授学生专业技能的教师。这些技能是至关重要的，尤其是中国正处在计划将自己的经济模式与国际角色从"Made in China/ 中国制造"提升为具备更多附加值的"Designed & Made in China/ 中国设计与制造"的过程中。

Adobe® 创意大学（Adobe® Creative University）计划是 Adobe 公司联合行业专家、行业协会、教育专家、一线教师、Adobe 技术专家，面向国内动漫、平面设计、出版印刷、eLearning、网站制作、影视后期、RIA 开发及其相关行业，针对专业院校、培训机构和创意产业园区创意类人才的培养，以及中小学、网络学院、师范类院校师资力量的建设，基于 Adobe 核心技术，为中国创意产业生态全面升级和教育行业师资水平和技术水平的全面强化而联合打造的全新教育计划。

Adobe® 创意大学计划旨在与国内专业院校、培训机构、创意产业园区以及国家教育主管部门联合，为中国创意行业和教育行业培养更多专业型、实用型、技术性的高端人才，并帮助学生和从业人员快速完成职业和专业能力塑造，迅速提高岗位技能和职业水平，强化个人的市场竞争力，高质、高效地步入工作岗位。

为贯彻 Adobe® 创意大学的教育理念，Adobe 公司联合多方面、多行业的人才组成教育专家组负责新模式教材的开发工作，把最新 Adobe 技术、企业岗位技能需求、院校教学特点、教材编写特点有机结合，以保证课程技能传递职业岗位必备的核心技术与专业需求，又便于实现院校教师易教、学生易学的双重要求。

我们相信 Adobe® 创意大学计划必将为中国的创意产业的发展以及相关专业院校的教学改革提供良好的支持。

Adobe 将与中国一起发展与进步！

Adobe 大中华区董事总经理　黄耀辉

前言

Adobe 于 2010 年 8 月正式推出的全新"Adobe® 创意大学"计划引起了教育行业强大关注。"Adobe® 创意大学"计划集结了强大的教学、师资和培训力量，由活跃在行业内的行业专家、教育专家、一线教师、Adobe 技术专家以及行业协会共同制作并隆重推出了"Adobe® 创意大学"计划的全部教学内容及其人才培养计划。

Adobe® 创意大学计划概述

Adobe® 创意大学（Adobe® Creative University）计划是 Adobe 公司联合行业专家、行业协会、教育专家、一线教师、Adobe 技术专家，面向国内动漫、平面设计、出版印刷、eLearning、网站制作、影视后期、RIA 开发及其相关行业，针对专业院校、培训机构和创意产业园区创意类人才的培养，以及中小学、网络学院、师范类院校师资力量的建设，基于 Adobe 核心技术，为中国创意产业生态全面升级和教育行业师资水平和技术水平的全面强化而联合打造的全新教育计划。

Adobe® 创意大学计划旨在与国内专业院校、培训机构、创意产业园区以及国家教育主管部门联合，为中国创意行业和教育行业培养更多专业型、实用型、技术性的高端人才，并帮助学生和从业人员快速完成职业和专业能力塑造，迅速提高岗位技能和职业水平，强化个人的市场竞争力，高质、高效地步入工作岗位。

专业院校、培训机构、创意产业园区人才培养平台均可加入 Adobe® 创意大学计划，并获得 Adobe 的最新技术支持和人才培养方案，通过对相关专业技术和专业知识、行业技能的严格考核，完成创意人才、教育人才和开发人才的培养。

加入"Adobe® 创意大学"的理由

Adobe 将通过区域合作伙伴和行业合作伙伴对 Adobe® 创意大学合作机构提供持续不断的技术、课程、市场活动服务。

"Adobe 创意大学"的合作机构将获得以下权益。

1. 荣誉及宣传

（1）获得"Adobe 创意大学"的正式授权，机构名称将刊登在 Adobe 教育网站 (www.adobecu.com) 上，Adobe 进行统一宣传，提高授权机构的知名度。

（2）获得"Adobe 创意大学"授权牌。

（3）可以在宣传中使用"Adobe 创意大学"授权机构的称号。

（4）免费获得 Adobe 最新的宣传资料支持。

2. 技术支持

（1）第一时间获得 Adobe 最新的教育产品信息、技术支持。

（2）可优惠采购相关教育软件。

（3）有机会参加"Adobe 技术讲座"和"Adobe 技术研讨会"。

（4）有机会参加 Adobe 新版产品发布前的预先体验计划。

3. 教学支持

（1）获得相关专业课程的全套教学方案（课程体系、指定教材、教学资源）。

（2）获得深入的师资培训，包括专业技术培训、来自一线的实践经验分享、全新的实训教学模式分享。

4. 市场支持

（1）优先组织学生参加 Adobe 创意大赛，获奖学生和合作机构将会被 Adobe 教育网站重点宣传，并享有优先人才推荐服务。

（2）有资格参加评选和被评选为 Adobe 创意大学优秀合作机构。

（3）教师有资格参加 Adobe 优秀教师评选；特别优秀的教师有机会成为 Adobe 教育专家委员会成员。

（4）作为 Adobe 创意大学计划考试认证中心，可以组织学生参加 Adobe 创意大学计划的认证考试。考试合格的学生获得相应的 Adobe 认证证书。

（5）参加 Adobe 认证教师培训，持续提高师资力量，考试合格的教师将获得 Adobe 颁发的"Adobe 认证教师"证书。

Adobe® 创意大学计划认证体系和认证证书

（1）Adobe 产品技术认证：基于 Adobe 核心技术，并涵盖各个创意设计领域，为各行业培养专业技术人才而定制。

（2）Adobe 动漫技能认证：联合国内知名动漫企业，基于动漫行业的需求，为培养动漫创作和技术人才而定制。

（3）Adobe 平面视觉设计师认证：基于 Adobe 软件技术的综合运用，满足平面设计和包装印刷等行业的岗位需求，培养了解平面设计、印刷典型流程与关键要求的人才而制定。

（4）Adobe eLearning 技术认证：针对教育和培训行业制定的数字化学习和远程教育技术的认证方案，以培养具有专业数字化教学资源制作能力、教学设计能力的教师 / 讲师等为主要目的，构建基于 Adobe 软件技术教育应用能力的考核体系。

（5）Adobe RIA 开发技术认证：通过 Adobe Flash 平台的主要开发工具实现基本的 RIA 项目开发，为培养 RIA 开发人才而全力打造的专业教育解决方案。

Adobe® 创意大学指定教材

— 《Adobe 创意大学 Photoshop CS5 产品专家认证标准教材》

— 《Adobe 创意大学 InDesign CS5 产品专家认证标准教材》

— 《Adobe 创意大学 Illustrator CS5 产品专家认证标准教材》

— 《Adobe 创意大学 Acrobat X 产品专家认证标准教材》

— 《Adobe 创意大学 After Effects CS5 产品专家认证标准教材》

— 《Adobe 创意大学 Premiere Pro CS5 产品专家认证标准教材》

— 《Adobe 创意大学 Flash CS5 产品专家认证标准教材》

— 《Adobe 创意大学 Dreamweaver CS5 产品专家认证标准教材》

— 《Adobe 创意大学 Fireworks CS5 产品专家认证标准教材》

— 《Adobe 创意大学 Audition 3 产品专家认证标准教材》

"Adobe® 创意大学"计划所做出的贡献，将提升创意人才在市场上驰骋的能力，推动中国创意产业生态全面升级和教育行业师资水平和技术水平的全面强化。

教材服务邮箱：yifengedu@126.com。

教材服务QQ：3365189957。

编著者

2011 年 4 月

目录

第9章

运动跟踪与稳定技术

第10章

表达式

第11章

渲染输出

第12章

综合案例——节目预告

第1章
影视后期制作的基础知识

随着时代的发展，信息传播的表现形式呈多样性发展趋势。从传统的静态广告传播到动态媒体传播，影视媒体已经成为当前最为大众化、最具影响力的媒体形式，从电影大片到电视新闻，再到铺天盖地的电视广告，都深刻地影响着我们的生活。影视媒体行业的迅速发展对影视制作行业提出了更高的要求，影视作品的制作过程一般分为前期制作和后期制作两大部分，本章讲述关于影视后期制作的基础知识。

学习目标

➡ 了解影视后期制作的概念
➡ 了解影视作品制作流程
➡ 掌握Adobe After Effects CS5影视后期制作流程
➡ 了解数字化影视后期制作的基础知识

1.1 影视作品的制作流程

影视作品的制作过程分为前期和后期两部分，下面以电影的制作流程为例，讲述影视作品的基本制作流程。

1. 创作故事板

影视作品的制作团队根据创意脚本制作出故事板，故事板包含了描述每个镜头的静态图画、文字和技术说明，制作人员将镜头一个个地串联起来，构成整部作品，如图1—1所示。

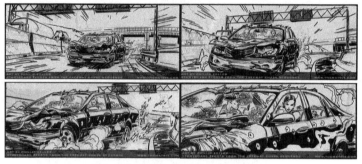

图1—1 "黑客帝国2"故事板片段

2. 实景拍摄

前期故事脚本创作完成后，影视作品的制作团队会分成几个小组：第一组负责设计和建造影片中所需的各种布景；第二组负责寻找拍摄场地，并做好现场拍摄准备工作；第三组开始研究和制作各个不同的计算机特效镜头；第四组为拍摄特效镜头进行准备；第五组着手准备实物特效，如电子动画技术（电影《大白鲨》中的机器人鲨鱼就是一个能动的模型）；第六组负责准备服装；拍摄组负责为不同的镜头准备摄影机、灯光、音响等设备。

3. 后期特效与合成

一旦摄制阶段结束，影视作品就进入了后期制作阶段。在这一阶段，要完成许多不同的工作：

- 将作品中需要添加数字特效的部分数字化。
- 镜头叠加，将计算机特效元素和实景拍摄元素合成为一个镜头。
- 对所有计算机特效镜头进行渲染。
- 修饰特技镜头，去除钢丝、安全带等痕迹。
- 清理所有镜头，校正色差。
- 加入配乐和各种音效。
- 渲染输出。

电影《2012》（见图1—2）中的视觉特效镜头多达1300个，其中包括火山爆发、海啸、水灾，以及将整个加利福尼亚州"撕碎"的地震……这些特效由100多名专业人员组成的特效团队制作完成。在其中一个三分钟的灾难镜头中，影片主角之一杰克逊·柯蒂斯驾驶着汽车在洛杉矶街道上演"生死时速"，道路两边的建筑纷纷倒塌，这一场景需要利用视觉特效技术来完成。特效制作师利用六万张高动态图像作参考，建立了具有真实感的三维立体街区模型，然后开始制造每个邮箱、每棵树木、每栋建筑物震动并崩塌的效果。

图1—2　电影"2012"画面

1.2　影视后期制作

影视后期制作是融文字、声音、画面等多种视听手段于一体的高度综合性创作，是影视节目生产的重要工序，制作水平的高低直接关系到影视作品的质量。影视后期制作环节可以分为特效创作、音效创作、配乐、剪辑以及合成输出几部分。

1．特效创作

特效创作可以制作出实景拍摄过程中无法实现的画面效果。如在战争片或者灾难片中会出现一些对人体或者环境造成伤害的画面，可以在前期实景拍摄时预留出足够的信息点，在后期制作时使用计算机技术制作枪火、爆炸、碰撞等的特效镜头合成到实景拍摄的镜头中，获得震撼的画面效果。

2．音效创作

音效创作是影视后期制作的重要组成部分，通过创作并添加音效，为影视作品增加现场感、真实感。如山上掉落巨石，即使巨石已经掉落到画面之外，通过添加音效也可以让观众知道巨石具体掉落到了什么位置。

3．配乐

影视作品的配乐体现作品的艺术创作风格，在突出影视作品的气氛方面起着特殊作用，通过录音技术与对白、音响效果合成一条声带，随影视作品的放映而被观众所感知。影视作品的配乐与对白、旁白、音响效果等声音元素结合后，如与画面配合得当，能使观众在接受视觉形象时，补充和深化对影视作品的艺术感受。

4．剪辑

剪辑就是将影视制作过程中得到的各种素材进行重新排列组合，从而达到导演要求的一个创作过程。一部影视作品在经过前期素材拍摄与采集之后，由剪辑师按照剧情发展和影片结构的要求，将拍摄与采集到的多个镜头画面和录音带，经过选择、整理和修剪，按照影视画面拼接原理和最富于银幕效果的顺序组接起来，从而成为一部结构完整、内容连贯、含义明确并具有艺术感染力的影视作品。

5．合成输出

合成是将各种不同的元素有机地组合在一起，并且进行艺术再加工并得到最终作品的过

程。合成的概念很广，无论是艺术创作还是日常生活，都离不开合成。绘画的过程可以称为合成的过程，因为艺术家把自己的思想情感和颜料合成为最终的画作；烹饪的过程可以称为合成的过程，因为厨师把各种原料合成了美味的菜肴。

在影视作品的前期制作中，进行实景拍摄和素材收集，在后期制作中把这些素材进行加工组合，完成最终的影视作品。

1.3 Adobe After Effects CS5影视后期制作流程

下面简单介绍使用Adobe After Effects CS5进行影视后期制作的操作流程，主要分为6个步骤，如图1－3所示。

准备素材　　导入素材　　创建合成组　　编辑素材　　预览动画　　渲染输出

图1－3　流程图

1．准备素材

素材一般包含：静态图像、序列图片、动态视频、音频资料、After Effects/Adobe Premiere Pro项目文件以及Adobe Illustrator/Adobe Photoshop项目文件等。

2．导入素材

将准备好的素材导入到Adobe After Effects CS5中，使之能够被软件调用。

3．创建合成组

根据项目需求创建合适的合成组（如标准的PAL制电视格式），将导入的素材置入到合成组中，准备进行处理。

4．编辑素材

在时间线窗口中对素材进行编辑，如变形、位移、旋转、添加特效、调色、加入文字内容、跟踪、稳定、绘画以及添加遮罩等。

5．预览动画

素材编辑完成后，对动画结果进行预览，推荐使用RAM高速缓存预览。

6．渲染输出

动画预览完毕后，如无问题则可以对动画进行渲染输出。

1.4 数字化影视创作基础知识

在计算机技术高度发展的今天，高性能计算机工作站成为了影视后期制作最流行的平台，使用Adobe After Effects CS5软件进行影视后期制作，需要了解并掌握计算机的基础图像知识。

1.4.1 / 常用计算机图像原理

在影视剪辑过程中，经常需要对素材文件进行色彩与图像的调整。一部优秀的影视作品离不开合适的色彩搭配和优质的画面效果。在制作影视作品时需要对色彩的模式和图像类型以及分辨率等概念有充分的了解，才能灵活地运用各种类型的素材。

1. 色彩模式

色彩模式即描述色彩的方式。在Adobe After Effects CS5软件中常用的色彩模式有HSB、HSL、RGB和灰度模式，如图1—4所示。

图1—4 Adobe After Effects CS5颜色拾取器

（1）HSB色彩模式。HSB色彩模式是基于人对颜色的心理感受而形成的。HSB色彩模式将色彩理解成三个要素：Hue（色调）、Saturation（饱和度）和Brightness（亮度），这比较符合人的主观感受，可以让使用者觉得更加直观。它可用底与底对接的两个圆锥体立体模型来表示。其中轴向表示亮度，自上而下由白变黑。径向表示色饱和度，自内向外逐渐变高。而圆周方向则表示色调的变化，形成色环。

（2）HSL色彩模式。HSL色彩模式是工业界的一种颜色标准，通过对Hue（色调）、Saturation（饱和度）和 L（亮度）三个颜色通道的变化以及它们相互之间的叠加来得到各式各样的颜色，这个标准几乎包括了人类视力所能感知的所有颜色，是目前运用最广的颜色系统之一。HSL色彩模式使用HSL模型为图像中每一个像素的HSL分量分配一个0~255范围内的强度值。HSL图像只使用三种通道，就可以使它们按照不同的比例混合，在屏幕上重现16777216种颜色。在 HSL 模式下，每个通道都可使用从 0到 255的值。

（3）RGB色彩模式。RGB是由红、绿、蓝三原色组成的色彩模式。计算机中显示出来的色彩都是由三原色组合而来的。三原色中的每一种颜色一般都可包含256种亮度级别，三个通道合成在一起就可以显示出完整的颜色图像。电视机或监视器等视频设备就是利用光的三原色进行彩色显示的。

RGB图像中的每个通道一般可包含28个不同的色调。通常所提到的RGB图像包含三个通道，在一幅图像中可以有224种（约1670万个）不同的颜色。

在Adobe After Effects CS5软件中可以通过对红、绿、蓝三个通道的数值的调节，来调整对象的色彩，每个颜色通道的取值范围为0～255，当三个通道中的任意两个通道的数值都为0时，图像显示为黑色，当三个通道中的任意两个通道的数值都为255时，图像为白色。

（4）YUV色彩模式。YUV是被欧洲电视系统所采用的一种颜色编码方法，是PAL和SECAM模拟彩色电视制式采用的颜色空间。在现代彩色电视系统中，通常采用三管彩色摄影机或彩

色CCD摄影机进行取像，然后把取得的彩色图像信号经分色、分别放大校正后得到RGB，再经过矩阵变换电路得到亮度信号Y和两个色差信号R-Y（即U）、B-Y（即V），最后发送端将亮度和色差三个信号分别进行编码，用同一信道发送出去。这种色彩的表示方法就是所谓的YUV色彩模式。YUV色彩模式的亮度信号Y和色度信号U、V是分离的。

（5）灰度模式。灰度模式属于非彩色模式，它只包含256种不同的亮度级别，只有一个"Black"（黑色）通道。剪辑人员在图像中看到的各种灰度色调都是由256种不同强度的黑色所表示的。灰度图像中的每个像素的颜色都采用8位二进制数字的方式进行存储。

> **注意**
>
> CMYK色彩模式也是常见的色彩模式之一，这种色彩模式主要应用于出版印刷领域，它不能应用于视频编辑，Adobe After Effects CS5不支持采用此色彩模式的素材文件。Lab色彩模式也是常见的色彩模式之一，这种色彩模式主要应用于图像编辑，它不适合于视频编辑领域，Adobe After Effects CS5支持采用此色彩模式的素材文件，但是Adobe Premiere Pro CS5不支持。

2．图形术语

计算机上显示的图形一般可分为两种类型：位图图形和矢量图形。

（1）位图图形。位图图形也称为光栅图形，通常也称之为图像，每一幅位图图形都包含着一定数量的像素。每一幅位图图形的像素数量是固定的，当位图图形被放大时，由于像素数量不能满足更大图形尺寸的需求，会产生模糊感，如图1－5所示。剪辑人员在创建位图图形时，必须指定图形的尺寸和分辨率。数字化的视频文件也是由连续的位图图形组成的。

（2）矢量图形。矢量图形通过数学方程式产生，由数学对象所定义的直线和曲线组成。在矢量图形中，所有内容都是由数学定义的曲线（或者路径）组成的，这些路径曲线放在特定位置并填充有特定的颜色。移动、缩放图片或更改图片的颜色都不会降低图形的品质，如图1－6所示。

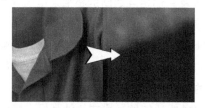

图1－5　位图图形放大后画面变模糊　　　　图1－6　矢量图形放大后画面无损失

矢量图形与分辨率无关，将它缩放到任意大小打印在输出设备上都不会遗漏细节或损伤清晰度，是生成文字（尤其是小号文字）的最佳选择，矢量图形还具有文件数据量小的特点。Adobe Premiere Pro CS5中的字幕图形就是矢量图形。

（3）像素。像素是构成图形的基本元素，是位图图形的最小单位。"像素"（pixel）是由 picture（图像）和 element（元素）这两个单词的字母所组成的，是用来计算数码影像的一种单位，如同摄影的相片一样，数码影像也具有连续性的浓淡阶调，若放大影像数倍，会发现这些连续色调其实是由许多色彩相近的小方点组成的。这些小方点就是构成影像的最小单位"像素"。这种最小的图形单元在屏幕上通常显示为单个的染色点。越高位的像素拥有的色板越丰富，越能表达颜色的真实感。

（4）分辨率。分辨率（resolution）是指屏幕图像的精密度，即显示器所能显示的像素的多少。由于屏幕上的点、线和面都是由像素组成的，显示器可显示的像素越多，画面就越精细，同样的屏幕区域内能显示的信息也越多，所以分辨率是个非常重要的性能指标之一。

经验

视频文件只能以72pixels/inch（像素/英寸）的分辨率显示，即使图像的分辨率高于72 pixels/inch，在视频编辑应用程序中显示图像尺寸时，图像品质看起来也与72 pixels/inch的效果相似，所以在选择和处理各种素材时，设置成72 pixels/inch即可。

(5) 色彩深度。模拟信号视频转换为数字化后，能否真实反映原始图像的色彩是十分重要的。在计算机中，采用色彩深度这一概念来衡量处理色彩的能力。色彩深度指的是每个像素可显示出的色彩数。它和数字化过程中的量化数有着密切的关系。因此色彩深度基本上用多少量比数，也就是多少位（bit）来表示，量化比特数越高，每个像素可显示出的色彩数目越多。8位色彩是256色；16位色彩称为中彩色（thousands）；24位色彩称为真彩色，就是百万色（millions）。

注意

常见的32位色彩与24位色彩在画面显示上没有区别，多出来的8位用来体现素材半透明的程度，也被称为Alpha透明通道。

1.4.2 常见影视剪辑基础术语

1. 数字视频基本概念

(1) 场。在普通CRT电视上，每个电视的帧（即每幅画面）包含2个画面，电视机通过隔行扫描技术，把每个电视的帧画面隔行抽掉一半，然后交错合成为1个帧的大小。由隔行扫描技术产生的两个画面被称为场。场是以水平隔线的方式保存帧的内容，在显示时先显示第一个场的交错间隔内容，然后再显示第二个场来填充第一个场留下的缝隙。每一个NTSC视频的帧大约显示1/30s，每一场大约显示1/60s，而PAL制式视频的一帧显示时间是1/25s，每一个场显示为1/50s。

视频素材分为交错式和非交错式。当前大部分广播电视信号是交错式的，而计算机图形软件，包括After Effects是以非交错式显示视频的。交错视频的每一帧由两个场（Field）构成，称为场1和场2或者称为奇场和偶场，在After Effects中称为上场（Upper Field）和下场（Lower Field）。这些场依照顺序显示在NTSC或PAL制式的监视器上，能产生高质量平滑图像。

(2) 场顺序。在显示设备将光信号转换为电信号的扫描过程中，扫描总是从图像的左上角开始，水平向前进行，同时扫描点也以较慢的速率向下移动，通常分隔行扫描和逐行扫描两种扫描方式。隔行扫描指显示屏在显示一幅图像时，先扫描奇数行，全部完成奇数行扫描后再扫描偶数行，因此每幅图像需扫描两次才能完成。大部分的广播视频采用两个交换显示的垂直扫描场构成每一帧画面，这叫做交错扫描。计算机操作系统是以非交错形式显示视频的，它的每一帧画面由一个垂直扫描场完成，电影胶片类似于非交错视频，每次显示整个帧。

场的扫描先后顺序称为场顺序，一般分为上场优先和下场优先两种。

(3) 帧。帧是指组成影片的每一幅静态画面。无论是电影或者电视，都是利用动画的原理使图像产生运动。动画就是将一系列差别很小的画面以一定速率连续放映而产生出运动视觉的技术。根据人类的视觉暂留现象，连续的静态画面可以产生运动效果。构成视频素材文件的最小单位元素为帧（Frame），即组成动画的每一幅静态画面，一帧就是一幅静态画面，如图1—7所示。

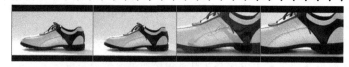

图1—7　组成动画的每一幅静态画面

（4）帧速率。帧速率是指播放视频时每秒钟所播放的画面数量。物体在快速运动时，人眼对于时间上每一个点的物体状态会有短暂的保留现象，如夜晚广场上晃动的探照灯。由于视觉暂留现象，看到的不是一个亮点沿弧线运动，而是一道道的弧线。这是由于探照灯在前一个位置发出的光还在人的眼睛里短暂保留，它与当前探照灯的光芒融合在一起，因此组成一段弧线。由于视觉暂留的时间非常短，为10^{-1} s，所以为了得到平滑连贯的运动画面，必须使画面的更新达到一定标准，即每秒钟所播放的画面要达到一定数量，这就是帧速率。PAL制式的影片的帧速率是25帧/s，NTSC制式的影片的帧速度是29.97帧/s，电影的帧速率是24帧/s。

（5）字幕。字幕可以是移动文字提示、标题、片头或文字标题。

（6）画外音。画外音指影片中声音的画外运用，即不是由画面中的人或物体直接发出的声音，而是来自画面外的声音。旁白、独白、解说是画外音的主要形式。旁白一般分为客观性叙述与主观性自述两种。画外音摆脱了声音依附于画面视像的从属地位，充分发挥声音的创造作用，打破镜头和画面景框的界限，把电影的表现力拓展到镜头和画面之外，不仅使观众能深入感受和理解画面形象的内在涵义，而且能通过具体生动的声音形象获得间接的视觉效果，强化了影片的视听结合功能。画外音和画面内的声音及视像互相补充，互相衬托，可产生各种蒙太奇效果。

（7）转场。转场是指在一个场景结束到另一个场景开始之间出现的内容。段落是影片最基本的结构形式，影片在内容上的结构层次是通过段落表现出来的。而段落与段落、场景与场景之间的过渡或转换，就叫做转场。通过添加转场特效，剪辑人员可以将单独的素材和谐地融合成一部完美的影片。

（8）模拟信号。模拟信号是指用磁带作为载体对视频画面进行记录、保存和编辑的一种视频信号模式。这种模式是将所有的视频信息记录在磁带上。在对视频进行编辑时，是采用线性编辑的模式。随着计算机技术的不断发展，线性编辑这种模式慢慢被非线性编辑模式所代替。

（9）数字信号。数字信号是相对于模拟信号而言的，数字信号是指在视频信号产生后的处理、记录、传送和接收的过程中，使用的都是数字信号，即在时间上和幅度上都是离散化的信号，相应的设备称为数字视频设备。

（10）时间码。时间码（Time Code）是摄像机在记录图像信号的时候，针对每一幅图像记录的唯一的时间编码。一种应用于流的数字信号。该信号为视频中的每个帧都分配一个数字，用以表示小时、分钟、秒钟和帧数。现在所有的数码摄像机都具有时间码功能，模拟摄像机基本没有此功能。

（11）宽高比。宽高比是视频标准中的重要参数，一般可分为帧宽高比和像素宽高比两种。帧宽高比指的是视频素材中每帧图像的长度与宽度的比例，如标准PAL制式（PAL D1／DV）画面尺寸720×576的帧宽高比为5：4，标准 NTSC制式（NTSC DV）画面尺寸720×480的帧宽高比为3：2，标准高清视频的帧宽高比为16：9。像素宽高比是指图像中像素的宽与高之比。计算机显示器的像素形态为正方形，像素宽高比为1：1，传统电视设备的像素形态为长方形，标准PAL制式的像素比例为1.09，标准NTSC制式的像素比为0.91。因此，在计算机显示器上看起来合适的图像在电视屏幕上会变形，显示球形图像时尤其明显。在影视后期工作中建立新项目时，根据最终作品的要求需要设置项目视频画面的帧宽高比与像素宽高比，当导入的视频素材使用了与项目设置不同的宽高比时，必须确定如何协调这两个不同的参数值。

2．电视制式

电视信号的标准也称为电视的制式，目前各国的电视制式不尽相同。电视制式的区分主要在于其帧频（场频）的不同、分解率的不同、信号带宽以及载频的不同、色彩空间的转换关系不同等。彩色电视制式是在满足黑白电视技术标准的前提下研制的，为了实现黑白和彩色信号的兼容，色度编码对副载波的调制有三种不同方法，形成了三种彩色电视制式，即NTSC制、PAL制和SECAM制。

（1）NTSC制式。全称为：正交平衡调幅制——National Television Systems Committee。采用这种制式的主要国家有美国、加拿大和日本等。这种制式的帧速率为29.97帧/s，每帧525行262线，标准画面尺寸为720×480（像素）。

（2）PAL制式。全称为：正交平衡调幅逐行倒相制——Phase-Alternative Line。中国、德国、英国和其他一些西北欧国家采用这种制式。这种制式帧速率为25帧/s，每帧625行312线，标准画面尺寸为720×576（像素）。

（3）SECAM制式。全称为：行轮换调频制——Séquential Couleur á Mémoire（法语）。采用这种制式的有法国、前苏联和东欧一些国家。这种制式帧速率为25帧/s，每帧625行312线，标准画面尺寸为720×576（像素）。

3．网络流媒体与移动流媒体

（1）网络流媒体。网络流媒体是指采用流式传输的方式在Internet播放的媒体格式。流媒体又称为流式媒体，服务商用一个视频传送服务器把节目当成数据包发出，传送到网络上；用户通过解压设备对这些数据进行解压后，节目就会像发送前那样显示出来。

流媒体实际指的是一种新的媒体传送方式，而非一种新的媒体，流式传输方式将视音频及3D等多媒体文件经过特殊的压缩方式分成一个个压缩包，由视频服务器向用户计算机连续、实时传送。在采用流式传输方式的系统中，用户不必像采用下载方式那样等到整个文件全部下载完毕，而是只需经过几秒或几十秒的启动延时即可在用户的计算机上利用解压设备（硬件或软件）对压缩的A/V、3D等多媒体文件解压后进行播放和观看。此时多媒体文件的剩余部分将在后台的服务器内继续下载。

（2）移动流媒体。移动流媒体是指在移动设备上实现的视频播放功能，现在智能手机操作系统（采用Sb3、Windows Phone 7、iOS 4、Android 2.3等系统）发展越来越快，在这些手机上可以下载流媒体播放器实现流媒体播放。近几年来，基于宽带有线网络的流媒体技术应用获得了长足发展，基于移动通信网络的流媒体技术也日益走向成熟。

当前，3G网络为移动流媒体业务发展提供了更有效的支撑。由于3G网络拥有更高的数据传输速率和数据业务支撑能力，3G运营商不仅可以向用户提供高质量的语音业务，而且还能够提供高速率的流媒体业务。日本和韩国以及欧美地区的一些移动运营商已相继推出了基于移动流媒体技术的视频业务，国内3G业务也有了长足发展。移动流媒体业务已成为3G网络的核心业务和热点业务。

常见的可以用流式传输方式播放的视频文件格式有3GP、RA、RM、RMVB、ASF、

FLV、WMV、SWF等。

4．标清与高清

标清与高清是两种不同的视频标准，标清是指标准清晰度视频，而高清是指高清晰度视频，它们的不同体现在文件尺寸和质量上。

就制式而言，PAL制式标清视频尺寸为720×576，大于这个尺寸的称为高清视频，如1280×720、1920×1080等。相对于标清视频而言，高清视频的画质有很大幅度的提高，同时在声音方面因为采用了先进的解码与环绕立体声技术，可以带来更真实的现场感受。

就存储发行介质而言，一般标准DVD光盘存储的是标清视频，画面大小一般为720×576像素（PAL制）或者720×480（像素）（NTSC制式），而蓝光光盘一般存储高清视频，画面大小一般为1280×720（像素）或者1920×1080（像素）。

高清视频可以分为多个层次，各层次的区别在于画面尺寸和帧速率，如表1－1所示。

表1-1　高清视频格式

格式	尺寸/像素	帧速率/（帧/s）	行交错
720P 24	1280 × 720	23.976	逐行
720P 25	1280 × 720	25	逐行
720P 30	1280 × 720	29.97	逐行
720P 50	1280 × 720	50	逐行
720P 60	1280 × 720	59.94	逐行
1080P 24	1920 × 1080	23.976	逐行
1080P 25	1920 × 1080	25	逐行
1080P 30	1920 × 1080	29.97	逐行
1080i 50	1920 × 1080	25（50场/s）	隔行
1080i 60	1920 × 1080	29.97（59.94场/s）	隔行

> **注意**
>
> 随着计算机技术的迅速发展，现在的计算机设备对于高清视频编辑而言已经游刃有余，蓝光播放器价格也已逐渐降低，大屏幕液晶电视销量屡创新高，中国的电视台也会在几年后全面提供高清频道，高清视频必将是大势所趋。

1.5　本章习题

选择题

1．Adobe After Effects CS5颜色拾取器中显示的色彩模式有_____（多选）

    A．CMYK   B．RGB   C．HSB   D．HSL

2．在隔行扫描模式的视频文件中，每一帧画面包含的场的数量为_____（单选）

    A．1   B．2   C．3   D．4

3．常见高清视频的分辨率有_____（多选）

    A．1280×720   B．1920×1080   C．720×576   D．720×480

第2章

Adobe After Effects CS5概述

Adobe After Effects CS5是Adobe公司推出的运行于PC和MAC机上的影视合成软件，与Adobe公司的其他产品如Photoshop、Premiere和Illustrator等联系紧密，广泛应用于电视、广告制作以及电影特效合成等领域。

学习目标

➡ 了解Adobe After Effects CS5的发展历史
➡ 了解Adobe After Effects CS5的新功能与系统需求
➡ 掌握Adobe After Effects CS5的安装流程
➡ 了解Adobe After Effects CS5的工作界面和工作流程
➡ 掌握Adobe After Effects CS5支持的素材格式以及导入方法
➡ 掌握Adobe After Effects CS5中管理素材的方法

2.1 After Effects 软件发展历史

　　After Effects软件目前最新版本是CS5，能够高效、精确地创建引人注目的动态图形视觉效果。利用与其他 Adobe 软件的紧密集成和高度灵活的2D与3D 合成，以及数百种预设的效果和动画，为电影、视频、DVD 和网络 Flash等作品增添丰富的效果。

2.1.1 After Effects 的早期版本

　　1993年，Adobe推出After Effects 1.0 for Mac版本，这个版本的功能十分简单。1994年，After Effects 2.0 for Mac版本问世（研发代号Teriyaki），如图2－1所示。

　　1995年10月，After Effects 3.0 for Mac版本发布（研发代号Nimchow），1996年4月 After Effects 3.1 for Mac版本发布，1997年5月 After Effects 3.1 Windows版本发布（研发代号Dancing Monkey），如图2－2所示，这是第一个Windows平台版本。

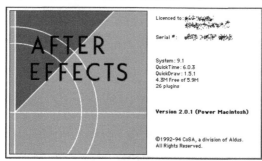 

图2－1　After Effects 2.0　　　　　　　　　图2－2　After Effects 3.1

　　1999年1月，After Effects 4.0（研发代号ebeer）版本发布，如图2－3所示。

　　2001年，After Effects 5.0版本发布，如图2－4所示。这是一次重大升级，5.0版本中的3D处理能力、父子关系功能、Flash输出以及改进的遮罩和其他新特性，提高了工作效率。2001年年底又进行部分升级，推出 After Effects 5.5版本。After Effects 5.5提供两种版本：标准版本提供核心制作、动画以及效果工具；产品捆绑版本除了包括以上工具外，还提供了16位色支持、矢量画图功能、网络绘制以及其他强大的键控功能、运动控制、视觉效果、3D通道和音频工具。

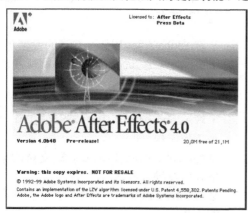 

图2－3　After Effects 4.0　　　　　　　　　图2－4　After Effects 5.0

2003年，Adobe公司发布了Adobe After Effects 6.0，如图2－5所示，可用于Windows和Mac OS操作系统，对主要性能作了进一步的增强，支持OpenGL，能够帮助专业人员提高效率，满足在制作方面的严峻挑战和需求。2004年4月19日，Adobe公司发布After Effects 6.5，操作界面也变得更为简单与人性化，与Adobe其他产品更为紧密的结合，对主流视频媒体格式及3D动画软件提供更好的支持。

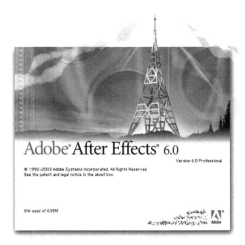

图2－5 Adobe After Effects 6.0

2006年1月，Adobe推出 Production Studio 套装，Production Studio是Adobe Creative Suite家族的一部分，它包括了After Effects 7.0、Premiere Pro 2.0、Photoshop CS2、Audition 2.0、Encore DVD 2.0和Illustrator CS2。

Production Studio 套装中的软件组成了一条完美的工作流程：Adobe After Effects 7.0可以高效并精确地创建各种动态图形和视觉效果；Premiere Pro 2.0可以采集和编辑几乎各种格式的视频，并按照需要进行输出；Audition 2.0集音频录制、混合、编辑和控制于一身，可轻松创建各种声音，并完成影片的配音和配乐；而Encore DVD 2.0可以将视音频内容创建并刻录为带有环绕立体声和动态菜单的专业级DVD。

After Effects 7.0是Production Studio 套装中的重要组成部分,如图2－6所示。After Effects 7.0版本新增加了Flash视频输出功能，用户可以去除相互交叠的窗口和画板，可以重新布置面板，保留个性化工作布局，并控制用户界面的亮度。通过扩大对OpenGL 2.0的支持，2D和3D的屏幕渲染可以得到提速，还提供了对各种混合模式和2D层"移动模糊"等处理的高分辨率支持。

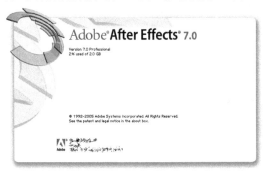

图2－6 After Effects 7.0

2.1.2 / Adobe Creative Suite创新套件与After Effects

Adobe Creative Suite（也称为Adobe创新套件）是Adobe系统公司出品的图形设计、影像编辑与网络开发的软件产品套装。

Adobe Creative Suite套装的第一个版本于2002年推出，创意设计软件的名称由原来的版本号结尾（如Photoshop 8）变成由CS结尾（如Photoshop CS）。

2005年4月，Adobe推出了新版本Adobe Creative Suite 2，其系列产品的新版本名称扩展名也改为CS2（如Photoshop CS2）。这个套装同时有Windows和Mac两个版本。

Adobe Creative Suite 3，代号"剥香蕉"，于2007年3月27日发布。随着Adobe Creative Suite 3的发布，Adobe Production Studio也被完全集成到Creative Suite产品家族中，称为 Adobe Creative Suite 3 Production Premium。After Effects软件也升级为了After Effects CS3，如图2－7所示。

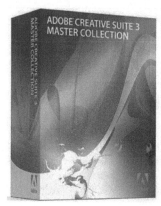

图2－7　Adobe Creative Suite 3与After Effects CS3

2008年10月，Adobe Creative Suite 4套装发布，其中的Adobe Creative Suite 4 Production Premium套装是创意专业人员的必备解决方案，涵盖各大最新版本的视像、音效、设计和互联网工具、整合层面等，为专业制作提供了卓越的功能。After Effects软件随之升级为After Effects CS4，如图2－8所示。

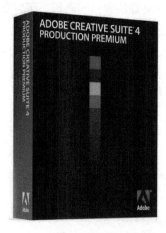

图2－8　Adobe Creative Suite 4与After Effects CS4

2.1.3 / Adobe Creative Suite 5套装与 Adobe After Effects CS5

Adobe公司于2010年4月12日宣布推出新一代网络、设计与开发软件套装"Creative Suite 5"（CS5），所有组件和套件都升级到了最新版，如图2-9所示。

图2-9 Adobe Creative Suite 5与After Effects CS5

Adobe Creative Suite 5分为大师典藏版、设计高级版、设计标准版、网络高级版、产品高级版五大版本，各自包含不同的组件，包括以下独立程序和相关技术：Photoshop CS5（标准版和扩展版）、Illustrator CS5、InDesign CS5、Acrobat 9 Pro、Flash Catalyst CS5（新增）、Flash Professional CS5、Dreamweaver CS5、Fireworks CS5、Contribute CS5、Adobe After Effects CS5、Encore CS5、Soundbooth CS5、OnLocation CS5、Bridge CS5、Flash Builder 4、Device Central CS5、Dynamick Link，此外还有五个新的Adobe CS Live在线服务。

2.2 Adobe After Effects CS5特性简述

Adobe After Effects CS5 提供了高效的增强功能和先进的工具，包括尖端的色彩修正、强大的屏幕抠像控制和多个嵌套的时间轴，并专门针对多处理器和超线程进行了优化。

● 高质量的视频：Adobe After Effects CS5支持从4×4像素到30000×30000像素的分辨率，包括高清晰度电视（HDTV）。

● 多层剪辑：无限层电影和静态画面的成熟合成技术，使After Effects CS5可以实现电影和静态画面无缝的合成。

● 高效的关键帧编辑：Adobe After Effects CS5中，关键帧支持具有所有层属性的动画，Adobe After Effects CS5可以自动处理关键帧之间的变化。

● 无与伦比的准确性：Adobe After Effects CS5可以精确到一个像素的千分之六，可以准确地定位动画。

● 强大的路径功能：就像在纸上画草图一样，使用Motion Sketch可以轻松绘制动画路径和加入动画模糊。

● 强大的特技控制：Adobe After Effects CS5可以使用多达85种软插件修饰，来增强图像效果和动画控制。

● 同其他Adobe软件的无缝结合：Adobe After Effects CS5在导入Photoshop和Illustrator文件时，保留层信息。

● 高效的渲染效果：Adobe After Effects CS5可以执行一个合成组在不同尺寸大小上的多种渲染或者执行一组任何数量的不同合成组的渲染。

● 原生64位支持：Adobe After Effects CS5可以支持数10GB内存，"Ram Preview"内存预览可以扩展到几十秒甚至几分钟，在后期合成项目中可以大规模应用高质量的素材。

● 支持彩色LUT文件：与高端的调色软件交换调色的参数，可以在Smoke、Flame等软件里面调色，然后导出调色参数文件，应用Adobe After Effects CS5可以获得与高端调色软件一样的效果。

● Mocha 2.0、Mocha Shape和Roto Brush：Adobe After Effects CS5进一步强化了手工遮罩和跟踪的能力，Mocha 2.0与Mocha Shape的组合可以实现优秀的手工遮罩和运动跟踪，Roto Brush功能可以在复杂的背景上进行优秀的抠像操作。

● Color Finesse 3.0和其他调色模式的增强：Adobe After Effects CS5进一步增强了调色能力，可以让更多基础的合成工作在软件中完成。现在调色插件Color Finesse增强了32位色深的支持，可以处理胶片级别视频调色。

● 32位通道支持：Adobe After Effects CS5大多数插件都支持单通道32位的图片，后期制作最重要的Linear色彩的处理问题得到了很好的解决。

2.3　Adobe After Effects CS5系统需求

2.3.1　Windows版本

● Intel Pentium 4 或 AMD Athlon 64 处理器（推荐 Intel Core 2 Duo 或 AMD Phenom II）；需要 64 位支持。

● 需要 64 位操作系统：Microsoft Windows Vista Home Premium、Business、Ultimate 或 Enterprise（带有 Service Pack 1）或者 Windows 7。

● 2GB 内存。

● 3GB 可用硬盘空间；可选内容另外需要 2GB 空间；安装过程中需要额外的可用空间（无法安装在基于闪存的可移动存储设备上）。

● 1280×1024 像素屏幕，OpenGL 2.0 兼容图形卡。

● DVD-ROM 驱动器。

● 需要 QuickTime 7.6.2 软件实现 QuickTime 功能。

● 在线服务需要宽带 Internet 连接。

2.3.2　Mac OSX 版本

● Intel 多核处理器，含 64 位支持。

- Mac OS X 10.5.7 或 10.6 版。
- 2GB 内存。
- 4GB 可用硬盘空间；可选内容另外需要 2GB 空间；安装过程中需要额外的可用空间（无法安装在使用区分大小写的文件系统的卷或基于闪存的可移动存储设备上）。
- 1280×900 像素屏幕，OpenGL 2.0 兼容图形卡。
- DVD-ROM 驱动器。
- 需要 QuickTime 7.6.2 软件实现 QuickTime 功能。
- 在线服务需要宽带 Internet 连接。

> **注意**
>
> Adobe After Effects CS5是原生64位软件，无论是安装在Windows操作系统还是MAC操作系统上，都需要64位操作系统，常用的Windows XP系统已经不能安装，推荐使用64位Windows 7操作系统或者64位MAC OSX 10.6.3操作系统。

2.4 Adobe After Effects CS5安装流程

（1）将Adobe Creative Suit 5 Master Collection的安装光盘Disc-1放入光驱中，光盘自动运行，如果没有自动运行可以到"我的电脑"中找到光盘双击并使之运行。

（2）初始化安装时可能会出现如图2-10所示的提示画面，建议重新启动系统之后再重新安装或者单击"忽略并继续"按钮继续安装。

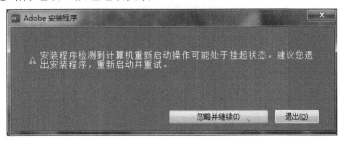

图2-10　提示画面

（3）软件开始初始化安装过程，如图2-11所示。

图2-11　初始化安装过程

（4）初始化完成后，弹出软件安装欢迎界面，如图2-12所示。详细阅读Adobe软件许可协议之后单击"接受"按钮继续安装。

图2-12 软件安装欢迎界面

（5）安装程序需要输入正确的序列号，并且选择一种语言之后，单击"下一步"按钮继续安装，如图2-13所示。

图2-13 输入正确的序列号

（6）在软件列表中选择要安装的软件"ADOBE AFTER EFFECTS CS5"，其余软件请根据需求进行选择，选择合适的安装位置之后，单击"安装"按钮进行安装，如图2-14所示。

图2-14 选择要安装的软件

（7）安装完成后可以从Windows程序列表中找到Adobe After Effects CS5并打开使用，如图2－15所示。

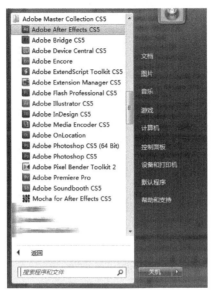

图2－15 Windows程序列表中的Adobe After Effects CS5

2.5 Adobe After Effects CS5工作界面

Adobe After Effects CS5的工作界面可以分为欢迎界面、工作界面和菜单栏三大部分。

2.5.1 欢迎界面

从Windows程序列表中找到Adobe After Effects CS5并打开，弹出软件启动画面，如图2－16所示。

图2－16 软件启动画面

Adobe After Effects CS5启动后首先弹出的是"Welcome to Adobe After Effects"欢迎界面，如图2－17所示。

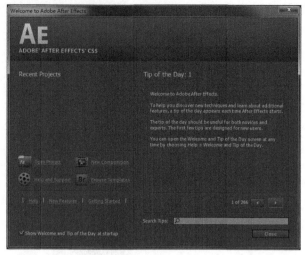

图2-17　"Welcome to Adobe After Effects" 欢迎界面

"Welcome to Adobe After Effects" 欢迎界面的快捷操作按钮给工作带来了很大的便利，在此界面中选择相应的内容后可以进入Adobe After Effects CS5的操作界面，欢迎界面中包括如下内容。

（1）"Recent Projects"（最近的项目）：在这个区域显示最近打开过的项目文件，方便重新打开。

（2）"Open Project"（打开项目）：单击此按钮打开文件浏览窗口，可以从计算机中找到一个项目文件并打开，如图2-18所示。

（3）"New Composition"（新建合成）：单击此按钮打开"Composition Settings"（合成设置）对话框，可以新建一个合成组，如图2-19所示。

图2-18　文件浏览窗口

图2-19　"Composition Settings" 对话框

（4）"Help and Support"（帮助与支持）：单击此按钮开启网络浏览器并连接Adobe官方网站，打开After Effects软件的帮助页面。

（5）"Browse Templates"（浏览模板）：单击此按钮打开Adobe Bridge CS5软件，并且自动切换到Adobe After Effects CS5的模板文件夹，可以选择一个软件自带的模板进行工作，如图2-20所示。

图2-20 Adobe After Effects CS5的模板文件夹

（6）"Help"（帮助）：单击此按钮打开"Adobe Community Help"（Adobe社区帮助）窗口，可以在本地查询有关于软件的各种帮助信息，如图2-21所示。

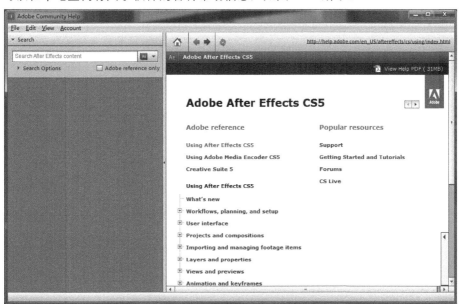

图2-21 "Adobe Community Help"窗口

（7）"New Features"（新特性）：打开浏览器并连接Adobe官方网站，打开Adobe After Effects CS5的新特性演示页面。

（8）"Getting Started"（入门）：打开"Adobe Community Help"（Adobe社区帮助）窗口，并且自动切换到入门与帮助页面。

（9）"Show Welcome and Tip of the Day at Startup"（启动时显示欢迎与每日提示窗口）：此选项默认为勾选状态，在启动Adobe After Effects CS5软件时显示欢迎界面与每日提示信息。

（10）"Tip of the Day"（每日提示）：此区域显示与Adobe After Effects CS5相关的提示信息，共有286条。

（11）"Search Tips"（查找提示）：此区域可以输入关键词，在每日提示信息库中查找需要的信息。

2.5.2 菜单栏简介

Adobe After Effects CS5软件的顶部是菜单栏，共提供了9组菜单选项，大部分菜单命令有相应的快捷按钮和快捷按键，也可以通过鼠标右击在弹出的快捷菜单中来选择相应的命令。

1．"File"菜单

"File"（文件）菜单用来执行创建、打开和存储文件或项目等操作，如图2-22所示。

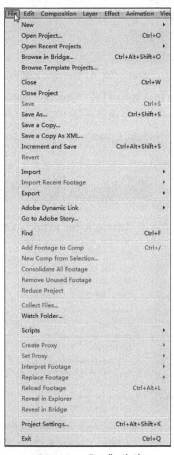

图2-22 "File"菜单

> **注意**
>
> 选择右边带有 ▶ 三角符号的菜单命令会弹出子菜单，子菜单中包含更多的选项。

（1）"New"（新建）：单击 ▶ 三角符号弹出子菜单，如图2-23所示。

图2-23 "New"命令的子菜单

子菜单中各命令说明如下。

● "New Project"（新建项目）：创建工作项目，用于组织、整理影片中所使用的素材和合成组。

● "New Folder"（新建文件夹）：在"Project"（项目）窗口中创建一个新的分类文件夹，用于对素材和合成进行分类存放管理。

● "Adobe Photoshop File"（Adobe Photoshop文件）：新建一个Adobe Photoshop文件，自动显示在"Project"（项目）窗口中，并自动打开Adobe Photoshop软件进行编辑操作，在Adobe Photoshop软件中保存此文件后会实时在Adobe After Effects CS5软件中更新。

（2）"Open Project"（打开项目）：打开项目文件对话框，定位并选择打开项目文件。

（3）"Open Recent Project"（打开最近项目）：显示最近打开过的项目文件。

（4）"Browse in Bridge"（在Bridge内浏览）：打开Bridge窗口，在Bridge窗口中可以浏览和打开资源管理器中的文件，被打开的文件将自动导入Adobe After Effects CS5软件。

（5）"Browse Template Projects"（浏览项目模板文件）：自动打开Bridge窗口并切换到Adobe After Effects CS5软件的模板文件夹，如图2-24所示。

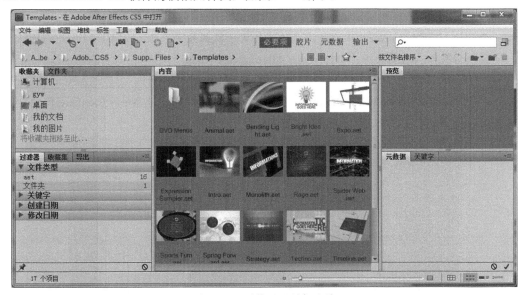

图2-24　浏览项目模板文件

（6）"Close"（关闭）：关闭当前被激活的窗口。

（7）"Close Project"（关闭项目）：关闭当前使用的项目。

（8）"Save"（保存）：保存当前使用的项目。

（9）"Save As"（另存为）：把当前正在编辑的项目存储为另外一个项目文件。

（10）"Save a Copy"（保存一个副本）：对当前项目进行复制，然后存储为另一个文件作为备份。

（11）"Save a Copy As XML"（保存一份复制为XML文件）：将Adobe After Effects CS5项目文件存储为XML文件，方便与其他软件进行数据交换。

（12）"Increment and Save"（增量保存）：以当前项目的名称为模板，在这个项目文件名的数字排序基础上增加一个数字来存储文件。如果现有项目文件名称为"AE_Project_1.

aep"，那么选用此选项保存的文件名为"AE_Project_2.aep"；如果现有项目文件结尾处不是数字，如"AE_Project.aep"，那么选用此选项保存的文件名为"AE_Project 2.aep"。

（13）"Revert"（返回）：把当前已经编辑过的项目恢复到最后一次保存的状态。

（14）"Import"（导入）：弹出导入文件对话框，定位选择并导入文件。

（15）"Import Recent Footage"（导入最近背景文件）：显示最近导入的背景文件列表。

（16）"Export"（输出）：对编辑完成的合成项目进行输出，有以下三个选项。

● "Adobe Flash Player（SWF）"（Adobe Flash 播放文件）：输出为SWF格式的Flash可播放文件。

● "Adobe Flash Professional (XFL)"（开放式Adobe Flash文件）：输出为新版Flash Professional支持的XFL开放式文件格式，可以调入Flash Professional软件中进行编辑。

● "Adobe Premiere Pro Project"（Adobe Premiere Pro项目文件）：输出为Adobe Premiere Pro项目文件，可以调入Adobe Premiere Pro软件中继续进行编辑。

（17）"Adobe Dynamic Link"（Adobe动态链接）：通过Adobe Dynamic Link链接外部资源，有两个选项：

● "New Premiere Pro Sequence"（新建Premiere Pro序列）：启动Premiere Pro软件，并新建一个序列，在Premiere Pro中对此序列的操作可以实时反映在Adobe After Effects CS5软件中，实现两个软件的协同操作，弥补Adobe After Effects CS5软件在剪辑方面的不足。

● "Import Premiere Pro Sequence"（导入Premiere Pro序列）：启动Adobe Dynamic Link，打开"Import Premiere Pro Sequence"对话框，可以有选择地将一个Premiere Pro的序列导入到Adobe After Effects CS5中，如图2—25所示。

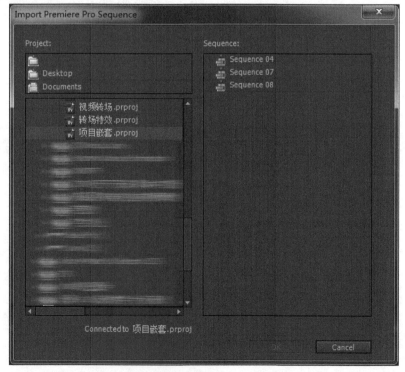

图2—25　导入Premiere Pro序列

（18）"Go to Adobe Story"（转到Adobe Story）：Adobe Story是由Adobe公司开发的合作脚本开发工具。它可以用来加速创造剧本和使它们转变为最终媒体的过程。Adobe Story被整合于Adobe产品附加套件中。

（19）"Find"（查找）：在"Project"（项目）窗口中按照关键词来查找素材和合成。

（20）"Add Footage to Comp"（添加背景到合成中）：将"Project"窗口中被选中的素材调入到当前时间线操作窗口中。

（21）"New Comp from Selection"（从所选择新建合成）：按照在"Project"窗口中被选中素材文件的规格创建一个新的合成组。

（22）"Consolidate All Footage"（合并全部素材）：合并项目中重复出现的素材（包括自行创建的素材副本），自动更新合成组中的素材链接。

（23）"Remove Unused Footage"（移除未使用素材）：将未使用的素材文件从"Project"窗口中移除。

（24）"Reduce Project"（整理项目）：移除在"Project"窗口中所有未选中的素材文件或者合成组。

（25）"Collect Files"（收集文件）：将所有或者部分使用到的素材文件和项目文件进行打包处理。

（26）"Watch Folder"（监视文件夹）：监视一个文件夹，以发现能够进行渲染的文件。

（27）"Scripts"（脚本）：特定的描述性语言，依据一定的格式编写的可执行文件。此命令可以执行脚本自定义文件或者执行Adobe After Effects CS5软件自带的脚本文件。

（28）"Create Proxy"（创建代理）：将素材或者合成组进行草图级渲染输出，并使用渲染输出得到的文件代替项目中的素材或者合成组进行显示。

（29）"Set Proxy"（设置代理）：使用自定义文件对当前目标进行代理显示。

（30）"Interpret Footage"（定义素材）：重新设定素材文件的各项参数。

（31）"Replace Footage"（替换素材）：使用自定义文件替换当前选择的素材。

（32）"Reload Footage"（重新加载素材）：刷新当前素材的链接，使之重新载入。

（33）"Reveal in Explorer"（在浏览器内显示）：打开当前选中素材所在的文件夹。

（34）"Reveal in Bridge"（在Bridge中显示）：打开Bridge浏览器，并显示被选中的素材。

（35）"Project Settings"（项目设置）：调整当前项目的显示风格、色彩设定和音频设置。

（36）"Exit"（退出）：退出Adobe After Effects CS5软件。

2．"Edit"菜单

"Edit"（编辑）菜单中提供了常用的编辑命令。例如，恢复、重做、复制文件等操作，如图2-26所示。

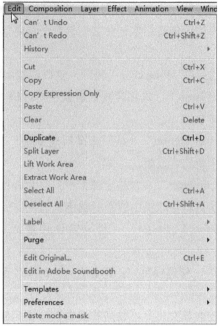

图2-26　"Edit"菜单

（1）"Undo"（撤销）：恢复到上一步的操作。撤销的次数限制取决于计算机的内存大小，内容容量越大则可以撤销的次数越多，撤销的次数限制可以在首选项设置中调整。

（2）"Redo"（重做）：重做恢复的操作。

（3）"History"（历史记录）：显示历史记录，选择其中一项可返回到历史状态。

（4）"Cut"（剪切）：将选择的内容剪切掉并存在剪贴板中。

（5）"Copy"（复制）：复制选取的内容并存到剪贴板中，对原有的内容不做任何修改。

（6）"Copy Expression Only"（仅复制表达式）：只复制当前选择层的表达式参数。

（7）"Paste"（粘贴）：将剪贴板中保存的内容粘贴到指定的区域中，可以进行多次粘贴。

（8）"Clear"（清除）：清除所选内容。

（9）"Duplicate"（副本）：创建副本文件，得到的副本文件与源文件完全一致。

（10）"Split Layer"（拆分层）：从当前时间线指针位置分割被选择层，被选择层被分割为两层，上面一层的起始位置变为当前时间线指针位置，下面一层的结束位置变为当前时间线指针位置。

（11）"Lift Work Area"（提升工作区）：对时间线窗口中的层进行提升操作。

（12）"Extract Work Area"（抽出工作区）：对时间线窗口中的层进行抽出操作。

（13）"Select All"（全选）：选择当前窗口中的所有素材。

（14）"Deselect All"（取消全选）：取消当前窗口中的全部选择。

（15）"Label"（标签）：改变标签的颜色选项，为素材设置不同的颜色标记。

（16）"Purge"（清空）：清空软件缓存数据并释放内存，提高软件运行速度。

（17）"Edit Original"（编辑原始素材）：打开生成素材的应用程序，对素材进行编辑。

（18）"Edit in Adobe Soundbooth"（在Adobe Soundbooth中编辑）：启动Adobe Soundbooth软件，对音频素材进行编辑处理。

（19）"Templates"（模板）：设置渲染参数模板和输出参数模板。

（20）"Preferences"（首选项）：设置软件的各项参数，将在后续章节详细介绍。

（21）"Paste mocha shape"（粘贴mocha形状）：将Mocha for After Effects插件的形状数据粘贴入被选择层。

3．"Composition"菜单

"Composition"（合成组）菜单用于建立合成、调整工作区以及渲染等操作，如图2—27所示。

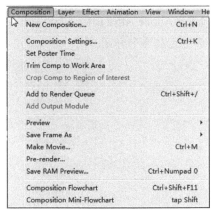

图2—27　"Composition"菜单

（1）"New Composition"（新建合成）：新建一个合成组。

（2）"Composition Settings"（合成设置）：调整被选择合成组的参数。

（3）"Set Poster Time"（设置标识帧）：将时间线窗口中当前时间线指针位置的帧画面设置为当前合成组的缩略图显示画面。

（4）"Trim Comp to Work Area"（修剪合成至工作区）：设置合成组的工作区域后，删除工作区域之外的所有画面。

（5）"Crop Comp to Region of Interest"（裁剪合成到目标范围）：在合成窗口中绘制一个自定义大小的矩形区域，然后使用此命令将合成组的尺寸设置为目标区域的大小。

（6）"Add to Render Queue"（添加到渲染队列）：将选中的合成组进行渲染输出，并将渲染任务添加到渲染队列中。

（7）"Add Output Module"（添加输出组件）：添加一个新的输出参数模板。

（8）"Preview"（预览）：对当前项目进行内存预览，设置是否渲染和播放音频。

（9）"Save Frame As"（另存单帧为）：将时间线窗口中当前时间线指针位置的帧画面输出为静态图片。

（10）"Make Movie"（制作影片）：将选中的合成组进行渲染输出。

（11）"Pre-render"（预渲染）：渲染输出当前合成组，并将渲染输出得到的文件替换当前合成组，进行预览显示，节省预览时的计算时间。

（12）"Save RAM Preview"（保存内存预演）：将内存预演的结果存储为视频文件。

（13）"Composition Flowchart"（合成流程图）：弹出新的显示窗口，以节点方式显示当前合成组的编辑流程。

（14）"Composition Mini-Flowchart"（微型合成流程图）：以微型面板显示当前合成组的编辑流程。

4．"Layer"菜单

"Layer"（层）菜单是Adobe After Effects CS5中十分重要的菜单，Adobe After Effects CS5中关于层部分的大多数命令都包含在这个菜单中，如图2－28所示，关于层的操作将在后续章节介绍。

5．"Effect"菜单

"Effect"（特效）菜单包含了Adobe After Effects CS5软件中所有的特效命令，如图2－29所示，菜单中包含的特效命令会在后续章节介绍。

图2-28 "Layer"菜单

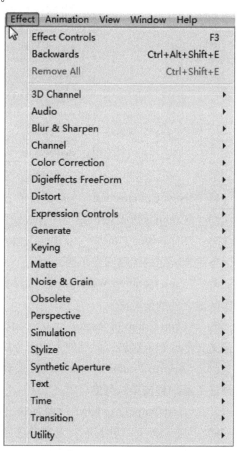

图2-29 "Effect"菜单

6．"Animation"菜单

"Animation"（动画）菜单主要包含了调节关键帧动画的命令，如图2－30所示，关于关键帧动画的调节将在后续章节介绍。

7．"View"菜单

"View"（视图）菜单中的命令用于调整Adobe After Effects CS5软件操作界面的显示状态，如图2－31所示。

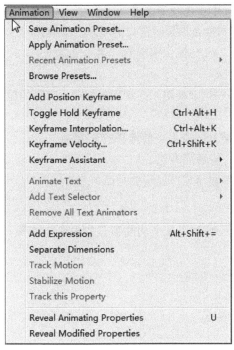

图2-30 "Animation" 菜单

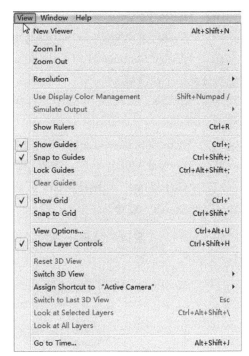

图2-31 "View" 菜单

菜单中各命令的说明如下。

（1）"New Viewer"（新建视图）：新建一个显示窗口。

（2）"Zoom In"（放大）：放大当前的显示窗口。

（3）"Zoom Out"（缩小）：缩小当前的显示窗口。

（4）"Resolution"（分辨率）：修改当前显示窗口的显示分辨率。

（5）"Use Display Color Management"（使用显示器色彩管理）：使用显示器的色彩配置文件。

（6）"Simulate Output"（模拟输出）：模拟输出选项。

（7）"Show Rulers"（显示标尺）：在显示窗口中显示标尺。

（8）"Show Guides"（显示参考线）：在显示窗口中显示参考线。

（9）"Snap to Guides"（吸附到参考线）：在合成窗口中操作素材时，选择此选项可以使素材自动吸附到参考线上。

（10）"Lock Guides"（锁定参考线）：锁定参考线，使参考线不能被选中或移动。

（11）"Clear Guides"（清除参考线）：清除当前显示窗口中的所有参考线。

（12）"Show Grid"（显示网格）：在显示窗口中显示网格。

（13）"Snap to Grid"（吸附到网格）：在合成窗口中操作素材时，选择此选项可以使素材自动吸附到网格上。

（14）"View Options"（视图选项）：打开视图控制对话框，可以选择是否显示素材的边框或者遮罩边缘线等控制器。

（15）"Show Layer Controls"（显示层控制器）：显示素材的边框或者遮罩边缘线等控制器。

（16）"Reset 3D View"（重置3D视图）：将3D视图重置为默认状态。

（17）"Switch 3D View"（3D视图切换）：切换当期显示窗口的显示视图模式。

（18）"Assign Shortcut to 'Active Camera'"（分配快捷键给'活动摄像机'）：为活动摄像机分配一个快捷键。

（19）"Switch to Last 3D View"（切换到上一个3D视图）：切换当期显示窗口的显示视图模式。

（20）"Look at Selected Layers"（查看所选层）：查看当前选择的3D层。

（21）"Look at All Layers"（查看所有层）：查看所有层。

（22）"Go to Time"（跳转时间）：设定当前显示窗口显示的画面。

8．"Windows"菜单

"Windows"（窗口）菜单中包含了设置显示或关闭各个功能窗口的命令，如图2—32所示。

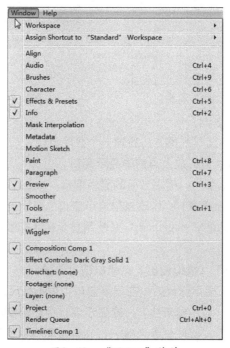

图2—32　"Windows"菜单

菜单中各命令的说明如下。

（1）"Workspace"（工作区）：选择或定制工作界面布局，可以使用快捷键在多个工作界面布局中切换。

（2）"Assign Shortcut to 'Standard' Workspace"（分配快捷键到"标准"工作区）：分配快捷键到指定的工作界面布局中。

（3）"Align"（对齐）：打开或关闭"Align"操作面板。

（4）"Audio"（音频）：打开或关闭"Audio"操作面板。

（5）"Brushes"（画笔）：打开或关闭"Brushes"操作面板。

（6）"Character"（文字）：打开或关闭"Character"操作面板。

（7）"Effects & Presets"（特效和预设）：打开或关闭"Effects & Presets"操作面板。

（8）"Info"（信息）：打开或关闭"Info"操作面板。

（9）"Mask Interpolation"（智能遮罩差值）：打开或关闭"Mask Interpolation"操作面板。

（10）"Metadata"（元数据）：打开或关闭"Metadata"操作面板。

（11）"Motion Sketch"（动态草图）：打开或关闭"Motion Sketch"操作面板。

（12）"Paint"（绘图）：打开或关闭"Paint"操作面板。

（13）"Paragraph"（段落）：打开或关闭"Paragraph"操作面板。

（14）"Preview"（预览控制台）：打开或关闭"Preview"操作面板。

（15）"Smoother"（平滑器）：打开或关闭"Smoother"操作面板。

（16）"Tools"（工具）：打开或关闭"Tools"操作面板。

（17）"Tracker"（跟踪）：打开或关闭"Tracker"操作面板。

（18）"Wiggler"（摇摆控制器）：打开或关闭"Wiggler"操作面板。

（19）"Composition：（none）"（合成组）：打开或关闭"Composition"操作面板。

（20）"Effect Controls：（none）"（特效控制台）：打开或关闭"Effect Controls"操作面板。

（21）"Flowchart：（none）"（流程图）：打开或关闭"Flowchart"操作面板。

（22）"Footage：（none）"（素材）：打开或关闭"Footage"操作面板。

（23）"Layer：（none）"（层）：打开或关闭"Layer"操作面板。

（24）"Project"（项目）：打开或关闭"Project"操作面板。

（25）"Render Queue"（渲染队列）：打开或关闭"Render Queue"操作面板。

（26）"Timeline"（时间线）：打开或关闭"Timeline"操作面板。

9．"Help"菜单

用户可以通过"Help"（帮助）菜单阅读Adobe After Effects CS5的帮助文件，并可以连接Adobe官方网站，寻求在线帮助等，如图2-33所示。

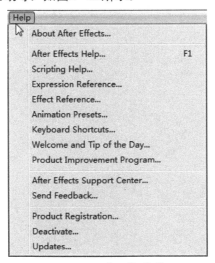

图2-33　"Help"菜单

菜单中部分命令的说明如下。

（1）"About After Effects"（关于After Effects）：显示After Effects软件的版本画面。

（2）"After Effects Help"（After Effects帮助）：打开After Effects软件的帮助文档。

（3）"Scripting Help"（脚本帮助）：显示After Effects软件的脚本语言帮助文档。

（4）"Expression Reference"（表达式参考）：显示After Effects软件的表达式帮助文档。

（5）"Effect Reference"（特效参考）：显示After Effects软件的特效帮助文档。

（6）"Animation Presets"（动画预设）：显示After Effects软件的动画预设帮助文档。

（7）"Keyboard Shortcuts"（键盘快捷键）：显示After Effects软件的键盘快捷键列表。

（8）"Welcome and Tip of the Day"（欢迎与每日提示窗口）：显示欢迎与每日提示窗口。

（9）"Product Improvement Program"（产品改进计划）：链接Adobe网站，显示产品改进计划。

（10）"After Effects Support Center"（在线支持）：链接Adobe网站，寻求在线帮助。

（11）"Send Feedback"（发送反馈）：链接Adobe网站，可以向Adobe提交用户反馈。

> **注意**
>
> 此菜单中的多数命令需要连接到互联网才能进行操作。

2.5.3 "Preferences"设置

（1）"Preferences"（首选项）对话框中的"General"（常规）选项，如图2—34所示。

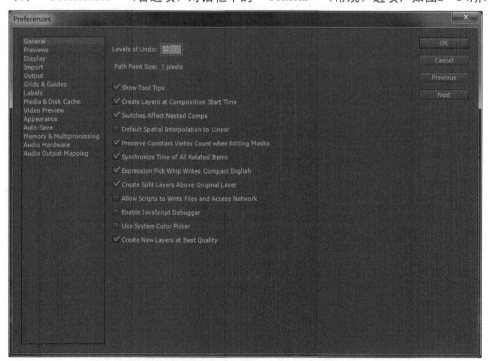

图2—34 "General"选项

● "Levels of Undo"（可撤销操作步数）：设置可以撤销和恢复操作的步数。**最多可以撤销和恢复99步，设置的步数越多，系统资源占用也越多。**

● "Show Tool Tips"（显示工具提示）：设置工具提示功能，设置当鼠标指针悬停在工具按扭上时是否显示工具信息。

● "Create Layers at Composition Start Time"（在合成组的起始时间位置创建层）：创建新层时，层的起始位置位于合成组的起始位置上。

● "Switches Affect Nested Comps"（切换开关影响已嵌套合成）：控制对被嵌入的合成组的质量设置以及运动模糊等设置的修改，以及是否影响原有合成组。

● "Default Spatial Interpolation to Linear"（默认使用的空间插值为线性方式）：默认为勾选状态，在动画关键帧中，将空间插值设置为线性插值方式。

● "Preserve Constant Vertex Count when Editing Masks"（在编辑遮罩时保持顶点数值不变）：默认为勾选状态，为遮罩做动画时，为遮罩添加的新控制点会运用在整个动画持续时间中。同样，遮罩的控制点在某一时间点被删除，也一样会在整个动画中被删除。如果不勾选此项，程序只会删除当前时间点上的控制点，而保留其他时间点上的控制点，增加控制点也只会在当前时间点被加入。

● "Synchronize Time of All Related Items"（同步所有相关项目时间）：勾选此复选框可以使所有关联的项目同步，默认为勾选状态。

● "Expression Pick Whip Writes Compact English"（以简明英语编写表达式拾取）：勾选该复选框，在表达式中采用紧凑的方式命名，可省略英文单词的部分字母。

● "Create Split Layers Above Original Layer"（在原始层上创建拆分层）：这一项用来控制把一个层拆分为两层时，新层与原层的上下顺序。勾选则新层在原层之上，不勾选则新层在原层之下。

● "Allow Scripts to Write Files and Access Network"（允许脚本写入文件并访问网络）：After Effects允许编写Scripts（脚本）文件，让程序自动执行一些操作。勾选该复选框，则允许通过网络写入和读取脚本文件。

● "Enable JavaScript Debugger"（启用JavaScript调试器）：勾选该复选框，开启JavaScript的调试器。

● "Use System Color Picker"（使用系统颜色拾取器）：在After Effects CS5中可以使用Windows系统的调色板，也可以使用软件自带的调色板。勾选该复选框就采用Windows系统的调色板，默认为不勾选状态。

● "Create New Layers at Best Quality"（以最佳品质创建层）：勾选该复选框后，新建层的显示质量会自动设为高质量，默认为勾选状态。

● "Preserve Clipboard Data for Other Applications"（为其他应用程序保留剪贴板数据）：勾选此选项可以将在After Effects CS5中复制的数据粘贴到其他应用程序中，如Adobe Photoshop等软件。

（2）"Previews"（预览）选项，如图2-35所示。

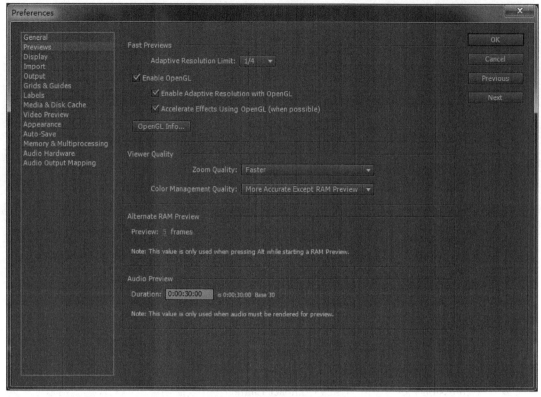

图2-35 "Previews"选项

● "Adaptive Resolution Limit"（自适应分辨率设置）：在After Effects CS5中用户手动拖动时间线指针预览动画时，程序会动态更新合成组的显示画面。为了使动画预览更为流畅，程序会自动适当降低图像显示的质量，在下拉列表中可以设置图像质量降低的最大比例。质量最高为1／2，最低为1／8。降低图像质量，可以使操作更流畅。

● "Enable OpenGL"（启用OpenGL）：控制是否采用OpenGL方式来加速窗口显示。如果当前的显卡不支持OpenGL显示，那么此项以及后面两项都为灰色不可选状态。

● "Enable Adaptive Resolution with OpenGL"（通过OpenGL激活自适应分辨率）：设置当采用OpenGL加速显示时，是否适当地降低图像显示质量来加速显示。勾选为采用，不勾选为不采用。

● "Accelerate Effects Using OpenGL（when possible）"（在可能的时候使用OpenGL加速特效处理）：选择是否使用OpenGL功能对特效进行加速处理。勾选为采用，不勾选为不采用。

● "OpenGL Info"（OpenGL信息）：单击该按钮后，在弹出的对话框中会显示当前显卡支持的OpenGL版本以及相关信息。

● "Audio Preview Duration"（音频预演持续时间）：在文本框中输入预览音频持续的时间长度。

（3）"Display"（显示）选项，如图2-36所示。

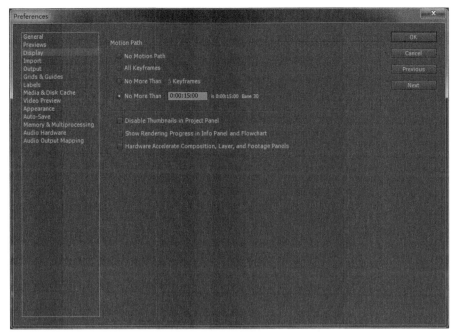

图2-36 "Display"选项

在"Motion Path"选项区中可以设置动画路径显示的方式，用户根据需要选择以下一种方式。

● "No Motion Path"（无运动路径）：不显示动画路径。

● "All Keyframes"（所有关键帧）：显示动画路径上的所有关键帧。

● "No More Than 5 Keyframes"（不超过5帧）：显示不超过所设置帧数的动画关键帧，默认数值为5。

● "No More Than 0:00:15:00"（不超过15s）：显示不超过所设置时间长度的动画关键帧，默认为15s。

下面的区域为其他的显示选项：

● "Disable Thumbnails in Project Panel"（在项目面板内禁用缩略图）：勾选该复选框后，在Project窗口中选择对象时，窗口上部将不会显示对象的预览图像。

● "Show Rendering Progress in Info Panel and Flowchart"（在信息面板与流程图内显示渲染进程）：勾选该复选框，信息面板和流程视图中会显示渲染的进程。

● "Hardware Accelerate Composition, Layer, and Footage Panels"（硬件加速合成、层与素材面板）：勾选此选项可以使用硬件设备来加速上述面板和元素的显示速度。

（4）"Import"（导入）选项，如图2-37所示。

在"Still Footage"（静态素材）选项区中对导入的静帧图片进行设置，包括如下选项。

● "Length of Composition"（基于合成的长度）：选择该项可以让导入的静帧与"Composition"的时间长度保持一样。

● "0:00:01:00"（1s）：设置静帧持续的时间长度，默认为1s。

在"Sequence Footage"（序列素材）区域可以设置导入的序列图片的默认帧速率，默认为"30 frames per second"（30帧/s）。

"Interpret Unlabeled Alpha As" (定义为标记的Alpha通道为): 用来控制处理素材文件带有Alpha通道时的处理方式。

"Drag Import Multiple As" (导入多层素材为): 设置含有多层图像的素材导入时的处理方式, 包括导入为单层素材、导入为合成组和导入为保持原素材尺寸的合成组。

(5) "Output" (输出) 选项, 如图2-38所示。

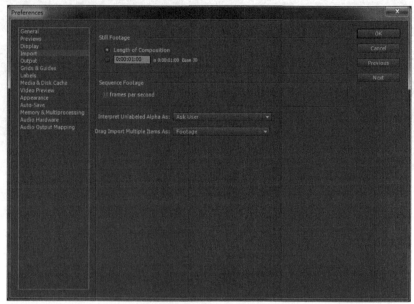

图2-37　"Import"选项

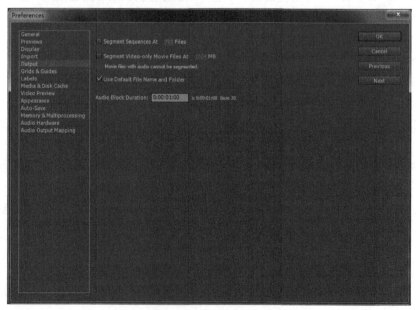

图2-38　"Output"选项

● "Segment Sequence At 700 Files" (拆分序列为700个文件): 设置每一段中存放序列文件的最大数量, 默认为700个文件。这一选项限制了序列帧输出的时间长度, 可以根据需要进行修改。

● "Segment Video-only Movie Files At 1024MB"（拆分仅有视频的影片文件为1024MB）：当渲染输出仅包含视频内容的影片文件时，如果影片文件大于1024MB将会被拆分为多个文件，每个文件不大于1024MB。

● "Use Default File Name and Folder"（使用默认文件名和文件夹）：勾选此复选框后将采用默认的文件名和文件夹。

（6）"Grids & Guides"（网格与参考线）选项，如图2-39所示。

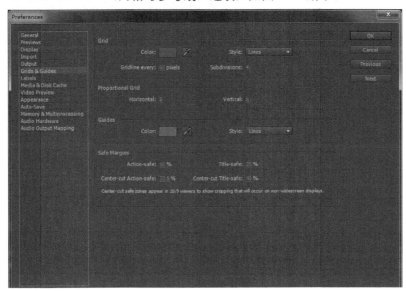

图2-39 "Grids & Guides"选项

在这个页面中可以设置"Grid"（网格）、"Proportional Grid"（网格比例）、"Guides"（参考线）和"Safe Margins"（安全框）的各项参数。

（7）"Labels"（标签）选项，如图2-40所示。

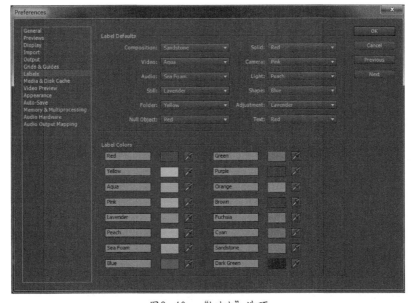

图2-40 "Labels"选项

在Adobe After Effects CS5中可以用颜色来标记不同属性的对象或者用颜色来给层分组以方便选择。在这里可以根据自己的喜好与要求，设置16种标记颜色，以及对应的标记颜色名字。

单击颜色块，在弹出的颜色拾取器对话框中选择需要的颜色或者用吸管工具，在操作界面上任意区域吸取颜色。在颜色块左边的文本框中，可以给标记颜色命名。

（8）"Media & Disk Cache"（媒体与磁盘缓存）选项，如图2-41所示。

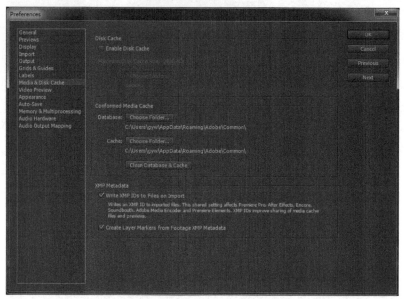

图2-41　"Media & Disk Cache"选项

"Disk Cache"（磁盘缓存）区域可以设置关于磁盘缓存的一些相关选项，勾选"Enable Disk Cache"（启用磁盘缓存）选项之后，当系统内存已经被全部占用时，After Effects会把渲染序列帧存储在硬盘上以便调用，可以延长内存预演时间，但是会损失一些性能。

（9）"Video Preview"（视频预览）选项，如图2-42所示。

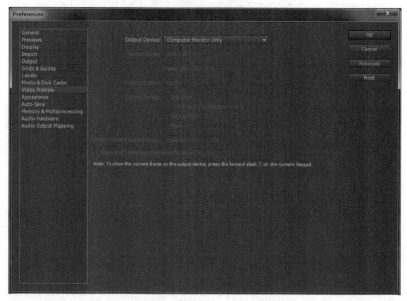

图2-42　"Video Preview"选项

为了更准确地看到最终在电视机上的输出效果，可以为计算机配置数字视频卡，在视频监视器直接对素材、层及合成图像进行预览。

● "Output Device"（输出设备）：在该下拉列表中可以选择使用输出的设备，默认为仅适用计算机的显示器显示。

● "Output Mode"（输出模式）：设置输出到视频监视器的模式，不同的类型有不同的选择。当仅使用计算机显示器显示时此选项不可设置。

● "Output Quality"（输出品质）：可以设置为"Faster"（快速）或者"More Accurate"（更精确）。当仅使用计算机显示器显示时，此选项不可设置。

● "Output During"（输出时间）：在该选项区中可以选择使用输出的模式，包括"Previews"（预览）模式、"Interactions"（交互式更新）模式或者"Renders"（渲染）模式。当仅使用计算机显示器显示时，此选项不可设置。

● "Video Monitor Aspect Ratio"（视频监视器纵横比）：可以根据需要设置为"Standard（4:3）"、"Widescreen（16:9）"、"DCDM（1.896:1）"或者"Film（1.316:1）"。当仅使用计算机显示器显示时，此选项不可设置。

● "Scale and Letterbox Output Fit Video Monitor"（缩放比例以信箱模式输出，便于适配视频监视器）：勾选此选项可以将输出画面调整为信箱模式，便于适配视频监视器。当仅使用计算机显示器显示时，此选项不可设置。

（10）"Appearance"（界面）选项，如图2—43所示。

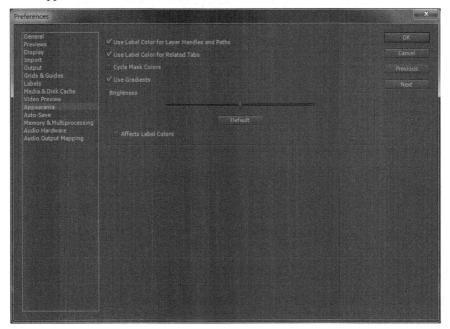

图2—43　"Appearance"选项

● "Use Label Color for Layer Handle and Paths"（层操作与路径使用标签的颜色）：若勾选此复选框，则在合成窗口中层操控器和层路径都使用层的标记颜色来标记。

● "Use Label Color for Related Tabs"（为相关标签使用标签颜色）：若勾选该复选框，则为相关标签使用标签颜色。

● "Cycle Mask Colors"（循环遮罩颜色）：若勾选此复选框，则一个层的遮罩将会按顺序循环用标记颜色来标记。

● "Use Gradients"（使用渐变色）：勾选该复选框，则为软件操作界面中的每个窗口的顶部区域使用渐变色显示。

● "Brightness"（亮度）：可以设置操作界面的亮度，通过移动此选项下方的滑块来调整。

● "Default"（默认）：单击此按钮可以恢复默认的界面颜色。

● "Affects Label Colors"（影响标签色）：勾选此复选框后对界面颜色的调节，将会影响到标记颜色。

（11）"Auto-Save"（自动保存）选项，如图2-44所示。

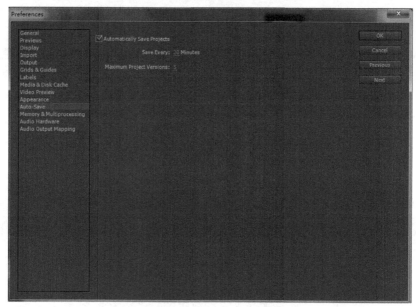

图2-44 "Auto-Save"选项

此页面中各选项的说明如下。

● "Automatically Save Projects"（自动保存项目文件）：可以设置After Effects软件是否自动保存项目文件。

● "Save Every"（保存间隔）：可以设置自动保存文件的间隔时间，默认为20min。

● "Maximum Project Versions"（最多项目保存数量）：此选项可以设置自动保存的项目文件的数量，默认为5个。

（12）"Memory & Multiprocessing"（内存与多处理器控制）选项，如图2-45所示。

在此页面中可以设置Adobe After Effects CS5软件的可用内存数量以及多处理器渲染选项，此页面中各选项的说明如下。

● "Render Multiple Frames Simultaneously"（同时渲染多帧图像）：勾选此选项可以使用计算机中的多核心处理器同时渲染多帧图像。

● "CPUs reserved for other application"（保留给其他应用程序的CPU核心数量）：此选项设置在进行渲染时保留给其他应用程序的CPU核心数量，只有计算机中的处理器核心数量大于两个时才可以设置。

● "RAM allocation per background CPU"（每个CPU核心最少分配）：此选项控制多核心处理器的每一个核心所能使用的内存数量。

（13）"Audio Hardware"（音频硬件）选项，如图2—46所示。

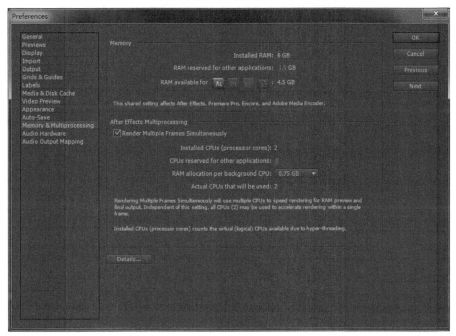

图2—45　"Memory & Multiprocessing"选项

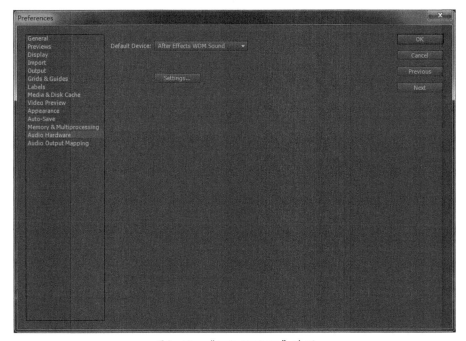

图2—46　"Audio Hardware"选项

在此页面中可以设置Adobe After Effects CS5软件输出声音时的音频渲染设备。

（14）"Audio Output Mapping"（音频输出映射）选项，如图2—47所示。

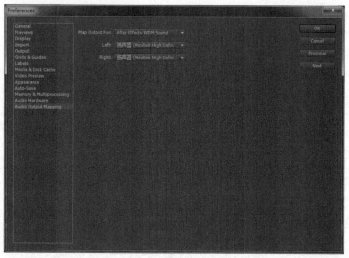

图2—47 "Audio Output Mapping" 选项

在此页面中可以设置Adobe After Effects CS5软件输出声音时的音频输出映射设备。

2.5.4 工作界面简介

Adobe After Effects CS5的界面包含了众多的编辑窗口，如图2—48所示，本节将详细介绍每个窗口的功能。

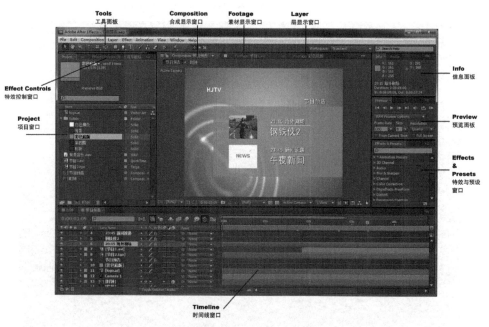

图2—48 Adobe After Effects CS5界面

1. "Project" 窗口

"Project. 项目）窗口分为三个部分，如图2—49所示。上部为素材预览和属性显示区域，中部是素材管理区，下部是命令图标。

图2—49　"Project"窗口

该窗口中各命令图标的含义如下。

定义素材：单击此按钮会弹出"Interpret Footage"对话框，在这个对话框中可以设置素材的各项参数。

新建一个文件夹：单击此图标会在"Project"窗口中新增加一个文件夹，以便对素材进行分类存放。

新建一个合成组：单击此图标会弹出"Composition Settings"（合成设置）对话框，相当于"Composition">"New Composition"命令。

32bpc：单击此图标弹出"Project Settings"（项目设置）对话框，可以调节项目的色彩模式，包括8bpc、16bpc和32bpc三种，数值越高画面显示效果越细腻，渲染时间也会增加。

删除文件：单击此按钮可以删除在"Project"窗口中选择的素材和合成项目。

2."Composition"显示窗口

"Composition"（合成组）显示窗口是Adobe After Effects CS5的默认监视窗口，如图2—50所示。窗口主要负责显示当前合成组的画面内容。窗口的底部的功能设置选项，可以根据用户的操作习惯和需要进行调整。

图2—50　"Composition"显示窗口

显示窗口下方工具按钮的功能如下。

🔲窗口预览：打开此开关后，当前显示窗口设定为总是预览模式。

[100%▾]显示比例：控制当前显示窗口的显示比例，下拉菜单中包含多种比例模式。

🔲辅助显示功能：此按钮可以选择是否显示 "Title/Action Safe" （字幕运动安全框）、 "Proportional Grid" （比例栅格）、 "Grid" （栅格）、 "Guides" （参考线）、 "Rulers" （标尺）和 "3D Reference Axes" （3D参考坐标）等辅助功能。

🔲遮罩与形状路径显示： 默认为打开状态，可以显示遮罩与形状层的路径边缘线。关闭后，遮罩与形状层的路径边缘线被隐藏。

[0;00;05;17]跳转时间：单击此按钮弹出 "Go to Time" 跳转时间对话框，可以设定当前显示窗口显示的时间点。

🔲获取快照：单击此按钮可以将当前时间点的画面截取为快照。

🔲显示快照：单击并按住此按钮可以显示快照。

🔲显示通道及色彩管理：在此按钮的下拉菜单中可以切换当前显示窗口的显示模式以及项目管理选项。

[Full▾]分辨率：单击此按钮可以选择当前显示窗口的分辨率，当项目文件较为复杂时，可以适当降低分辨率以加快显示窗口的更新速度。

🔲目标兴趣范围：单击此按钮，在显示窗口中拉动鼠标绘制一个区域，此区域以外的画面将会被隐藏。

🔲透明栅格：单击此按钮可以将合成组的背景显示为透明状态。

[Active Camera▾]3D视图：此按钮的下拉菜单中包含了多种3D视图模式。

[1 View▾]视图方案：单击此按钮，在下拉菜单中可以选择多种显示窗口的显示方案，包括一视图以及多视图模式。

🔲像素纵横比校正：单击此按钮可以校正当前显示窗口的显示比例。

🔲快速预览模式： 单击此按钮，在下拉菜单中可以选择多种视图快速预览模式，建议选择 "Adaptive Resolution-OpenGL Off" （自适应分辨率-OpenGL关闭）模式。

🔲显示时间线窗口：单击此按钮可以显示当前显示窗口所对应的时间线窗口。

🔲合成流程图：单击此按钮可以显示当前合成窗口的合成流程图。

🔲重置曝光：此按钮可以设置当前显示窗口的曝光强度，只影响显示效果，不影响最终输出效果。

3． "Timeline" 窗口

"Timeline" （时间线）窗口是Adobe After Effects CS5进行特效创作与合成操作的重要窗口之一，大多数的操作都在这个窗口中进行。如图2—51所示。

图2—51 "Timeline" 窗口

"Timeline"（时间线）窗口中有多个快捷按钮，其说明如下。

合成微型流程图：显示当前合成的微型流程图。

实时更新开关：选中此按钮则实时更新当前合成显示窗口的画面，未选中此按钮则不会实时更新当前合成显示窗口的画面，当合成组的画面较为复杂时，可不选中此按钮以加快合成显示窗口的显示速度。

草稿3D模式开关：选中此按钮则当前合成组中的摄像机景深等三维特效不会显示，可以加快合成显示窗口的渲染速度。此按钮的设置只影响当前合成窗口的显示效果，不会影响最终的渲染输出。

层躲避开关：打开此开关可以隐藏时间线窗口中设置了"Shy"（隐藏）属性的层。

帧融合开关：当合成组中的素材应用了帧融合技术后，需要打开此开关才能显示最终效果。

运动模糊开关：当合成组中的素材应用了运动模糊效果后，需要打开此开关才能显示最终效果。

变化决策开关：此开关可以打开变化决策窗口，在窗口中可以对关键帧动画效果进行随机性的变化和调整，需要选择两个及两个以上的关键帧才可以打开此窗口。

自动关键帧模式开关：打开此开关后，修改层属性时可以自动生成关键帧，不需要单击层属性前面的关键帧记录器。

图形编辑器开关：打开此开关可以显示关键帧动画的运动路径曲线。

4. "Info"面板

在"Info"（信息）面板中可以查看关于指定素材的详细信息，如图2－52所示。

图2-52 "Info"面板

5. "Effect Controls"窗口

"Effect Controls"（特效控制）窗口可以对素材所添加的各种特效进行相应的控制与调整。选择"Windows"（窗口）>"Effect Controls"（特效控制）命令，打开"Effect Controls"（特效控制）面板，如图2－53所示。

6. "Effects & Presets"窗口

"Effects & Presets"（特效与预设）窗口中显示了软件提供的动画预设与特效命令，并且提供了快速搜索功能，可以方便地找到特定的特效与预设，如图2－54所示。

图2-53 "Effect Controls"窗口

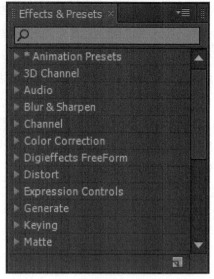

图2-54 "Effects & Presets"窗口

7. "Audio"窗口

"Audio"（音频）窗口可以快速地对当前合成的音量部分进行调整，如图2-55所示。

8. "Preview"窗口

"Preview"（预览）窗口可以控制项目的预览参数，如图2-56所示，单击■按钮可以进行内存预演，"Resolution"（分辨率）选项可以控制内存预演的品质。

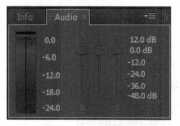

图2-55 "Audio"窗口

图2-56 "Preview"窗口

2.6 导入素材

使用Adobe After Effects CS5进行后期特效创作与合成工作时，除了可以在软件中自行创建各种丰富的效果之外，还可以导入外部素材进行各种调整与创作，这些素材也是构成作品的基本元素。

2.6.1 素材的导入

鼠标左键双击"Project"窗口中的空白区域，弹出"Import"（导入）对话框，在对话框中选择需要导入的素材文件，单击"打开"按钮，将素材导入到软件中，如图2-57所示。

图2-57 "Import"对话框

2.6.2 Adobe After Effects CS5支持的文件格式

Adobe After Effects CS5支持导入多种格式的视频、音频、静态图像和项目文件，软件的每一次更新都会增加对很多新文件类型的支持。

1．视频格式

（1）3GP/ 3G2（3G流媒体的视频编码格式）。

（2）ASF（Netshow，仅Windows）。

（3）AVI（DV-AVI和Microsoft AVI），某些AVI文件需要安装相应的编码软件才能识别。

（4）DLX（Sony VDU File Format Importer，仅Windows）。

（5）DV（DV Stream，一种QuickTime格式）。

（6）FLV（Flash Video）。

（7）GIF（CompuServe GIF）。

（8）M1V（MPEG-1 Video File）。

（9）M2T（Sony HDV）。

（10）M2TS（Blu-ray BDAV MPEG-2 Transport Stream和AVCHD）。

（11）M4V（MPEG-4 Video File）。

（12）MOV（QuickTime，在Windows中需要QuickTime Player）。

（13）MP4（XDCAM EX）。

（14）MPEG/MPE/MPG（MPEG-1/MPEG-2）、M2V（DVD-compliant MPEG-2）。

（15）MTS（AVCHD）。

（16）MXF（Media eXchange Format/P2 Movie/ Panasonic Op-Atom variant of MXF with video in DV/ DVCPRO/DVCPRO 50/DVCPRO HD/AVC-Intra/XDCAM HD Movie/Sony XDCAM HD 50 (4:2:2)/Avid MXF Movie)。

(17) SWF (Shockwave Flash Object)。

(18) WMV (Windows Media Video，仅Windows)。

(19) R3D (RED R3D Files数字电影摄像机格式)。

2．音频格式

(1) AAC (MPEG-2 Advance Audio Coding File)。

(2) AC3（包括5.1环绕声）。

(3) AIFF/AIF (Audio Interchange File Format)。

(4) ASND（Adobe Sound Document）。

(5) AVI（Audio Video Interleaved）。

(6) WAV（Audio Waveform）。

(7) M4A（MPEG4音频标准文件）。

(8) MP3 (Moving Picture Experts Group Audio Layer III)。

(9) MPEG/MPG（Moving Pictures Experts Group/Motion Pictures Experts Group）。

(10) MXF（Material eXchange Format素材交换格式）。

(11) MOV（QuickTime，在Windows中需要QuickTime Player）。

(12) WMA (Windows Media Audio，仅Windows)。

3．图像格式

(1) AI/EPS(Adobe Illustrator和Illustrator序列)。

(2) PSD (Adobe Photoshop和Photoshop序列)。

(3) PICT（Macintosh Picture）。

(4) PTL/PRTL（Adobe Premiere Title字幕）。

(5) BMP/DIB/RLE（Bitmap和Bitmap序列）。

(6) EPS (Encapsulated PostScript专用打印机描述语言)。

(7) GIF（Graphics Interchange Format图像互换格式和序列）。

(8) ICO/ICON（Icon File图标文件）。

(9) JPG/JPEG/JFIF（JPEG和JPEG序列）。

(10) PNG（Portable Network Graphics）。

(11) PSQ（Adobe Premiere 6 Storyboard）。

(12) TGA/ICB/VDA/VST（Targa和Targa序列）。

(13) TIF/TIFF (Tagged Image File Format图像和序列)。

4．项目格式

(1) Adobe After Effects项目文件（*.aep）。

(2) Adobe After Effects 模板文件（*.aet）。

(3) Adobe After Effects XML交换格式文件（*.aepx）。

(4) Adobe Premiere Pro 项目文件（*.prproj）。

2.6.3 使用 Adobe Bridge CS5 导入文件

使用 Adobe Creative Suite 5 附带的 Adobe Bridge 软件可以组织、浏览和查找所需要的资源。Adobe Bridge 可以轻松访问 Adobe 自有格式（如 PSD 和 PDF）以及其他格式的文件。可以根据需要将资源拖入到面板、项目及合成中，还能够预览各种格式的文件，甚至添加元数据（文件信息），使文件查找更加方便，如图2-58所示。

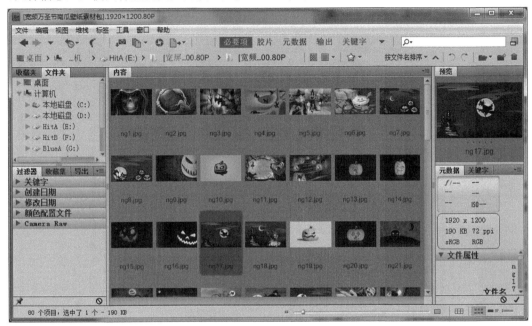

图2-58 Adobe Bridge CS5

1. 文件浏览

在Adobe After Effects CS5中可以调用 Adobe Bridge 查看、搜索、排列、筛选、管理和处理图像、页面版面、PDF 和动态媒体文件。可以使用 Adobe Bridge 来重命名、移动和删除文件，编辑元数据，旋转图像以及运行批处理命令。还可以查看从数码相机或摄像机中导入的文件和数据。

2. Camera Raw

如果计算机上安装了 Adobe Photoshop CS5、Adobe After Effects CS5 或某个 Adobe Creative Suite 5 版本，则可以从 Adobe Bridge 中打开或导入相机原始数据文件，对其进行编辑，并将其存储为与 Photoshop 兼容的格式。可以不用启动 Photoshop 或 After Effects，直接在"Camera Raw"对话框中编辑图像，然后将设置从一个图像复制到另一个图像。如果没有安装 Photoshop 或 After Effects，仍然可以在 Adobe Bridge 中预览相机原始数据文件。

3. 色彩管理

如果使用 Adobe Creative Suite 5 套件的某个软件，可以使用 Adobe Bridge 在Adobe Creative Suite 5 各个组件之间进行色彩管理并同步颜色设置，确保素材对象颜色在所有 Adobe Creative Suite 5 的组件中看起来都是一样的。

2.6.4 / 导入视频素材

导入视频素材是软件的基本操作，Adobe After Effects CS5支持非常多的视频文件格式，可以通过双击"Project"窗口的空白区域或者选择"File"＞"Import"命令调出导入窗口，将视频素材导入到软件中，如图2－59所示。

图2－59 "Import"对话框

2.6.5 / 导入静态图片素材

图片素材的导入方法和视频素材的导入方法是相同的，但是在导入某些特殊格式的素材时，需要进行一些设置才能正确地识别这些图片素材所包含的内容，如Photoshop文件和Illustrator文件包含的层。

Adobe After Effects CS5支持导入Photoshop 3.0以及更高版本的PSD文件，支持RGB色彩模式（CMYK格式为印刷格式，不被支持）。Photoshop文件中的透明部分在导入后转化为Alpha通道，继续保持透明。Adobe After Effects CS5也支持导入Illustrator文件，并自动将Illustrator文件的矢量格式转化为位图格式，并自动进行边缘平滑处理，同样透明部分在导入后转化为Alpha通道，继续保持透明。

导入分层文件的操作步骤如下。

（1）在"Project"窗口中的空白区域双击鼠标左键，弹出"Import"对话框，选择PSD文件或者AI文件，同时单击"Import As"（导入为）选项的下拉菜单，如图2－60所示。

图2-60 "Import"对话框

"Import As"（导入为）选项的下拉菜单中有以下三个选择。

● "Footage"（素材）：选择此选项将合并PSD文件内包含的所有层，将文件导入为单一层的素材。

● "Composition"（合成组）：选择此选项将可以导入PSD文件包含的层。

● "Composition-Retain Layer Sizes"（合成组-保持层尺寸）：选择此选项将可以导入PSD文件包含的层，并保持层的原始尺寸。

（2）在"Import As"（导入为）选项的下拉菜单中选择"Composition"或者"Composition-Retain Layer Sizes"，单击"打开"按钮，弹出对话框，如图2-61所示。

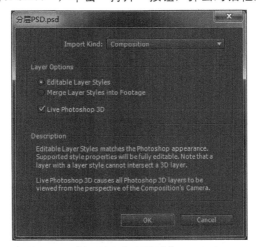

图2-61 导入设置窗口

对话框中的各选项的说明如下。

- "Import Kind"（导入类型）：本选项可以选择导入为单层图片素材或者是包含分层属性的合成素材。
- "Editable Layer Styles"（可编辑层样式）：选择此项可以在导入时将PSD文件的层信息保存。
- "Merge Layer Styles into Footage"（合并层为单一素材）：选择此选项可以将PSD分层文件的层合并为单一层的素材。
- "Live Photoshop 3D"（实时Photoshop 3D）：选择此选项可以保留在Photoshop软件中创建的3D层。

（3）在对话框中的"Import Kind"下拉菜单中选择"Composition"，同时选中"Editable Layer Styles"选项，单击"OK"按钮，PSD分层文件会被导入为一个合成组，并且PSD分层文件中各个层会放在一个文件夹中，如图2—62所示。

图2—62　导入的PSD分层文件

2.6.6 导入图片序列

图片序列是按照一定的规则顺序排列的一组图片，记录活动的影像，每一幅图片代表一帧。通常可以在其他软件中生成图片序列，如3ds Max、Maya、After Effects、Nuke等软件。序列图片以数字序号为序进行排列，如图2—63所示。

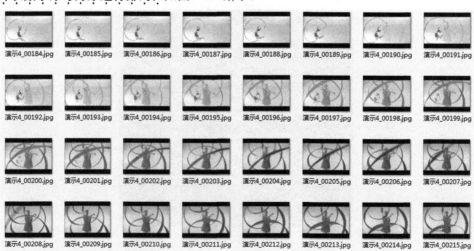

图2—63　序列图片

Adobe After Effects CS5可以导入图片序列素材，在软件中自动合成为一段视频素材，并且可以在软件中设置图片序列播放的帧速率，操作方法如下。

（1）在"Project"窗口的空白区域中双击鼠标左键，弹出"Import"对话框，找到图片序列文件所在的目录，如图2-64所示。

图2-64　"Import"对话框

（2）在"Import"对话框中选中图片序列的第一张图片，选中对话框中下方的"JPEG Sequence"（JPEG序列图像）复选框，单击"打开"按钮将图片序列导入到软件中，使其成为一段动画素材，如图2-65所示。

图2-65　导入的序列图片

2.6.7 导入项目文件

Adobe After Effects CS5可以导入另一个After Effects软件或者Premiere Pro软件生成的项目文件。导入项目文件也称为项目嵌套，这种方法可以将多个After Effects项目文件进行合并处理，合并的过程可以保留并转移项目文件中所包含的合成素材及它们的所有信息。当进行比较复杂的合成工作时，可以分开处理项目中的每一个子项目，最后进行项目嵌套，提高工作效率。

1. 导入After Effects项目文件

导入After Effects项目文件的基本操作方法与导入其他素材的方法相同，操作流程如下。

（1）在"Project"窗口的空白区域中双击鼠标左键，弹出"Import"对话框，在对话框中选中将要导入的项目文件，如图2—66所示。

图2—66 "Import"对话框

（2）单击"打开"按钮确认项目文件的输入，项目文件被导入到当前项目中，并显示在"Project"窗口中，如图2—67所示。

图2—67 "Project"窗口中的项目文件

2. 导入Premiere Pro项目文件

导入Premiere Pro项目文件的基本操作方法与导入其他素材的方法有所不同，在导入过程中需要进行简单设置，操作流程如下。

（1）在"Project"窗口的空白区域中双击鼠标左键，弹出"Import"对话框，在对话框中选中将要导入的项目文件，如图2—68所示。

图2-68　"Import" 对话框

（2）单击"打开"按钮确认项目文件的输入，弹出"Import Premiere Pro Sequence"（导入Premiere Pro序列）对话框，如图2-69所示。

（3）在对话框中选择序列，单击"OK"按钮确认，Premiere Pro项目文件中的序列被导入到当前项目中，并显示在"Project"窗口中，如图2-70所示。

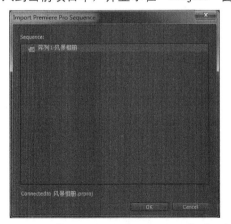

图2-69　"Import Premiere Pro Sequence" 对话框

图2-70　"Project"窗口中的Premiere Pro 序列

2.7　素材的管理

素材文件一般分为图像素材、视频素材和音乐素材等，并且在使用Adobe After Effects CS5进行影视后期制作的过程中会创建"Composition"（合成组）和"Solid"（固态层），这些素材都存放在"Project"项目窗口中。

2.7.1 / 素材分类

默认情况下，种类繁多的素材文件散乱地存放在"Project"项目窗口中，如图2—71所示。当素材文件数量非常多的时候，查找和编辑素材的操作会变得十分繁琐，有必要对素材文件进行分类存放，加快查找和编辑素材的速度，提高工作效率。

图2—71 "Project"窗口中的各种素材

对素材进行分类存放的操作步骤如下。

（1）打开Adobe After Effects CS5软件，导入一些素材文件，包括图像素材、视频素材和音乐素材等，新建几个"Composition"（合成组），并新建几个"Solid"（固态层）。

（2）在"Project"窗口中单击鼠标右键，在弹出的菜单中选择"New Folder"（新建文件夹）命令，在"Project"窗口中新建一个文件夹，如图2—72所示。

（3）将文件夹的名称修改为"图片素材"，如图2—73所示。

图2—72 在"Project"窗口中新建一个文件夹

图2—73 修改文件夹名称

> **技巧**
>
> 默认状态下，新建文件处于可修改名称的状态，一旦鼠标左键单击其他区域，则文件夹的名称变为不可修改状态，可以选中文件夹，按"Enter"（回车）键，文件夹的名称则变为可修改状态。

（4）选择图像素材，按住鼠标左键将其拖曳到文件夹"图片素材"中，如图2-74所示。

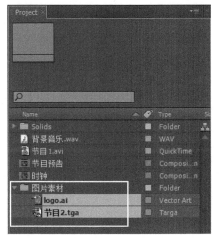

图2-74　分类存放素材

（5）重复上述步骤，将其他的素材文件都存放在相应的文件夹中，经过整理之后的"Project"窗口变得更加整齐，如图2-75所示。

图2-75　素材分类前后对比

2.7.2　定义素材

在使用Adobe After Effects CS5进行影视后期制作过程中，导入的素材文件不一定符合项目的设置标准，如合成组的尺寸为标准PAL制，而视频文件为720P的高清格式。这些不符合标准的素材会给编辑工作带来一定困扰，需要对这些素材进行重新定义使其符合项目需求。

在"Project"窗口中右键单击素材，在弹出的快捷菜单中选择"Interpret Footage"（定义素材）>"Main"（主要）命令，弹出"Interpret Footage"对话框，如图2-76所示。

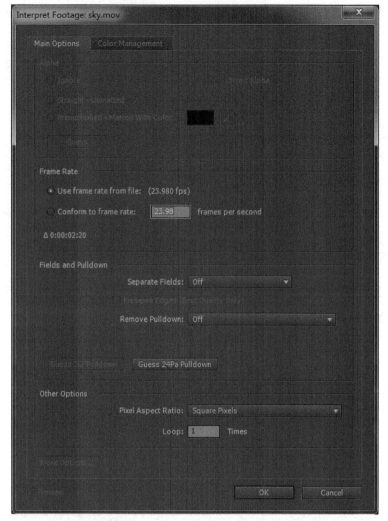

图2-76 "Interpret Footage"对话框

对话框中各选项的说明如下。

● "Alpha"（Alpha通道）：设置素材文件的Alpha通道类型，包括"Ignore"（忽略）、"Straight-Unmatted"（直通-无蒙版）和"Premultiplied-Matted With Color"（预乘-使用颜色蒙版）三种，并且可以调整通道的色彩以及进行"Invert"（反转）操作。当不能确定素材文件的Alpha通道类型时，可以单击"Guess"（猜测）按钮，软件会自动识别并选择一种通道类型。

● "Frame Rate"（帧速率）：在"Frame Rate"一栏中可以设置素材影片的帧速率，选择"Use Frame Rate from File"可以使用素材文件的原始帧速率，选择"Conform to frame rate"可以自定义帧速率。

● "Fields and Pulldown"（场顺序和下变换）："Separate Fields"（分离场）选项可以选择场顺序，勾选"Preserve Edges（Best Quality Only）"（保持边缘(最佳品质)）选项可以在使用最佳质量渲染时保持画面边缘品质；"Remove Pulldown"（移除下变换）选项可以选择移除下变换的类型。

● "Other Options"（其他选项）："Pixel Aspect Ratio"（像素比）下拉菜单中包含不同格式的像素比，"Loop"（循环）一项可以自定义素材文件的循环播放次数，默认为一次，修改此参数会使素材循环播放，并延长播放时间。

> **注意**
>
> 将24帧/s的电影胶片信号或者25帧（30帧）/s的电视摄像信号处理成为50场/s或者60场/s的信号并进行NTSC或者PAL制式广播的过程称为"Pulldown"。

2.7.3 项目打包

Adobe After Effects CS5提供了非常便捷的项目打包工具，利用此工具可以将编辑完成的项目文件以及素材文件进行打包整理，生成单独的文件夹，有效地避免素材链接丢失问题，便于分类存储与传递。

Adobe After Effects CS5中进行项目打包的操作步骤如下。

（1）选择"File" > "Save"或者"File" > "Save As"命令，将当前项目保存。

（2）选择"File" > "Collect Files"（收集文件）命令，弹出"Collect Files"对话框，如图2—77所示。

（3）在 "Collect Source File"（收集原始文件）选项右侧的下拉菜单中选择文件收集方式，如图2—78所示。

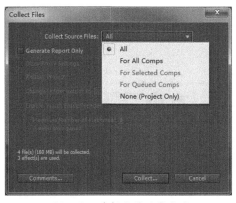

图2—77 Collect Files"对话框　　　　图2—78 选择文件收集方式

"Collect Source File"选项下拉菜单中各选项的说明如下。

● "All"（全部）：收集项目中所有的文件，"Project"窗口中未使用的素材文件也会被收集。

● "For All Comps"（收集所有合成组）：只收集项目中所有合成组使用到的素材文件。

● "For Selected Comps"（收集选择的合成组）：只收集在"Project"窗口中被选中的合成组所使用到的素材文件。

● "For Queued Comps"（收集队列中的合成组）：只收集被添加到渲染队列中的合成组所使用到的素材。

● "None（Project Only）"（无（只有项目文件））：不收集素材文件，只保存当前的项目文件。

（4）选择一种文件收集方式后单击"Collect..."（收集）按钮，弹出"Collect files into folder"（收集文件到文件夹中）对话框，如图2—79所示。

图2—79　"Collect files into folder"对话框

（5）在对话框中单击"保存"按钮，弹出"Copy Files"（复制文件）对话框，如图2—80所示，复制文件完成后，对话框消失，项目打包的操作就完成了。

图2—80　"Copy Files"对话框

2.8 本章习题

一、选择题

1．Adobe After Effects CS5支持导入的文件类型有_____（多选）

　　A．Targa　　　　　B．RMVB　　　　　C．SWF　　　　　D．MOV

2．在Adobe After Effects CS5中，下列说法正确的是_____（多选）

　　A．Adobe After Effects CS5可以安装在Windows XP系统中

　　B．Adobe After Effects CS5支持导入CMYK模式的图片素材

　　C．Adobe After Effects CS5可以自动保存当前项目的备份

　　D．Adobe After Effects CS5可以调节操作界面的明暗度

二、操作题

创建一个新的项目文件并导入多个素材，将此项目文件进行打包备份操作。

第3章
层的基本操作

Adobe After Effects CS5软件通过层的形式来进行工作 ，层按照时间与空间顺序分布在"Timeline"窗口中 ，Adobe After Effects CS5软件中对层的操作如基本编辑、添加特效和制作动画等，都可以在"Timeline"（时间线）窗口中实现。

学习目标

➡ 理解层的定义
➡ 掌握调整层的方法
➡ 掌握在"Timeline"窗口中编辑素材的方法
➡ 理解和掌握层的混合模式
➡ 掌握层基本属性及基本属性关键帧动画的制作方法

3.1 层概述

层是Adobe After Effects CS5软件操作中最基本的内容之一，创建合成、制作动画、添加特殊效果等都是基于层之上的操作，掌握层的定义和使用方法是熟练运用Adobe After Effects CS5完成影视后期制作的基础。

3.1.1 层的定义

在Adobe After Effects CS5中，导入的素材文件和在软件中创建的素材元素以"层"的形式排列在"Timeline"窗口中，Adobe After Effects CS5 中的层与Adobe Photoshop软件中的层十分相似，素材文件相当于一层层叠放的透明底片，上一层有图像的区域将遮盖下一层对应区域的图像，上一层没有图像的区域，将会显露出下一层的图像，如果上一层的图像为半透明状态，则将根据透明程度，混合显示上下层的图像。

在创建一个"Composition"（合成组）之后，便可将素材文件导入到"Timeline"窗口中，并对导入的素材以及创建的素材进行编辑。在"Project"（项目）窗口中单击鼠标左键选择素材文件，按住鼠标左键将素材拖放到"Timeline"窗口中，素材以层的形式排列在"Timeline"窗口中，如图3-1所示。

图3-1 "Timeline"窗口的"层"

3.1.2 层的顺序

在"Timeline"窗口中，根据制作要求可以更改层的上下叠压顺序，还可以对层进行空间上的对齐与分布，以调整各个层的显示顺序。

1. 层的叠压顺序

更改层的叠压顺序的操作步骤如下。

（1）创建一个"Composition"，任意导入三张素材图片，将素材图片拖放到"Timeline"窗口中，在"Timeline"窗口中单击鼠标左键选中一个层，如图3-2所示的层"03"。

图3-2 选中层"03"

（2）按住鼠标左键将层"03"拖放到层"01"和层"02"之间的位置，如图3-3所示。

图3-3　拖放层"03"到层"01"与层"02"之间

> **注意**
>
> 拖放层时会出现黑色水平线，黑色水平线所处的位置就是当前移动的层的目标位置。

（3）当层的目标位置符合需求时，松开鼠标左键即可使层"03"放置于新的位置，如图3-4所示，层"03"已经放置于层"01"与层"02"之间。

图3-4　完成层的叠压顺序更改

2. 层的对齐与分布

两个及两个以上数量的层可以按照上、下、左、右、中、水平、垂直的空间位置进行层的对齐与分布。

改变层对齐与分布的操作步骤如下。

（1）在"Timeline"窗口中拖放鼠标左键选定多个层。

（2）选择"Window"（窗口）>"Align"（对齐）命令，打开"Align"（对齐）面板，如图3-5所示。根据所需排列顺序选择排序按钮即可。

图3-5　"Align"面板

面板中各个图标的说明如下。

● "Align Layers"（层对齐）：

	左对齐		垂直居中对齐		右对齐
	顶对齐		水平居中对齐		底对齐

● "Distribute Layers"（层分布）：

	垂直顶分布		垂直居中分布		垂直底分布
	水平左分布		水平居中分布		水平右分布

3.1.3　层的复制与替换

Adobe After Effects CS5中可以通过复制层来实现层的重复使用，复制的层将包含原层中已经进行了的编辑操作。另外，当编辑完一段素材后，有时会发现另一个素材比当前使用的素材更为合适，这时就需要进行层替换操作。

1. 层的复制

复制层的方法有两种，分别为复制粘贴层和创建层副本。

（1）复制粘贴层。单击鼠标左键选中"Timeline"窗口中的一个层，如层"01.jpg"，选择"Edit"（编辑）>"Copy"（复制）命令，或按组合键"Ctrl + C"，再选择"Edit"（编辑）>"Paste"（粘贴）命令，或按组合键"Ctrl + V"完成层的复制。

（2）创建层副本。选中一个层，选择"Edit"（编辑）>"Duplicate"（副本）命令或按组合键"Ctrl + D"，即可为当前层创建一个一模一样的层副本，如图3-6所示。

图3-6 创建层副本

2. 层的替换

替换层的操作步骤如下。

（1）在"Timeline"窗口中，鼠标右键单击需要替换的层，在弹出的快捷菜单中选择"Reveal Layer in Project Flowchart View"（将层在流程图中展示）命令，如图3-7所示，打开"Flowchart"（流程图）窗口，如图3-8所示。

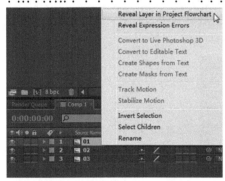
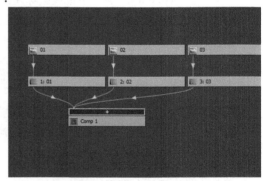

图3-7 选择"Reveal Layer in Project Flowchart View"命令　　　图3-8 "Flowchart"窗口

（2）在"Project"窗口中选中替换素材，如"04.jpg"，按住鼠标左键将其拖放到"Flowchart"窗口中目标层处，如"01.jpg"，此时目标层"01.jpg"显示为黑色，如图3-9所示。

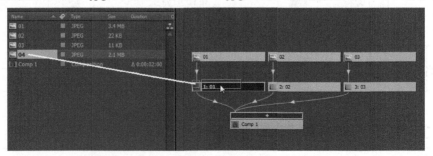

图3-9 将"Project"窗口中的素材替换到目标层

（3）松开鼠标左键即可完成替换，同时"Flowchart"窗口将自动切换回"Composition"窗口，并在窗口中显示替换层的画面。

3.2 层的剪辑

对于"Timeline"窗口中的层，可以通过剪辑来准确控制各个层的入点和出点，设置层的规则排列以及层的分割和抽出。

3.2.1 修改层的入点和出点以及时间位置

层的入点即层出现的时间位置，层的出点即层消失的时间位置，入出点之间的时间距离就是该层的持续时间长度。Adobe After Effects CS5 中，"Layer"（层）窗口、"Footage"（素材）窗口以及"Timeline"窗口均可实现层的入出点和持续时长的设置。

1．通过"Layer"窗口编辑层的入出点

通过"Layer"窗口编辑层的入点和出点的操作步骤如下。

（1）在"Timeline"窗口中，在需要编辑的层上双击鼠标左键，打开该层的"Layer"窗口。

（2）在"Layer"窗口中，移动时间线指针至欲选定的开始时间位置，单击入点按钮 ，即可完成层的入点设置；移动时间线指针至欲选定的结束时间位置，单击出点按钮 ，即可完成层的出点设置，如图3－10所示。

入点按钮　出点按钮　入点位置　　　　　　　　　　出点位置

图3－10　层入点与出点的设置

> **技巧**
>
> 也可在"Layer"窗口的时间线上直接按住鼠标左键拖放层两端的入点位置和出点位置，完成入出点设置。

（3）此时，"Timeline"窗口的该层起始点和结束点将与"Layer"窗口的入点位置和出点位置相统一。

2．通过"Footage"窗口编辑层的入出点

双击"Project"窗口中的素材即可打开该素材的"Footage"窗口，如图3－11所示。在"Footage"窗口中设置入点和出点的方法与"Layer"窗口中相同。完成入点和出点设置后，单击"Footage"窗口右下方的插入按钮 或覆盖按钮 ，即可将此段层添加到"Timeline"窗口中。

插入按钮　覆盖按钮

图3-11　"Footage"窗口设置入出点

> **注意**
>
> 将素材插入或覆盖到时间线窗口时，其入点的位置将自动放置于时间线指针所在处。

3. 在"Timeline"窗口中直接修改入出点及时间位置

在"Timeline"窗口中直接修改层入出点及时间位置的方法有以下三种。

（1）拖放鼠标选择入点、出点。"Timeline"窗口中，在层的左端按住鼠标左键，此时光标显示为双向箭头形状，左右方向拖放鼠标即可更改层的入点，如图3-12所示，在层的右端使用同样方法即可更改层的出点。

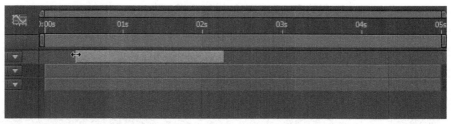

图3-12　在"Timeline"上拖放鼠标左键更改层入点

（2）结合时间线指针，使用组合键设置入出点。在"Timeline"窗口中选中层，将时间线指针移动到欲选定的入点位置，按下组合键"Alt + ["，此时便将入点设置到时间线指针处；同样的方法选定出点时间位置后按下组合键"Alt +]"，设置出点。

> **提示**
>
> 可使用时间显示框准确设置时间线指针位置。单击时间线窗口中的时间显示框，显示框变为蓝色即可手动输入精确时间，如图3-13所示。输入数字后按"Enter"键完成操作，此时时间线指针将自动跳转到输入时间处。时间显示框中数字对应的时间单位从左到右依次为：小时、分钟、秒、帧。

图3-13　时间面板准确设置时间位置

（3）左右移动层，改变层的时间位置。"Timeline"窗口中，按住鼠标左键并左右拖放层，可以实现在不改变层持续时间的前提下，更改该层在合成中的出现时间和结束的时间，如图3-14所示。

图3—14　鼠标拖放改变层的时间位置

3.2.2 "Sequence Layers"命令

在层的编辑过程中，常常需要对两个及两个以上数量的层进行时间上的规则排列，将几段层调整为首尾相接依次播放的顺序。这种情况下，可以选择手动操作，运用相关工具对层进行排列和编辑，但是手动操作繁复耗时并且难以达到理想效果。Adobe After Effects CS5 提供了"Sequence Layers"（序列层）命令，通过此命令可以自动完成时间规则排序操作。

"Sequence Layers"（序列层）命令的操作步骤如下。

（1）在"Timeline"窗口中同时选中需要调整的层，如图3—15所示。

图3—15　同时选中需要调整的层

（2）选择"Animation"（动画）>"Keyframe Assistant"（关键帧辅助）>"Sequence Layers"（序列层）命令，如图3—16所示。

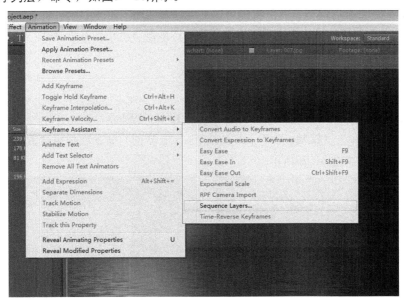

图3—16　"Sequence Layers"命令

（3）在弹出的"Sequence Layers"（序列层）对话框中，勾选"Overlap"（部分重叠）复选框激活该窗口的所有参数，如图3—17所示。

图3-17 设置"Sequence Layers"对话框中的参数

"Sequence Layers"（序列层）对话框中各参数说明如下。

● "Duration"（持续时间）：设置层与层之间的交替时间。

● "Transition"（转场）：设置层与层之间的转场方式。

● "Dissolve Front Layer"（在层入点处叠化）：选此项则只在层入点处叠化。

● "Cross Dissolve Front and Back Layers"（层入点和出点处叠化）：选此项则在层入点和出点处均有叠化。

（4）设置所需参数后,单击"OK"按钮即可完成"层排列"操作，如图3-18所示。

图3-18 完成"层排列"

3.2.3 "Split Layer"命令

"Split Layer"（层分割）命令是指将一个层分割成两个分离的层。这种层分割方式的好处在于被分割开的两部分将处于不同的层轨道中，两部分可进行独立地操作，达到分别处理且互不影响的效果。

"Split Layer"（层分割）命令的操作步骤如下。

（1）在"Timeline"窗口中选定层。

（2）移动时间线指针到欲分割的时间位置，如图3-19所示。

（3）选择"Edit"（编辑）>"Split Layer"（层分割）命令或按组合键"Ctrl + Shift + D"，完成层分割，如图3-20所示。

图3-19 指针确定分割位置　　　　图3-20 完成层分割

3.2.4 "Lift"命令和"Extract"命令

"Lift"（抽出）命令和"Extract"（挤压）命令都是对层的部分时间段落进行删除，但两者对于删除区域所占的时间位置有着不同的处理方式。

1．"Lift"命令

"Lift"命令是在时间线窗口中对层的部分时间段落进行删除，其余保留部分所占的时间位置无变化，即保留该删除区域所占用的时间位置，该层的总时长不变。

"Lift"命令的操作步骤如下。

（1）通过拖放工作区的端点来设置删除区域，也可按"B"键和"N"键来确定工作区的开始和结束位置，如图3－21所示。

（2）选择"Edit"（编辑）>"Lift Work Area"（抽出工作区）命令，工作区范围内的层被删除，工作区保持空白，剩余的两段层分别放置于不同轨道中，但时间位置不发生改变，该层的总时长亦不变，如图3－22所示。

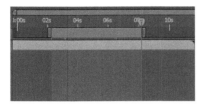

图3－21　设置删除区域　　　　图3－22　"抽出"所选区域

2．"Extract"命令

"Extract"（挤压）命令与"Lift"相似，但随着该层所选区域的删除，保留部分的时间位置相应前移，使两段保留的层紧密衔接不留空隙，此时该层的总时长相应缩短。

"Extract"命令的操作步骤如下。

（1）通过拖放工作区的端点来设置删除区域，也可按"B"键和"N"键来确定工作区的开始和结束位置，如图3－23所示。

（2）选择"Edit"（编辑）>"Extract Work Area"（挤压工作区）命令，工作区范围内的层被删除，剩余的两段层分别放置于不同的轨道中，并且首尾相接不留有空隙，此时层的总时长缩短，如图3－24所示。

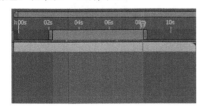

图3－23　设置工作区域　　　　图3－24　"挤压"所选区域

3.3　层混合模式

层混合模式是调整层效果的重要功能。层混合模式用来定义上下层间的色彩融合方式，通过对上下层的颜色值进行运算，使上下层间的图像进行融合，形成新的画面效果。

3.3.1 / 设置层混合模式

设置层混合模式有以下三种方法。

● 在"Timeline"窗口中右键单击所选层，在弹出的快捷菜单中选择"Blending Mode"（层混合模式）命令，在下一级菜单中选择所需模式，如图3-25所示。

图3-25 选择"Blending Mode"命令

● 在"Timeline"窗口中单击选中层，选择"Layer"（层）>"Blending Mode"（层混合模式）命令，在下一级菜单中选择所需模式。

● 单击时间线窗口左下角的转换控制表按钮 ，即可在层名称右侧显示栏中显示"Mode"（模式）栏，如图3-26所示。在"Mode"栏的下拉菜单中选择所需模式即可。

图3-26 显示层的"Mode"下拉菜单

3.3.2 / 层混合模式介绍

Adobe After Effects CS5提供了38种层的混合模式，各个混合模式的说明如下。

● "Normal"（正常）：根据Alpha通道正常显示当前层，此层的显示不受其他层的影响。

● "Dissolve"（溶解）：控制层与层之间的融合显示，如果上面层有羽化边缘或不透明度小于100%，层边缘将产生颗粒状的效果。

● "Dancing Dissolve"（动态溶解）：与"Dissolve"的作用相同。但它对融合区域进行了随机动画。

● "Darken"（变暗）：比较当前层与下面层的各个像素颜色后，保留两层中较暗的像素，而较亮的像素被替换。

● "Multiply"（正片叠底）：对下面层的颜色进行正片叠加处理，该模式是一种减色混合模式，最终呈现一种较暗的效果。

● "Color Burn"（颜色加深）：使下面层的颜色变暗，同时会根据叠加的像素颜色相应地增加下面层的对比度。

● "Classic Color Burn"（经典颜色加深）：兼容早版本的"Color Burn"模式。

● "Linear Burn"（线性加深）：类似于"Multiply"（正片叠底），通过降低亮度，让下面层颜色变暗以反映混合色彩，与白色混合没有效果。

● "Darker Color"（较暗色彩）：与"Darken"（变暗）模式效果相似，略有区别的是该模式不对单独的颜色通道起作用。

● "Add"（添加）：对当前层和下面层的各个像素进行相加，得到更为明亮的颜色。上面层颜色为纯黑色或下面层颜色为纯白色时，均不发生变化。

● "Lighten"（变亮）：与"Darken"（变暗）相反，比较当前层和下面层的各个像素颜色后，保留较亮的像素。

● "Screen"（屏幕）：该模式与"Multiply"（正片叠底）相反，是一种加色混合模式，呈现出一种较亮的效果。

● "Color Dodge"（颜色减淡）：该模式与"Color Burn"（颜色加深）相反，通过降低对比度，加亮下面层的颜色来反映混合色彩，与黑色混合没有任何效果。

● "Classic Color Dodge"（经典颜色减淡）：兼容早版本的"Color Dodge"模式。

● "Linear Dodge"（线性减淡）：通过增加亮度来使得下面层颜色变亮，以此获得混合色彩。与黑色混合没有任何效果。

● "Lighter Color"（较亮颜色）：与"Lighten"（变亮）模式相似，略有区别的是该模式不对单独的颜色通道起作用。

● "Overlay"（叠加）：根据下面层的颜色将当前层的像素进行相乘或覆盖。使用该模式可以让画面变亮或变暗。该模式对于中间色较为明显，对于高亮区域或者较暗区域影响不大。

● "Soft Light"（柔光）：根据当前层的颜色，创造一种柔和光线照射的效果，使亮度区域变得更亮，暗调区域变得更暗。如果当前层的颜色亮度高于50%灰，则下面层会变亮；如果当前层的颜色亮度低于50%灰，则下面层会变暗。如果用纯黑色或者纯白色进行混合，将会产生明显较暗或较亮的效果，但不会产生纯黑色或纯白色。

● "Hard Light"（强光）：创造一种强光照射的效果，使亮度区域变得更亮，暗调区域变得更暗。工作原理与"Soft Light"（柔光）相同。

● "Linear Light"（线性光）：如果当前层颜色亮度高于50%灰色，则用增加亮度的方法使画面变亮，反之用降低亮度的方法来使画面变暗。

● "Vivid Light"（艳光）：根据当前层的颜色分布，调整对比度以加深或者减淡颜色。如果当前层亮度高于50%灰，则图像对比度降低并且图像变亮；如果当前层亮度底于50%灰，则图像对比度提高并且图像变暗。

● "Pin Light"（固定光）：根据当前层的颜色分布来替换颜色。如果当前层亮度高于50%灰，则比当前层颜色暗的像素被取代；如果上面层亮度底于50%灰，则比上面层颜色亮的像素被取代。

● "Hard Max"（实色混合）：对当前层和下面层的颜色进行混合，产生对比度加大、颜色变化较少、纯度偏高、边缘较硬的效果。

● "Difference"（差值）：对当前层和下面层的像素颜色值进行相减处理，亮色的颜色值减去暗色的颜色值。与白色混合会使底色值反相，与黑色混合不产生变化。

● "Classic Difference"（经典差值）：兼容早版本的Difference模式。

● "Exclusion"（排除）：创建一种与"Difference"类似但对比度较低的效果。

● "Subtract"（减法）：用下面层的颜色值减去当前层的颜色值的画面颜色。如果当前层为黑色，则图像显示为下面层颜色。在32-bpc项目中图像最终颜色值将小于0。

● "Divide"（分离）：通过当前层颜色分离下面层的颜色。如果当前层为白色，则图像显示为下面层颜色。在32-bpc项目中图像最终颜色值将小于0。

● "Hue"（色相）：用当前层的色相以及下面层的亮度、饱和度来创建画面颜色。

● "Saturation"（饱和度）：用当前层的饱和度以及下面层的亮度、色相创建画面颜色。如果底色为灰度区域，则不会引起任何变化。

● "Color"（颜色）：用当前层的色相、饱和度以及下面层的亮度来创建画面颜色。可以保护图像中的灰色色阶。

● "Luminosity"（亮度）：用当前层的亮度以及下面层的色相、饱和度来创建画面颜色。效果与颜色模式相反。该模式是除了"Normal"外唯一能完全消除纹理背景干扰的模式。

● "Stencil Alpha"（Alpha通道模板）：依据当前层的Alpha通道，显示以下所有层的图像，相当于进行剪影处理。

● "Stencil Luma"（亮度模板）：依据当前层的亮度确定以下所有层的不透明度，亮的地方完全显示下面的所有层，暗的地方或无像素的地方则完全不显示以下所有层。

● "Silhouette Alpha"（Alpha通道轮廓）：可以利用层的Alpha通道在层与层之间切出一个透明轮廓，与"Stencil Alpha"效果相反。

● "Silhouette Luma"（亮度轮廓）：与"Stencil Luma"效果相反。

● "Alpha Add"（Alpha添加）：当前层与下面层的Alpha通道叠加在一起，同时发生作用。

● "Luminescent Premul"（冷光模式）：在带有Premultiplied Alpha通道的素材上应用透镜和灯光滤镜时，该混合模式可改善画面效果。

3.4 层的基本属性

在没有添加任何特效、遮罩的情况下，每一个层都具备最基本的属性——"Transform"（变换）属性。"Transform"（变换）属性中包含了位置、缩放、旋转、轴心点和不透明度5个具体参数。通过修改这5个属性的参数可使层产生基本的变化，并且可以通过添加关键帧来制作基本属性动画。

在"Timeline"窗口中，单击层色彩标签前面的三角按钮 ▶，展开"Transform"（变换）属性的标题，再单击"Transform"（变化属性）左侧的三角按钮 ▶，便可展开5个基本变化属性的具体参数，如图3－27所示。

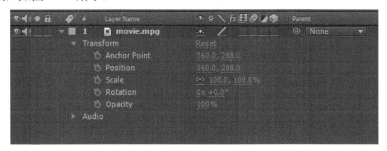

图3－27　层的5个基本变化属性

1．"Position"属性

"Position"（位置）属性可以实现层位置的变化，如图3－28所示。普通二维层的"Position"（位置）属性由X轴和Y轴两个参数组成，分别控制层的水平位置和垂直位置；三维层则由X轴、Y轴和Z轴三个参数组成，分别控制层的水平、垂直、纵深位置。

图3－28　层的位移属性变化

在时间线窗口中，单击鼠标左键选中一个层，按"P"键，便可展开该层的"Position"属性参数，如图3－29所示。

图3－29　"Position"属性参数

2．"Scale"属性

"Scale"（缩放）属性用来扩大或缩小层的尺寸，如图3－30所示。"Scale"（缩放）属性参数显示为X轴、Y轴二维数组，分别控制层在水平方向和垂直方向上的缩放。

图3—30 层的缩放属性变化

在时间线窗口中，单击鼠标左键选中一个层，按"S"键，便可展开该层的"Scale"属性参数，如图3—31所示。

图3—31 "Scale"属性参数

注意

"Scale"（缩放）属性是以轴心点为基准来改变层大小的。

3. "Rotation"属性

"Rotation"（旋转）属性可以实现层的旋转角度的变化，如图3—32所示。"Rotation"（旋转）属性以二维数组表示，左边的数值表示旋转圈数，右边的数值表示旋转角度。

图3—32 层的旋转属性变化

在时间线窗口中，单击鼠标左键选中一个层，按"R"键，便可展开该层的"Rotation"属性参数，如图3—33所示。

图3—33 "Rotation"属性参数

"Rotation"（旋转）是以轴心点为基准来改变层旋转角度的。

4.　"Anchor Point"属性

"Anchor Point"（轴心点）属性用来定位层的轴心，它为旋转、缩放等变化提供了基准。在默认情况下，层的旋转是以层的中心点为轴心进行自转的，但如果需要层围绕非中心点进行公转时，便可通过更改轴心点属性来完成，如图3—34所示，蝴蝶以鼠标所在位置为轴心点旋转。"Anchor Point"（轴心点）的表示为"X"轴和"Y"轴的二维数组，分别表示水平参数和垂直参数。

图3—34　层的轴心点属性变化

在时间线窗口中，单击鼠标左键选中一个层，按"A"键，便可展开该层的"Anchor Point"属性参数，如图3—35所示。

图3—35　"Anchor Point"属性参数

5.　"Opacity"属性

"Opacity"（不透明度）属性可以改变层的不透明程度，如图3—36所示，当参数为"0%"时，层为完全透明状态；当参数为"100%"时，层为完全不透明状态。

图3—36　层的不透明属性变化

在时间线窗口中，单击鼠标左键选中一个层，按"T"键，便可展开该层的"Opacity"属性参数，如图3—37所示。

图3—37　"Opacity"属性参数

3.5　实战案例——文字倒影

学习目的

掌握本章所学习的层的基本知识，制作一个层的基本属性动画。

重点难点

> 掌握调整层的方法
> 掌握在"Timeline"窗口中编辑素材的方法
> 正确使用层混合模式
> 掌握层基本属性及基本属性关键帧动画的制作方法

下面，通过本章的综合案例来熟悉和掌握时间线上的层的基本操作。在本案例中将利用层的基本属性制作出文字倒影效果，以及图像的位移、缩放、旋转、透明度变换的动画效果。效果如图3—38所示。

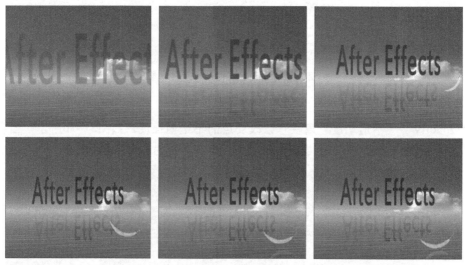

图3—38　案例效果

操作步骤

1. 新建合成并导入素材

01 打开Adobe After Effects CS5软件，新建合成。选择"Composition"（合成）>"New

Composition"（新建合成）命令。在弹出的"Composition Settings"（合成设置）对话框中，将名称命名为"文字倒影"，在"Preset"（预置）的下拉菜单中选择"PAL D1/DV"制式，并将"Duration"（时长）设置为5s，如图3－39所示。

02 导入素材。双击"Project"窗口的空白处，在"Import File"（导入）对话框中选择"水面.jpg"、"文字.psd"、"羽毛.psd"素材文件导入。在弹出的层名称对话框中，选择"Import Kind"（导入类型）为"Footage"（素材），"Layer Options"（层选项）中选择"Merged Layers"（合并层）单选按钮，如图3－40所示。

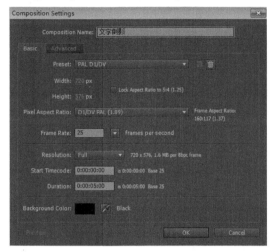
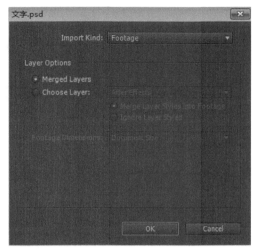

图3－39 新建合成"文字倒影"   图3－40 层导入选项对话框

03 最终将这些素材导入到"Project"窗口中，如图3－41所示。

图3－41 导入素材

2. 制作文字的缩放及透明度动画

01 在项目窗口鼠标左键拖放素材"水面.jpg"、"文字.psd"到"Timeline"窗口中。层"文字.psd"放置于层"水面.jpg"之上，如图3－42所示。

图3－42 将素材拖放到时间线窗口

02 "Timeline"窗口单击层"文字.psd",按"S"键展开该层的"Scale"（缩放）属性。

03 单击"Scale"（缩放）参数值，数值框变为蓝色，此时为输入状态，输入数字"350，350%"，完成缩放值的更改，如图3－43所示。查看"Composition"（合成组）窗口中的画面效果，如图3－44所示。

图3－43　更改层"文字.psd"缩放属性　　　　图3－44　更改缩放属性的画面效果

04 调整确认时间线指针位于0s处，单击层"文字.psd"的"Scale"名称左侧的关键帧自动记录器，创建缩放动画的初始位置关键帧。此时记录器显示为开启状态，如图3－45所示。

图3－45　创建缩放动画的初始关键帧

05 将时间线指针放置于2s处，将"Scale"（缩放）参数值更改为"170，170%"，时间线上将自动生成该处关键帧，如图3－46所示。此时，0s到2s，完成了层"文字.psd"的缩放动画。

图3－46　更改缩放参数值并生成关键帧

> **提示**
>
> 通过编辑时间显示框可实现时间线指针的精确跳转。单击时间框，时间框变为蓝色即可输入时间码，按键盘"Enter"键完成。时间线指针将自动跳转到所输入的时间位置。

06 调整层"文字.psd"在"Composition"（合成组）窗口的显示位置。在"Composition"（合成组）窗口中鼠标左键拖放层"文字.psd"至适当的位置，如图3－47所示。

07 将时间线指针返回到0帧处。在"Timeline"窗口单击层"文字.psd"，选中该层。然后按组合键"Shift＋T"，继续展开该层的"Opacity"（不透明度）属性。

（**08**）将"Opacity"（不透明度）参数值更改为"15%"，单击"Opacity"名称左侧的关键帧自动记录器 ，创建透明度动画的初始关键帧。此时记录器显示为 开启状态。画面效果如图3—48所示。

图3—47 调整层"文字.psd"的显示位置　　　　图3—48　更改不透明度的画面效果

（**09**）将时间线指针放置于2s处，将"Opacity"（不透明度）参数值更改为"100%"，时间线上将自动生成该处关键帧，如图3—49所示。此时，0s到2s之间，完成了层"文字.psd"由半透明到不透明的变化。

图3—49　2s更改不透明度参数值并生成关键帧

3．制作文字倒影

（**01**）在项目窗口中鼠标左键拖放素材"文字.psd"，将其第二次放到"Timeline"窗口中，并将它放在层列表的顶部。按住"Enter"键，此时名称变为蓝色，输入新名称"倒影"，按"Enter"键完成重命名，如图3—50所示。

图3—50　再次使用素材"文字.psd"并重命名

（**02**）选择层"倒影"，将时间线指针放置于20帧处，按组合键"Alt + ["，更改该层入点。

（**03**）选中层"倒影"，按"S"键展开其"Scale"（缩放）属性。"Scale"名称右侧的锁头按钮，变为解锁状态，即取消等比例缩放。单击Y轴数值，将其参数更改为"—100"，图像呈现倒影状态，如图3—51所示。

图3—51 取消等比例缩放制作倒影

04 再次单击锁头按钮，锁定新的比例，使图像以新的比例进行缩放。单击"Scale"名称左侧的关键帧自动记录器，创建透明度动画的初始关键帧。将鼠标指针放在"Scale"参数上，光标变为手状，左右拖放鼠标调整数值，当合成窗口中倒影的缩放大小与层"文字.PSD"基本相同时，松开鼠标完成参数值调整，如图3—52、图3-53所示。

图3—52 调整缩放属性值

图3—53 调整缩放属性值的画面效果

> **经验**
>
> 调整参数值时常常需要与其他层的图像进行对照，这时使用手状光标调整参数使得调整更加细微和便捷。

05 对该层位置进行调整，在"Composition"（合成组）窗口中拖放层"倒影"至"Adobe After Effects CS5"文字的下方，如图3—54所示。

06 将时间线指针放置于2s处，将"Scale"（缩放）参数值更改为"160，−160%"，时间线上将自动生成该处关键帧。此时，0s到2s之间，完成了层"文字.psd"的缩放动画，如图3—55所示。

图3—54 调整文字倒影的位置

图3—55 2s处添加缩放关键帧

（07） 右键单击层"文字.psd"，在快捷菜单中选择"Blending Mode"（混合模式）>
"Overlay"（叠加）命令，如图3－56所示。此时倒影融合在水面中，如图3－57所示。

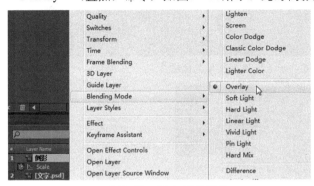

图3－56　混合模式菜单　　　　　　　　　　　图3－57　叠加模式效果

（08） 选中层"倒影"，按组合键"Shift + T"，继续展开该层的"Opacity"（不透明度）
属性。在20帧处单击关键帧自动记录器，并将"Opacity"参数值更改为"8%"，建立初始关
键帧。

（09） 将时间线指针放于2s处，更改"Opacity"参数值为"85%"，时间线自动添加该点关
键帧。完成20帧到2s间的透明度变化动画，如图3－58所示。

图3－58　添加不透明度关键帧

4．添加羽毛动画

（01） 在项目窗口中鼠标左键拖放素材"羽毛.psd"，将其放至"Timeline"窗口中，并将
它放在层列表的顶部。

（02） "Timeline"窗口单击层"羽毛.psd"，按"P"键展开该层的"Position"（位置）
属性。将时间线指针放于20帧处，单击"Position"名称左侧的关键帧自动记录器，并将
参数更改为"750，293"创建位移动画的初始关键帧，如图3－59所示。

图3－59　建立层"羽毛"位移动画初始关键帧

（03） 将时间线指针放于2s23帧处，更改"Position"参数为"614，431"，建立第二个关
键帧；再将时间线指针放于4s8帧处，更改"Position"参数为"661，485"，建立第三个关键
帧。完成羽毛的位移动画，如图3－60、图3-61所示。

图3-60　为层"羽毛"添加位移关键帧

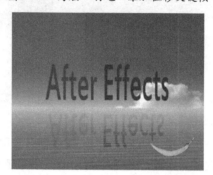

图3-61　层"羽毛"位移动画效果

04 选中层"羽毛.psd"，按组合键"Shift + R"键继续展开该层的"Rotation"（旋转）属性。

05 将时间线指针放于1s9帧处，更改"Rotation"参数为"0，-78"，建立初始关键帧；再将时间线指针放于3s2帧处，更改"Rotation"参数为"0，2.4"，建立第二个关键帧；再将时间线指针放于4s14帧处，更改"Rotation"参数为"0，-22"，建立第三个关键帧，如图3-62所示，完成羽毛的旋转动画。

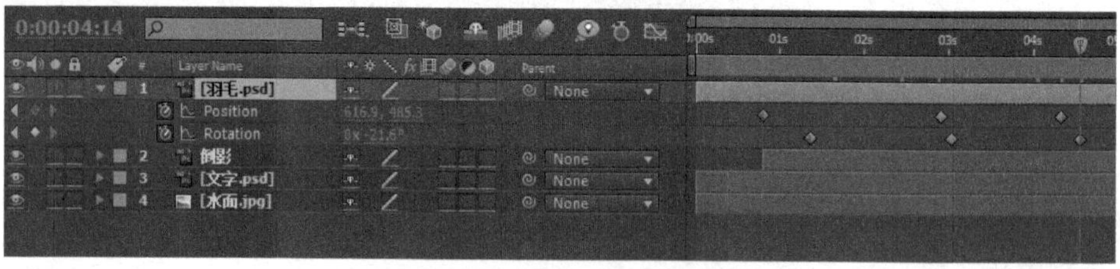

图3-62　添加旋转属性关键帧

06 选中层"羽毛.psd"，按组合键"Shift + S"键继续展开该层的"Scale"（缩放）属性。

07 将时间线指针放于1s5帧处，更改"Scale"参数为"41，41"，建立初始关键帧；再将时间线指针放于3s2帧处，更改"Scale"参数为"80，80"，建立第二个关键帧，如图3-63所示。完成羽毛的缩放动画。

图3-63　添加缩放属性关键帧

(08) 右键单击层"羽毛.psd"，在快捷菜单中选择"Blending Mode"（混合模式）>
"Hard Light"（强光）。使羽毛与背景融合，如图3−64所示。

图3−64　设置层"羽毛.psd"的混合模式

(09) 中层"羽毛.psd"，按组合键"Shift + T"键继续展开该层的"Opacity"（不透明
度）属性，将参数值更改为"85%"。

5. 制作羽毛倒影

(01) 在项目窗口中按住鼠标左键拖放素材"羽毛.psd"，将其再次放至"Timeline"窗
口中，并将它放在层列表的顶部，按"Enter"键，此时名称变为蓝色，输入新名称"羽毛倒
影"，按"Enter"键完成重命名。

(02) 更改层"羽毛倒影"入点。将时间线指针放置于2s13帧处，按组合键"Alt + ["，更
改该层入点，如图3−65所示。

图3−65　更改层"羽毛倒影"入点

(03) 选中层"羽毛倒影"，按"S"键展开其"Scale"（缩放）属性。将时间线指针放于
4s8帧处，单击"Scale"名称右侧的锁头按钮，变为解锁状态，即取消等比例缩放。将参数更
改为"72，−68%"。单击"Scale"名称前的关键帧自动记录器，建立初始关键帧，如图3−
66所示。此时，羽毛呈现倒影状态。

图3−66　建立缩放动画初始关键帧

(04) 调整层"羽毛倒影"位置。在"Composition"（合成组）窗口中鼠标左键拖放层
"倒影"至"羽毛"图像的下方，如图3−67所示。

图3-67　调整层"羽毛倒影"位置

05　将时间线指针放于2s13帧处，将参数更改为"50，－47%"，时间线上自动添加关键帧。完成层"羽毛倒影"的缩放动画，如图3-68所示。

图3-68　制作层"羽毛倒影"的缩放动画

06　右键单击层"羽毛倒影"，在快捷菜单中选择"Blending Mode"（混合模式）>"Hard Light"（强光）。

07　选中层"羽毛倒影"，按组合键"Shift + T"，继续展开该层的"Opacity"（不透明度）属性。将时间线指针放于2s13帧处，单击关键帧自动记录器，并将"Opacity"参数值更改为"0%"，建立初始关键帧。

08　将时间线指针放于4s8帧处，将"Opacity"参数值更改为"26%"，时间线上自动添加关键帧，完成该层透明度动画，如图3-69、图3-70所示。

图3-69　制作层"羽毛倒影"的透明度动画

图3-70　透明度动画效果

完成所有制作环节，按数字键盘"0"键预览动画。案例效果如图3-71所示。

图3-71　案例效果

3.6　本章习题

一、选择题

1. 在"Timeline"窗口中修改层入点，将时间线指针放置于欲选定的时间位置后，按以下哪个组合键可完成入点的设置？＿＿＿＿＿（单选）

　　　A．"Alt＋]"　　　　B．"Alt＋["　　　　C．"Ctrl＋]"　　　　D．"Ctrl＋["

2. 对上下两个层进行混合模式的设置，下列模式中，能够使图像变亮的是＿＿＿＿＿（单选）

　　　A．"Normal"（正常）　　　　　　　　　B．"Multiply"（正片叠底）

　　　C．"Add"（添加）　　　　　　　　　　D．"Dissolve"（溶解）

3. 按下面的那个快捷键可以展开Timeline窗口中某层"Opacity"（透明度）属性＿＿＿＿＿（单选）

　　　A．"T"键　　　　B．"S"键　　　　C．"P"键　　　　D．"R"键

4. 每一个层都具备最基本的"Transform"（变换）属性，"Transform"（变换）属性中不包含的属性是＿＿＿＿＿（单选）

　　　A．"Position"（位置）　　　　　　　　B．"Scale"（缩放）

　　　C．"Rotation"（旋转）　　　　　　　　D．"Path"（路径）

二、操作题

用个人数张相片为素材，使用"Adobe After Effects CS5"的剪辑功能以及层的基本属性操作，将照片整合在一个合成中，制作成为一个动态的个人相册。

第4章
关键帧动画

关键帧动画技术是计算机动画制作中最基本也是用途最为广泛的一项动画制作技术，Adobe After Effects CS5提供了制作关键帧动画的制作工具与多样的功能选项，能够满足动画加工的多种需要。本章将对关键帧动画及其制作技巧进行全面的讲解。

学习目标

➡ 认识关键帧动画的原理及基本条件

➡ 掌握关键帧的基本操作

➡ 掌握空间关键帧差值与时间关键帧差值的设置方法

➡ 掌握属性变化曲线与速度变化曲线的工作原理及操作方法

➡ 掌握关键帧动画的辅助功能

4.1 认识关键帧动画

在Adobe After Effects CS5中，把某一时间点上记录关键变化信息的标记称为"Keyframe"（关键帧）。Adobe After Effects CS5会根据前后两个关键帧识别动画的开始状态和结束状态，并自动计算两个关键帧之间的运动过程从而产生动画效果，这就是关键帧动画的产生原理。

关键帧动画记录图像变化的运动过程，是基于时间变化和属性变化的。如果为层的某一时间点添加一个关键帧，那么这个关键帧对整个层发生作用，不会产生前后属性的变化。例如，对某个层添加了一个缩放关键帧，将缩放数值更改为"50%"，那么整个层在合成画面中始终以原始尺寸的"50%"来显示。如果在该层的另一个时间点上再次添加一个缩放关键帧，并将数值调整为"100%"，两个时间点中间就会形成画面尺寸由"50%"到"100%"的变化过程，即产生缩放的关键帧动画。从这个例子中可以看出，可以得出产生关键帧动画的基本条件有以下两个：

- 必须在不同的时间位置上设置关键帧，即至少两个关键帧才能产生动画。
- 关键帧的属性数值在不同时间位置上应该有变化，不同时间的相同关键帧数值也不能产生动画。

4.2 关键帧的基本操作

Adobe After Effects CS5为关键帧提供了多种操作以满足不同的使用要求，能够快捷地实现关键帧的添加、修改、跳转和删除等操作。

4.2.1 使用关键帧自动记录器

在Adobe After Effects CS5中记录某一时间点上的变化信息，也就是添加关键帧时，就必须开启关键帧自动记录器，以记录变化信息。关键帧自动记录器位于属性名称左侧，如图4-1所示。

图4-1 关键帧自动记录器所在位置

关键帧自动记录器的未开启状态。按下该按钮则变为启用状态，同时时间线上将自动生成一个关键帧。

关键帧自动记录器的启用状态，在启用状态下Adobe After Effects CS5将自动记录当前时间下的属性信息。按下该按钮，记录器将恢复到未启动状态，此时相应属性栏上的所有关键帧被清除。

4.2.2 添加关键帧

Adobe After Effects CS5提供了多种添加关键帧的方法，在制作过程中可根据实际情况和使用习惯进行选择。

1．建立初始关键帧

单击层属性名称前的关键帧自动记录器，便可创建初始关键帧。

2．继续添加关键帧

当初始关键帧建立后，即关键帧自动记录器为启用状态时，添加关键帧的方法有以下两种。

（1）将时间线指针移动到新的时间位置，在"Timeline"（时间线）窗口的属性栏中直接更改属性数值，此时时间线上将自动生成新的关键帧，如图4—2所示。

图4—2　更改属性值添加关键帧

（2）将时间线指针移动到新的时间位置，在"Timeline"（时间线）窗口左侧的关键帧面板中单击关键帧按钮（见图4—3中鼠标所在位置），生成了新的关键帧，然后再更改属性栏中的参数数值，完成关键帧的设置，如图4—3所示。

图4—3　单击关键帧按钮生成关键帧

4.2.3 修改关键帧

修改关键帧有以下两种方法。

（1）在所要编辑的关键帧上双击鼠标左键,在弹出的参数对话框内修改参数数值即可，如图4—4所示。

图4—4　"Position"属性参数对话框

> **注意**
>
> 不同属性的关键帧所显示的对话框内容不同。

（2）移动时间线指针到关键帧的所在位置，然后在该属性栏中修改参数数值即可，如图4—5所示。

图4-5　拖曳时间线指针到关键帧的所在位置

务必在时间线指针与关键帧对齐后，再更改此关键帧的数值。若在未对齐的情况下更改数值则会产生新的关键帧。

4.2.4　跳转吸附关键帧

在修改或查看关键帧时，需要将时间线指针放置在关键帧所在的位置，两者不易对齐时，可使用跳转、吸附关键帧的功能完成对齐。

1. 跳转关键帧

在关键帧面板中单击"上一个"按钮◀或"下一个"按钮▶，使时间线指针跳转到临近的上一个关键帧或下一个关键帧，如图4-6所示。

右侧无关键帧
右侧有关键帧
左侧有关键帧
左侧无关键帧

图4-6　关键帧面板

提示

也可使用快捷键"J"和"K"完成"上一个"和"下一个"关键帧的跳转。

2. 吸附关键帧

移动时间线指针的同时按住"Shift"键，时间线指针将自动吸附到临近位置的关键帧上。

4.2.5　选择关键帧

1. 选择单个关键帧

在"Timeline"（时间线）窗口的中单击某个关键帧，则这个关键帧被选中。

2. 选择多个关键帧

选择多个关键帧，可根据不同的关键帧分布情况来选择适当的操作方法：

（1）若欲选择的关键帧较为集中，则可在"Timeline"（时间线）窗口中，拖曳鼠标左键画出一个选择框将欲选择的关键帧划入，如图4-7所示。

图4-7　拖动鼠标选择关键帧

（2）若欲选择的关键帧较为分散，则按住"Shift"键，在"Timeline"（时间线）窗口中逐一单击选择关键帧。

（3）若所选关键帧为某一属性的全部关键帧，则可直接单击这个属性的名称，此时该属性栏中的所有关键帧均被选中，如图4-8所示。

图4-8　单击位置属性名称选择该属性的全部关键帧

4.2.6 移动关键帧

选择欲移动的关键帧，按住鼠标左键左右拖曳便可将关键帧移动到新的时间位置，松开鼠标即可完成移动。

4.2.7 复制关键帧

在制作过程中，有时需要对关键帧动画进行复制操作，通过复制一个或多个关键帧即可完成关键帧的相同设置，可避免重复操作，提高工作效率。

关键帧的复制可以作用于同层关键帧也可用于跨层的关键帧，如层A的"Position"（位置）属性关键帧可以复制到层B的"Position"属性中；具有相同性质的属性之间可以实现跨属性的关键帧复制，如层A的"Position"属性关键帧可以复制到层B的效果点（即呈现效果的坐标位置）中；另外，遮罩的路径形状关键帧也可以复制到层的"Position"属性中，作为运动路径关键帧。

复制关键帧的操作步骤如下。

（1）选择需要复制的关键帧，可以是多个属性的数个关键帧，如图4-9所示。

图4-9　选择被复制的关键帧

（2）选择"Edit"（编辑）>"Copy"（复制）命令或按组合键"Ctrl + C"进行复制。

（3）再选中复制关键帧的目标层，将时间线指针放到新的时间位置，选择"Edit"（编辑）>"Paste"（粘贴）命令或使用组合键"Ctrl + V"完成粘贴，如图4-10所示。

图4-10　复制关键帧

4.2.8 删除关键帧

可根据不同的关键帧情况来选择不同的删除关键帧的方法。

1. 删除单个或数个关键帧

删除单个或数个关键帧有以下两个方法：

（1）选择所要删除的关键帧，选择"Edit"（编辑）>"Clear"（清除）命令即可完成删除。

（2）选择所要删除的关键帧，按键盘"Delete"键完成删除。

2. 删除某个属性的所有关键帧

删除某个属性的所有关键帧有以下两个方法：

（1）单击属性名称左侧的关键帧自动计时器■，便可删除该属性栏的全部关键帧。

（2）单击属性名称即可选择该属性的全部关键帧，按"Delete"键完成删除。

4.3 关键帧差值

基本属性关键帧动画所完成的是单一的匀速运动效果，实际上物体在运动过程中产生的是更多的非匀速运动效果，如一个篮球从落地到弹起的过程中，落地与弹起对应着由加速运动到减速运动的运动过程。在这类情况下需要对关键帧类型进行重新的设置，实现非匀速运动效果，打破匀速运动的生硬感，使运动效果更加真实。

在Adobe After Effects CS5中，关键帧的类型多达十几种。这些关键帧通过差值方式来控制，能够实现运动的直线、曲线或加速减速等的变化，产生多变的运动效果。

从差值方式来说，关键帧的类型可划分为两大类：空间差值和时间差值。

4.3.1 "Spatial Interpolation"空间差值

"Spatial Interpolation"（空间差值）用来控制关键帧的运动路径。它的作用是通过为关键帧设置不同的空间运算方式，完成各种空间运动动画。在层的属性中，只有"Position"

"Anchor Point"和特效控制点具有运动路径，也就是说只有"Position"、"Anchor Point"和特效控制点具备空间差值属性。

1．修改空间差值的关键帧的操作步骤

（1）展开时间线窗口中的层列表，显示出欲修改的属性关键帧。

（2）选择要修改的属性关键帧。

（3）在选择的关键帧上单击鼠标右键，在弹出的快捷菜单中选择"Keyframe Interpolation"（关键帧差值）命令或者选择"Animation"（动画）>"Keyframe Interpolation"（关键帧差值）命令，弹出"Keyframe Interpolation"（关键帧差值）对话框，如图4—11所示。

（4）在"Spatial Interpolation"（空间差值）下拉菜单中选择空间差值的运算方式，如图4—12所示。

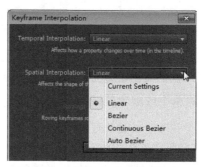

图4—11　　"Keyframe Interpolation"对话框　　图4—12　　空间差值的运算方式选项

（5）完成设置单击"OK"按钮即可。

2．空间差值的四种运算方式

"Spatial Interpolation"（空间差值）下拉菜单中显示了空间差值的四种运算方式。四种运算方式产生两种空间运动，直线运动和曲线运动。其中"Linear"（线性）产生的是直线运动；其他三个"Bezier"（贝塞尔曲线）产生曲线运动。

（1）"Linear"（线性）。其运动路径表现为直线与直线构成的角，变化节奏比较强，且运动路径中没有调节手柄，如图4—13所示。

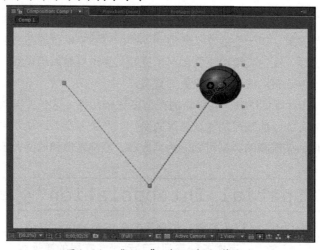

图4—13　　"Linear"（线性）运算方式

（2）"Bezier"（贝塞尔曲线）。其运动路径由平滑曲线构成，每个关键帧处都会发生方向的突变。该曲线路径中包含"Bezier"调节手柄，拖动手柄可改变运动路径的曲线。"Bezier"是通过保持控制手柄的位置平行于前一个和后一个关键帧来实现的，如图4－14所示。

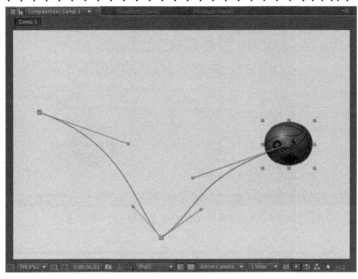

图4—14 "Bezier"（贝塞尔曲线）运算方式

（3）"Continuous Bezier"（持续贝塞尔曲线）。"Continuous Bezier"与"Bezier"的原理相同，运动路径皆为平滑曲线构成。它在穿过一个关键帧时，会产生一个平稳的变化，与"Bezier"（贝塞尔曲线）不同的是，连续贝塞尔差值的方向手柄总是处于一条直线，如图4－15所示。

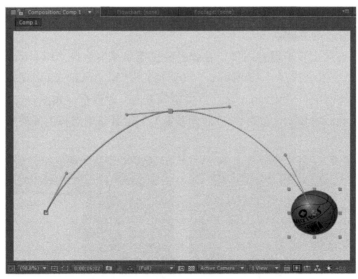

图4—15 "Continuous Bezier"（持续贝塞尔曲线）运算方式

（4）"Auto Bezier"（自动贝塞尔曲线）。自动贝塞尔曲线路径表现为平滑的曲线。关键帧距两个调节手柄的距离相同，且两个调节手柄总处于一条直线。可用于制作Liner向曲线的平滑过渡，如图4－16所示。

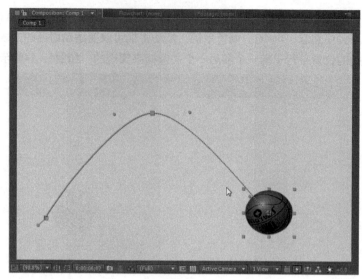

图4—16 Auto Bezier（自动贝塞尔曲线）运算方式

4.3.2 / "Temporal Interpolation"时间差值

在制作过程中，非匀速的运动不仅可以使动画更为真实，还能通过运动速度的变化使画面产生节奏感，起到渲染情绪的作用。"Temporal Interpolation"（时间差值）用来修改关键帧的运动速度，使关键帧动画完成加速、减速等变速效果。

1．修改关键帧时间差值的操作步骤

（1）展开时间线窗口中的层列表，显示出欲修改的关键帧。

（2）选择欲修改的关键帧。

（3）在此关键帧上单击鼠标右键，在弹出的快捷菜单中选择"Keyframe Interpolation"（关键帧差值）命令或者选择"Animation"（动画）>"Keyframe Interpolation"（关键帧差值）命令。弹出"Keyframe Interpolation"（关键帧差值）对话框，如图4—17所示。

（4）在"Temporal Interpolation"（时间差值）下拉菜单中选择时间差值的运算方式，如图4—18所示。

图4—17 "Keyframe Interpolation"对话框

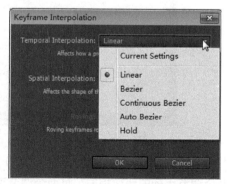

图4—18 时间差值的运算方式选项

（5）完成设置单击"OK"按钮即可。

2．时间差值的五种运算方式

"Temporal Interpolation"（时间差值）下拉菜单中显示五种运算方式。

(1) ◆ "Linear"（线型运动）：匀速动画方式。

(2) ⊠ "Bezier"（贝塞尔型运动）：自由调节速度变化方式，分别调整关键帧入速度与出速度。

(3) ⊠ "Continuous Bezier"（连续贝塞尔）：速度调节方式，同时调整关键帧入速度与出速度。

(4) ● "Auto Bezier"（自动贝塞尔）：用调整曲线形态来控制运动速度。

(5) ■ "Hold"（静止）：关键帧之间没有过渡变化，实现突变效果。

3．关键帧形态

(1) ◆ "Linear"（线性）入，"Linear"（线性）出。

(2) ◀ "Linear"（线性）入，"Hold"（静止）出。

(3) ◀ "Linear"（线性）入，"Bezier"（贝赛尔）出。

(4) ■ "Hold"（静止）方式。

(5) ● "Auto Bezier"（自动贝塞尔）方式。

(6) ⊠ "Bezier"（贝赛尔）入，"Bezier"（贝赛尔）出。

(7) ▶ "Bezier"（贝赛尔）入，"Linear"（线性）出。

(8) ▣ "Bezier"（贝赛尔）入，"Hold"（静止）出。

4.4　动画曲线编辑器

"Graph Editor"动画曲线编辑器是Adobe After Effects CS5为关键帧动画提供的编辑模块，通过动画曲线编辑器不仅可以精确地查看属性的变化过程，还可以通过编辑器中的贝塞尔曲线手柄轻松调节运动。曲线编辑器使编辑运动变得非常方便快捷。

4.4.1　开启动画曲线编辑器

单击时间线窗口上方的"动画曲线编辑器"按钮 ▨，即可开启"Graph Editor"动画曲线编辑器，此时时间线窗口将切换为由横纵坐标组成的坐标图，显示当前属性的关键帧曲线，如图4—19所示。

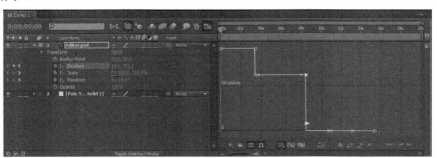

图4—19　开启动画曲线编辑器

> 📶 **注意**
>
> 横坐标始终以时间为单位，纵坐标则根据不用的显示方式或不同的参数而确定单位。

4.4.2 / 使用动画曲线编辑器

"Graph Editor"动画曲线编辑器的底部提供了最常用的视图调整按钮及快捷键按钮，它们按照功能进行分组排列。使用这些按钮可以更方便快速地完成视图的调整以及时间差值的快速转换。

1. 选择显示在曲线编辑器中的属性

在编辑器底部的快捷操作按钮中单击"显示"按钮 ，在弹出的快捷菜单中选择需显示的属性曲线，如图4－20所示。

图4－20　曲线编辑器显示属性曲线选项

快捷菜单的命令如下。

- "Show Selected Properties"：显示被选择的属性运动曲线。
- "Show Animated Properties"：显示所有的动画的属性运动曲线。
- "Show Graph Editor Properties"：显示编辑器打开状态下的属性运动曲线。

2. 选择动画曲线编辑器的显示方式

在编辑器底部的快捷操作按钮中单击"选择图表类型和选项"按钮 📊，在弹出的快捷菜单中选择动画曲线编辑器的显示方式，如图4－21所示。

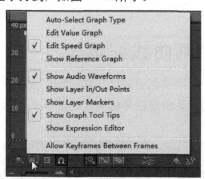

图4－21　曲线编辑器显示方式选项

快捷菜单中部分命令的说明如下。

- "Auto-Select Graph Type"：依据参数自动选择图表曲线的类型。
- "Edit Value Graph"：编辑数值曲线，曲线横坐标显示当前选择的参数的数值变化。

此显示方式中，原本的一条速度曲线分解为X、Y方向两条分离的数值曲线，并且纵坐标的单位变为Px（像素值），如图4－22所示。

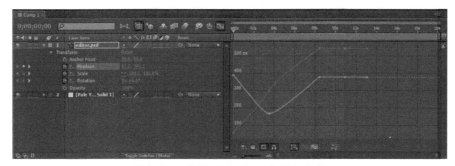

图4—22　"Edit Value Graph"显示方式

● "Edit Speed Graph"：编辑速度曲线，曲线横坐标显示当前选择的参数的速度变化，如图4—23所示。

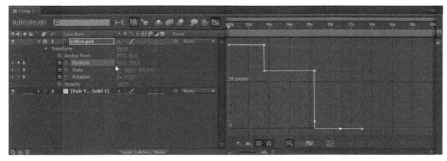

图4—23　"Edit Speed Graph"显示方式

● "Show Reference Graph"：同时显示"Value Graph"（数值曲线）和"Speed Graph"（速度曲线），如图4—24所示。

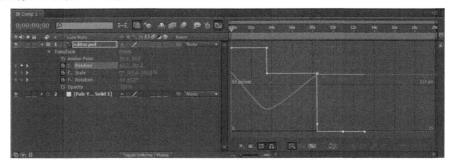

图4—24　"Show Reference Graph"显示方式

● "Show Audio WaveForms"：显示音频波形，如图4—5所示。

图4—25　"Show Audio WaveForms"显示方式

注意

数值曲线显示属性值的变化，而速度曲线则显示属性值的变化率。

3．选择吸附动画曲线编辑器的关键帧

（1）使用关键帧编辑框选择多个关键帧。在制作过程中，常常需要对多个关键帧进行整体调整，此时可以使用关键帧编辑框对多个关键帧进行一次性的选择。该功能适用于关键帧的整体调整和多个关键帧的同步的位置、缩放等参数值的调整。

使用关键帧编辑框功能的操作步骤如下。

① 单击"Graph Editor"动画曲线编辑器视图的底部按钮 ![img]，激活关键帧编辑框。

② 回到编辑器视图中拖曳鼠标左键将多个关键帧放到一个编辑框中即可，如图4－26所示。

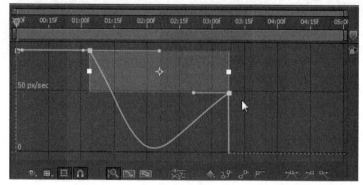

图4-26　关键帧编辑框的使用

（2）自动吸附。在实际操作中，有时为了便于编辑，需要将关键帧与入点、出点、标记、时间线指针、其他关键帧的位置对齐，这时便可使用自动吸附功能。

自动吸附功能的操作步骤如下。

① 在"Graph Editor"动画曲线编辑器视图的底部，找到"吸附"按钮 ![img]，单击便可激活自动吸附功能。

② 在所选关键帧上拖曳鼠标左键，将关键帧移动至目标对象位置。曲线编辑器中出现一条橙色直线时，表示该关键帧已经与目标对象重合，如图4－27所示。此时松开鼠标即可完成吸附。

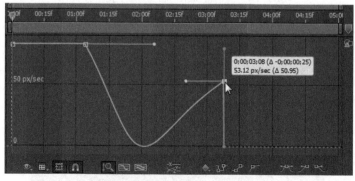

图4-27　自动吸附功能的使用

4．调整动画曲线编辑器视图

- 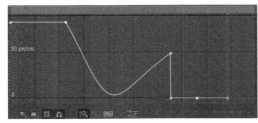 "Auto-zoom Graph Height"（自动匹配高度）：使曲线的最高点、最低点与时间线一致。

- "Fit Selection"（匹配选择关键帧）将所选的曲线或关键帧自动调整到合适的视图范围。

- "Fit all"（适配所有）：将所有曲线自动调整到合适的视图范围。

- "Separate Dimensions"（分离轴向）：可以将参数的轴向进行分离，成为单独的参数。

5．更改时间差值的运算方式

- "Edit selected keyframes"（编辑关键帧）：相当于在关键帧上单击右键，可从弹出的窗口中选择编辑关键帧的内容。

- "Convert selected keyframes to Hold"（转化关键帧为静态）：将关键帧转化为Hold（静态）方式，如图4—28所示。

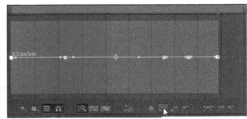

图4—28 "Convert selected keyframes to Hold" 的效果

- "Convert selected keyframes to Linear"（转化关键帧为线性）：将关键帧转化为Linear（线性）方式，如图4—29所示。

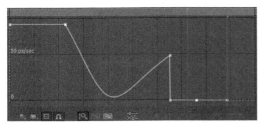
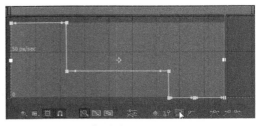

图4—29 "Convert selected keyframes to Linear" 的效果

- "Convert selected keyframes to Auto Bezier"（转化关键帧为自动贝塞尔）：将关键帧转化为Auto Bezier（自动贝塞尔）方式，如图4—30所示。

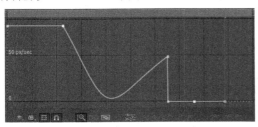
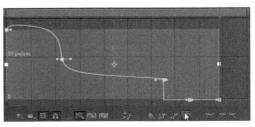

图4—30 "Convert selected keyframes to Auto Bezier" 的效果

⚙ **提示**

若以上运算方法不能满足使用要求，可以使用编辑器中的贝塞尔曲线手柄手动调节运动曲线。

6．使关键帧的速度平稳

● ⏧ "Easy Ease"（平缓进出）：使关键帧进入和离开时，速度平缓。也可使用快捷键"F9"完成，如图4-31所示。

● ⏧ "Easy Ease In"（关键帧平稳进入）：使关键帧进入时速度平稳。也可使用组合键"Shift + F9"，如图4-32所示。

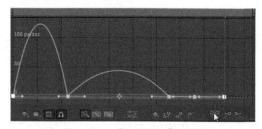
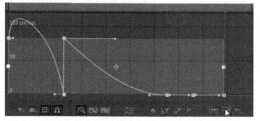

图4-31　"Easy Ease"的效果　　　　图4-32　"Easy Ease In"的效果

● ⏧ "Easy Ease Out"（关键帧平稳离开）：使关键帧离开时速度平稳。也可使用组合键"Ctrl + Shift + F9"，如图4-33所示。

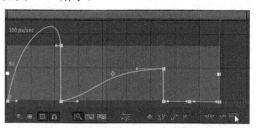

图4-33　"Easy Ease Out"的效果

📶 **注意**

以上三个关键帧助手按钮能直接产生由静止到加速、由运动到加速的变化，但在使用之前要确保时间差值类型不为"Hold"（静态）方式。

4.4.3 分析"Value Graphs"和"Speed Graphs"

"Graph Editor"动画曲线编辑器中"Value Graphs"（属性值变化曲线）和"Speed Graphs"（速度变化曲线）显示的曲线状态代表相对应的运动含义。下面就以图例的方式分析各种曲线状态的具体含义。

1．"Value Graphs"

"Value Graphs"（属性值变化曲线）反映属性值变化的趋势。

向上延伸表示属性值的增大，向下延伸表示属性值的减小，水平延伸表示属性值无变化。斜线呈平缓状态表示属性值变化幅度小，斜线呈陡峭状态表示属性值变化幅度大，弧线表示属性值加速或是减速变化，如图4-34所示。

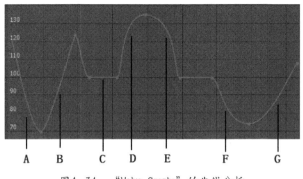

图4—34 "Value Graphs" 的曲线分析

A：属性值减小的匀速运动。

B：属性值增大的匀速运动。（坡度平缓则为低速度的匀速运动，坡度陡峭则为高速度的匀速运动）

C：属性无变化的静止状态。

D：属性值增大的加速运动。

E：属性值减小的减速运动。

F：属性值减小的减速运动。

G：属性值增大的加速运动。

2．"Speed Graphs"

"Speed Graphs"（速度变化曲线）反映属性变化的速度。

水平直线表示匀速运动，曲线则表示变速运动，向上的斜线表示加速运动，向下的斜线表示减速运动，如图4—35所示。

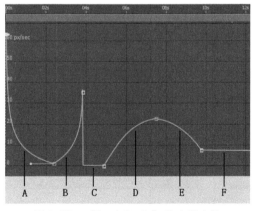

图4—35 "Speed Graphs" 的曲线分析

A：减速运动。

B：加速运动。

C：速度无变化。

D：加速运动。

E：减速运动。

F：匀速运动。

4.5 动画辅助功能

Adobe After Effects CS5提供了多种强大的功能来辅助关键帧动画的制作，使动画制作更加丰富和高效。

4.5.1 / "Roving"匀速运动

"Roving"（匀速）是Adobe After Effects CS5提供的匀速运动功能，使用该功能可在不影响关键帧参数的情况下通过统一关键帧的时间距离，使多个关键帧形成匀速运动。

"Roving"（匀速）功能的操作步骤如下。

（1）选择某属性的一段关键帧，首尾位置的关键帧除外，如在6个关键帧的区间内创建匀速运动，此时，要选择2～5这四个关键帧，如图4—36所示。

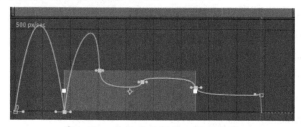

图4—36　选择某属性的一段关键帧

（2）选择"Animation"（动画）>"Keyframe Interpolation"（关键帧差值）命令，弹出"Keyframe Interpolation"（关键帧差值）对话框。

（3）在"Keyframe Interpolation"（关键帧差值）对话框中打开"Roving"（匀速）选项的下拉菜单，选择"Rove Across Time"（依据时间匀速）命令，如图4—37所示。

（4）单击"OK"即可完成关键帧匀速，如图4—38所示。

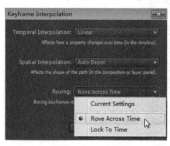

图4—37　选择"Rove Across Time"命令

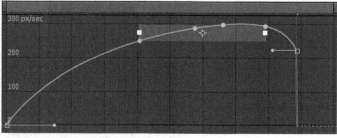

图4—38　"Roving"效果

4.5.2 / 修改路径动画

修改路径动画的操作步骤如下。

（1）在"Tools"（工具）面板中选择"Pen Tool"（钢笔工具）。

（2）在合成窗口中移动"Pen Tool"到的动画路径上，单击鼠标左键添加路径节点。

（3）在"Tools"面板中选择"Selection Tool"（选取工具）。

（4）在合成窗口中移动刚才添加的关键帧，调整路径，如图4-39所示。

图4-39　修改路径动画

4.5.3 "Motion Sketch"运动草图

前面讲到的位置动画都是在设置"Position"关键帧的基础上完成的，Adobe After Effects CS5还提供了通过记录鼠标的移动过程直接创建位置动画的快捷操作方法。采用此方法可使运动过程呈现出更为自然及流畅的效果，并能提高创作效率。

运动草图的操作步骤如下。

（1）选择需要创建运动的层。

（2）在时间线窗口中设置运动的时间区域，即工作区的设置，可使用"B"、"N"快捷键选择起始位置和结束位置。

（3）选择"Windows"（窗口）＞"Motion Sketch"（运动草图）命令，在弹出的"Motion Sketch"（运动草图）对话框中对草图速度、平滑度、显示、时间等进行设置，如图4-40所示。

图4-40　"Motion Sketch"面板

"Motion Sketch"对话框参数如下。

● "Capture speed at"（捕捉速度）：捕捉鼠标的速度。

● "Show Wireframe"（显示边框）：创建运动路径的过程中，层显示为边框模式，可以使捕捉更加精确。

● "Show Background"（显示背景）：显示背景，方便路径方位、走势的确定。

● "Start Capture"（开始采集）：单击该按钮开始绘制。

（4）完成"Motion Sketch"面板的设置后，单击"Start Capture"（开始采集）按钮，便可在合成窗口中通过拖曳鼠标来完成动画路径的绘制，如图4-41所示。

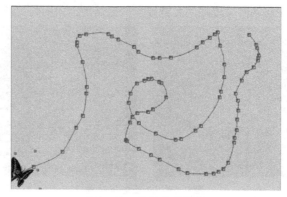

图4—41　绘制动画路径

（5）完成路径绘制，此时时间线窗口中自动生成路径变化的关键帧，如图4—42所示。按小键盘"0"键预览动画效果。

图4—42　时间线窗口中自动生成关键帧

4.5.4 "Smoother"关键帧平滑

该功能可使关键帧之间的运动变得平滑流畅，使运动达到手工添加关键帧无法企及的自然平稳。使用该功能的条件是至少具备两个不同数值的关键帧且关键帧处于同一属性中。

关键帧平滑操作步骤如下。

（1）选择某属性的两个以上关键帧。

（2）单击菜单"Windows"（窗口）>"Smoother"（平滑）命令，在弹出的"Smoother"对话框中对平滑操作的参数进行设置，如图4—43所示。

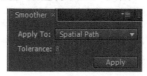

图4—43　"Smoother"面板

"Smoother"（平滑）对话框参数如下。

● "Apply To"（应用到）：选择对关键帧的空间差值还是时间差值进行平滑操作。

● "Tolerance"（容差）：对平滑值的设置，数量越大越平滑。

● "Apply"（应用）：单击该按钮应用此功能。

（3）完成"Smoother"（平滑）对话框设置，单击"Apply"（应用）按钮。按小键盘"0"键预览动画效果，如图4—44所示。

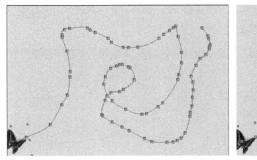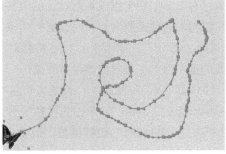

图4-44　关键帧平滑效果

4.5.5 "Wiggler"关键帧抖动

该功能可以在某属性的两个关键帧间自动添加不规则变化的关键帧，完成由第一个关键帧向第二个关键帧过渡的随机变化动画。应用该功能，可呈现出自然、随意的动画效果。

关键帧抖动的操作步骤如下。

（1）选择某属性的两个关键帧，如图4-45所示。

图4-45　选择一段关键帧

（2）选择"Windows"（窗口）>"Wiggler"（抖动）命令，在弹出的"Wiggler"（抖动）对话框中进行参数设置，如图4-46所示。

图4-46　"Wiggler"的面板

"Wiggler"（抖动）面板中各参数的说明如下。

● "Apply To"（应用到）：选择应用对象的类型。包括 "Spatial Path"（添加空的偏移量），用于空间变化属性的关键帧；"Temporal Graph"（添加速度的偏移量），用于速度变化属性的关键帧。

● "Noise Type"（噪声类型）：指定随机式分布像素值（噪声）的偏移类型。包括 "Smooth"（平滑偏移），可以创建更多渐进缓和偏移，而不是突然的改变；"Jagged"（锯齿偏移），可以创建锯齿状的颤抖效果。

● "Dimensions"（偏移）：选择要影响的维数。包括"One Dimension"（一个维数偏移），可以添加所需属性的一个维数的偏移；"All Dimensions Independently"（所有维数独立偏移），可以添加每个维数不同设置的偏移；"All Dimensions the same"（所有维数相同偏移），可以对所有的维数进行相同设置的偏移。

● "Freguency"（频率）：指定每秒对所选关键帧添加多少维数，较小的值产生临时偏移，较高的值可以产生较多的不稳定效果。

● "Magnitude"（量级）：设置偏移量的最大尺寸。

● "Apply"（应用）：单击此按钮就可以应用抖动设置。

（3）完成"Wiggler"面板设置，单击"Apply"（应用）按钮应用。此时时间线窗口中自动生成关键帧，如图4—47所示。

图4—47 时间线窗口中自动生成关键帧

（4）按小键盘"0"键预览动画效果。

> **提示**
>
> 如果对设置的抖动不满意，可以选择"Edit"（编辑）>"Undo Wiggler"（取消抖动）命令，取消抖动效果。

4.5.6 "Auto-Orientation"自动定向

创建位移动画时，常常会运用"Bezier"曲线来制作曲线路径，但图像的朝向或自身运动方向并没有随运动路径的方向变化而发生相应的改变。如用"Bezier"曲线为一个"蝴蝶"层完成位移路径后，蝴蝶将会按照定义的曲线进行运动，但是在运动过程中，蝴蝶头部的朝向却始终保持不变，画面生硬没有真实感。此类情况下可以使用自动定向功能创建层的自动旋转动画。

"Auto-Orientation"自动定向的操作步骤如下。

（1）在时间线中选中目标层。

（2）选择"Layer"（层）>"Transform"（变换）>"Auto-Orientation"（自动定向）命令，弹出"Auto-Orientation"（自动定向）对话框。

（3）在"Auto-Orientation"（自动定向）面板中单击选择"Orient Along Path"（沿运动路径自定向）选项，再单击"OK"按钮完成设置，如图4—48所示。

图4—48 "Auto-Orientation"面板

（4）按小键盘"0"键预览动画效果。可以观察到层的旋转运动将自动与路径运动匹配，如图4—49所示。

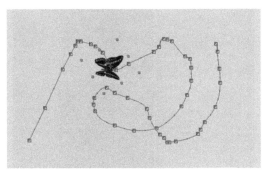

图4—49 "Auto-Orient"效果

4.5.7 "Time-Reserve Keyframes"关键帧时间反转

"Time-Reserve Keyframes"关键帧时间反转功能可以反转所选的关键帧，对动画进行倒放处理。

关键帧反转的操作步骤如下。

（1）在时间线窗口中选择需要进行反转的关键帧。

（2）选择"Animation"（动画）>"Keyframe Assistant"（关键帧辅助）>"Time-Reserve Keyframes"（关键帧时间反转）命令，即可实现关键帧时间反转，如图4—50所示。

图4—50 "Time-Reserve Keyframes"效果

4.6 速度调节

完成关键帧动画的编辑后，可以通过对层速度的调整实现快速播放、慢速播放，运动加速度、运动减速度等效果。

4.6.1 "Time Stretch"时间伸缩

"Time Stretch"（时间伸缩）功能可以快捷地为层设定一个特定的速度。例如，让层以原始速度的50%进行播放。

时间伸缩的操作步骤如下。

（1）在时间线窗口中选择所要进行调速的关键帧。

（2）选择"Layer"（层）>"Time"（时间）>"Time Stretch"（时间伸缩）命令，在弹出的"Time Stretch"（时间伸缩）对话框中设置参数，如图4—51所示。

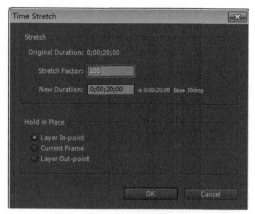

图4—51 "Time Stretch"面板

"Time Stretch"（时间伸缩）面板参数如下。

- "Stretch Factor"（拉伸因素）：设置速度拉伸的程度，负值可以使素材倒着播放。
- "New Duration"（新持续时间）:设置新的持续时间长度。
- "Layer In-point"（层入点）：以层的入点为基准，即调整过程中保持入点位置的固定。
- "Current Frame"（当前帧）:以当前时间为基准，即调整过程中保持指针当前位置的固定，影响入点和出点位置。
- "Layer Out-point"（层出点）：以层的出点为基准，即调整过程中保持出点位置的固定。

> **注意**
>
> 改变"Stretch"值的同时，不仅会更改此时间段的播放速度，而且会改变关键帧之间的距离。例如，将两个关键帧间的"Stretch"值由"100%"更改为"50%"，那么该段关键帧动画将以加快一倍的速度播放，关键帧区间的距离就缩短为原来的一半。

（3）完成"Time Stretch"（时间伸缩）面板的设置，单击"OK"按钮，完成速度调节。

（4）按小键盘"0"键预览动画效果。如果对调速的结果不满意，再次执行该操作即可重新调速。

> **技巧**
>
> 除了缩短关键帧间隔时间外，还可以通过增大关键帧间的数据差来实现加快动画运动的效果。

4.6.2 "Freeze Frame"帧时间冻结

"Freeze Frame"帧时间冻结可以使整个层变为静止画面，全部显示为当前被冻结的帧的画面。

帧时间冻结的操作步骤如下。

（1）在时间线窗口中选择欲冻结的关键帧。

（2）选择"Layer"（层）>"Time"（时间）>"Freeze Frame"（帧时间冻结）命令即可，如图4—52所示。

图4-52 使用"Freeze Frame"命令

（3）此时播放画面变为这一帧的静止画面，按小键盘"0"键预览动画效果。

> **注意**
>
> 完成帧时间冻结操作后，所选关键帧将转换成"Hold"（静止）型关键帧。

4.6.3 "Enable Time Remapping"时间重映射

"Enable Time Remapping"时间重映射功能可对层的播放速度进行任意处理，实现播放速度的加快、放慢、静止、倒放等效果。

时间重映射的操作步骤如下。

（1）选择时间线窗口中欲调整的层。

（2）选择"Layer"（层）>"Time"（时间）>"Enable Time Remapping"（时间重映射）命令，此时关键帧编辑器中出现"Time Remap"（时间重映射）属性框，并在所选层的入点和出点自动添加两个关键帧，位置分别为"0"s处和层结束时间处，如图4-53所示。

图4-53 "Time Remap"时间重映射属性框

（3）对"Time Remap"（时间重映射）参数进行设置。

"Time Remap"（时间重映射）参数显示当前画面所处的时间点。可通过改变这个时间来实现调速，也可通过移动关键帧位置来进行调速。例如，将"0"s到"2"s的"Time Remap"（时间重映射）参数值改为"0"s到"4"s，这段关键帧动画就会以原速的一半进行播放；如果将"0"s到"2"s的"Time Remap"（时间重映射）参数值改为"0"s到"1"s，这段关键帧动画的播放速度就会加快一倍。

（4）完成时间重映，按小键盘"0"键进行预览。

4.7 实战案例——行驶的汽车

> **学习目的**

利用本章所学习的关键帧动画及技巧制作一个的关键帧变速动画。

⇨ **重点难点**

> 掌握关键帧的基本操作
> 掌握空间关键帧差值与时间关键帧差值的设置方法
> 掌握关键帧动画的各辅助功能

在本案例中将制作汽车行驶于起伏山坡上的动画，熟悉和掌握关键帧动画的制作，掌握变速关键帧动画的制作技巧。案例效果如图4－54所示。

图4－54　动画效果

🗀 **操作步骤**

1. 新建合成并导入素材

01 打开Adobe After Effects CS5软件，选择"Composition"（合成）>"New Composition"（新建合成）。在"Composition Settings"（合成设置）面板中，选择"PAL D1/DV"格式，时长设置为4s，如图4－55所示。

02 双击"Project"（项目）面板的空白处，打开"Import File"（导入）对话框，选择"素材\第4章"文件夹，将所需素材导入到"Project"（项目）面板中，如图4－56所示。

图4－55　新建合成

图4－56　导入素材

(03) 从项目窗口将素材"背景"拖放到合成窗口中。选中该层，按"S"键打开缩放属性，调整缩放数值使该层与合成图像大小相匹配。

(04) 从项目窗口将素材"汽车"拖放到合成窗口中。选中该层，按"S"键打开缩放属性，调整缩放数值，使该层以适合的尺寸呈现在合成图像中，如图4－57所示。

2．为层"汽车"制作路径动画

(01) 绘制运动路径。选中"背景"层，在工具箱中选中"钢笔工具" 🖊，沿着山坡的形状绘制一条运动曲线，如图4－58所示。

图4－57　将素材"汽车"拖放到合成窗口　　　　　图4－58　绘制运动路径

(02) 在时间线窗口展开"背景"层的属性栏，选中"Mask 1"下的"Mask Path"属性，按组合键"Ctrl＋C"进行复制，如图4－59所示。

图4－59　复制"Mask Path"属性

> **技巧**
>
> 也可在选中"背景"层后，连续双击键盘"U"键，打开"Mask 1"下的"Mask Path"属性。

(03) 在时间线窗口中，选中"汽车"层，按"P"键展开该层的"Position"参数栏。单击"Position"名称，按组合键"Ctrl＋V"，将"Mask 1"的路径位移的关键帧复制到"汽车"层的位移属性中，如图4－60所示。

图4－60　将路径关键帧复制到"汽车"层的位移属性

04 在合成窗口中将发现汽车上下颠倒，需要将层"汽车"的"Rotation"参数值更改为"0×＋180°"，再调整"Anchor Point"参数，使汽车与路径重合。

05 查看路径动画效果。如需调整路径，则在工具箱中找出钢笔工具，可利用手柄调节路径细节，如图4—61所示。

06 选中层"汽车"的"Position"属性名称，全选该属性的所有关键帧，选择"Window"（窗口）>"Smoother"（平滑）命令，即可打开"Smoother"面板，单击"Apply"（应用）按钮，如图4—62所示，进行关键帧平滑。此时，汽车的行进平滑流畅。

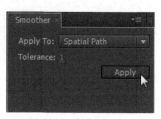

图4—61　调整动画路径　　　　　图4—62　关键帧平滑操作

> **经验**
>
> 通过查看会发现，汽车的车头的朝向始终保持水平向左，与曲线的弯曲路径不符，并且不符合常识。接下来就需要更改汽车的自身运动方向，使汽车的朝向与路径相符。

3. 更改汽车的自身运动方向

01 选中层"汽车"，选择"Layer"（层）>"Transform"（变换）>"Auto-Orientation"（自动定向）命令。

02 在弹出的"Auto-Orientation"（自动定向）对话框中选择"Orient Along Path"（沿运动路径自动定向），单击"OK"按钮即可，如图4—63所示。此时，汽车的车头方向与运动路径一致，如图4—64所示。

图4—63　"Auto-Orientation"面板　　　　　图4—64　完成自动定向

> **经验**
>
> 通过查看会发现汽车为匀速运动，不符生活常识和合场景设计，接下来就要对汽车的运动进行变速调整。但在使用时间重映功能前，首先需要对两个层进行预合成。

4．完成层的预合成

01 在时间线窗口中的层名称处，拖曳鼠标左键全选层"汽车"和层"背景"，选择"Layer"（层）>"Pre-compose"（预合成）命令。

02 在弹出的"Pre-compose"（预合成）对话框中选择"Move all attributes into the new composition"（移动所有组成部分到新合成）选项，并勾选"Open New Composition"（打开新合成）复选框，如图4-65所示。

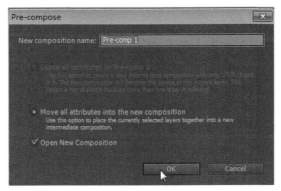

图4-65　创建预合成

03 单击"OK"按钮完成预合成，此时合成"Comp1"中生成预合成层"Pre-comp1"，如图4-66所示。

图4-66　预合成层"Pre-comp1"

5．制作汽车变速运动

01 选中"Comp 1"中的预合成层"Pre-comp1"，选择"Layer"（层）>"Time"（时间）>"Enable Time Remapping"（时间重映）命令。时间线窗口中会出现"Time Remap"（时间重映）属性栏，并且在该层的首尾处自动生成两个关键帧，如图4-67所示。

图4-67　"Enable Time Remap"（时间重映）命令

02 单击 按钮，将时间线切换为曲线图。将时间线指针放置在1s10帧处，也就是汽车到达山坡底部时。单击关键帧面板中的关键帧按钮 添加关键帧。

03 选中添加的关键帧，拖曳关键帧改变速度曲线，将此段曲线编辑成为加速度曲线，如图4-68所示。查看动画，此时间段内汽车加速完成此段的运动。

04 将时间线指针放于最后一帧处，编辑这一段关键帧曲线，使此段曲线为减速曲线。方法与上一步骤相同，如图4-69所示。查看动画，此时间段内汽车以减速完成此段的运动。

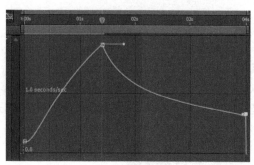

图4—68　编辑加速曲线

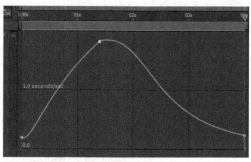

图4—69　编辑减速曲线

6．完成案例

按小键盘"0"键，预览动画效果。效果如图4—54所示。

4.8 本章习题

一、选择题

1．"Spatial Interpolation"（空间差值）的四种运算方式中，哪个产生的是直线运动_____（单选）

  A．"Continuous Bezier"   B．"Bezier"

  C．"Linear"   D．"Auto Bezier"

2．下列哪个方法可以减慢动画的运动？_____（单选）

  A．关键帧间隔时间加长   B．关键帧间的数据差减小

  C．使用"Time-Reverse Keyframes" D．更改工作区范围

3．将整个层显示为当前帧的静止画面，应使用哪个功能？_____（单选）

  A．"Time-Reverse Keyframes"   B．"Freeze Frame"

  C．"Time Stretch"   D．"Enable Time Remapping"

4．使关键帧之间的运动变得平滑流畅，应使用哪个功能？_____（单选）

  A．"Wiggler"   B．"Auto Orientation"

  C．"Smoother"   D．"Roving"

二、操作题

制作一个篮球落地弹跳的动画，制作过程中注意篮球落地的加速运动与弹起的减速运动的控制。

第5章
层与遮罩

在Adobe After Effects CS5中，除了导入外部素材作为层外，还可以直接创建层，以丰富合成效果。在层的合成编辑中，可对层进行管理以及父子关系的设置。

遮罩是后期合成的重要手段，制作遮罩可以使图像只呈现于遮罩范围内，从而达到分离目标物体与背景的效果，也就是通常所说的抠像。

学习目标

➡ 掌握各类型层的创建及层的管理
➡ 掌握父子关系
➡ 了解遮罩的含义、功能
➡ 掌握如何建立和编辑遮罩
➡ 掌握遮罩运算的应用

5.1 层的应用

在Adobe After Effects CS5中，可对层进行多种应用，如创建新层、重命名层、使用层开关控制层显示等，掌握好这些应用可更加有效地对层进行编辑与合成。

5.1.1 层的类型

Adobe After Effects CS5提供了8种具有独特作用的层，供使用者直接创建。

1．"Text"

文本层就是用于制作文字的层，Adobe After Effects CS5提供了强大的文字制作功能，可以制作丰富的文字效果和动画。

创建"Text"（文字层）的操作步骤如下。

（1）选择"File"（文件）>"New"（新建）>"Text"（文本）命令，展开文字层的属性面板将显示该层的基本属性和"Text"特有属性，"Text"属性右侧的"Animate"（动画）可以设置该层的文本动画，如图5-1所示。这一内容将在第7章进行详解。

图5-1 创建"Text"（文字层）

（2）在合成窗口中直接输入文字，如图5-2所示。

图5-2 在合成窗口中输入文字

2．"Solid"

固态层就是一个基础层，一方面可以用来创建带有颜色填充的背景层，另一方面可以作为遮罩、动画、滤镜等特效的应用载体。固态层本身只含有"Transform"（变换）基本属性。新建固态层后，项目窗口会自动生成一个固态层素材的文件夹，如图5-3所示。时间线窗口中固态层将显示为特定的图标标注。

创建"Solid"（固态层）的操作步骤如下。

（1）选择"File"（文件）>"New"（新建）>"Solid"（固态层）命令，弹出"Solid Settings"（固态层设置）对话框，如图5－4所示。也可在时间线窗口的空白处单击右键选择"New"（新建）>"Solid"（固态层）命令。

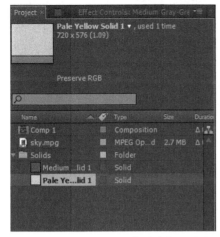

图5－3　项目窗口的固态层素材文件夹

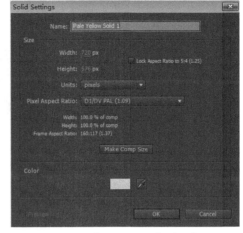

图5－4　"Solid Settings"对话框

（2）在"Solid Settings"（固态层设置）对话框中对新建的固态层进行设置。完成设置单击"OK"按钮即可。

"Solid Settings"（固态层设置）对话框参数如下。

● "Name"（名称）选项栏：定义该层的名称。

● "Size"（尺寸）选项栏：用于定义固态层的宽高、像素纵横比等。单击"Make Comp Size"（建立合成尺寸）按钮则按照合成尺寸设置新建固态层的尺寸。

● "Color"（颜色）选项栏：定义新建固态层的颜色。

3．"Light"

Adobe After Effects CS5的一大重要功能就是创建三维效果。灯光层就是通过为三维场景添加灯光从而搭建出丰富的光影效果的。灯光层提供了多种光源的模拟，包括点光源、平行光、环境光和聚光灯。

创建（灯光层）操作的步骤如下。

（1）选择"File"（文件）>"New"（新建）>"Light"（灯光层）命令；也可在时间线窗口的空白处单击右键选择"New"（新建）>"Light"（灯光层）命令。

（2）在弹出的"Light Settings"（灯光设置）对话框中对新建灯光层进行设置。在"Name"（名称）栏中设置该层名称；在"Settings"（设置）栏中设置灯光的种类、强度、颜色、阴影等参数。完成设置单击"OK"按钮即可，如图5－5所示。

（3）此时合成窗口中将显示出添加的灯光，可在灯光坐标轴上拖曳鼠标再次调整灯光的方位、兴趣点等，如图5－6所示。

提示

灯光层拥有一个兴趣点属性，用来控制灯光层的投射重点。兴趣点在合成窗口的灯光坐标轴中显示为十字点"＋"，按住鼠标左键拖曳十字点即可移动兴趣点。

图5-5 "Light Settings"对话框　　　　图5-6 合成窗口中的灯光层显示

注意

灯光层只有在3D层中才能实现光影效果。

4．"Camera"

与灯光层相似，摄像机层可以模拟三维情景，在3D模式下让层沿X、Y、Z轴移动从而使层产生近大远小的透视效果，实现三维视角的表现。

创建"Camera"（摄像机层）的操作步骤如下。

（1）选择"File"（文件）>"New"（新建）>"Camera"（摄像机）命令；也可在时间线窗口的空白处单击右键选择"New"（新建）>"Camera"（摄像机）命令。

（2）在弹出的"Camera Settings"（摄像机设置）对话框中对新建摄像机层对摄像机名称、类型、角度、焦距、光圈等参数进行设置。完成设置单击"OK"即可，如图5-7所示。

（3）此时合成窗口中将显示出添加的摄像机，如图5-8所示。可沿摄像机坐标轴的X、Y、Z轴和兴趣点拖曳鼠标左键，调整摄像机的投射角度及位置。

提示

与灯光层相似，摄像机层同样拥有一个兴趣点属性，用来控制摄像机的拍摄中心。兴趣点在合成窗口中显示为十字点"+"，按住鼠标左键拖曳十字点即可移动兴趣点。

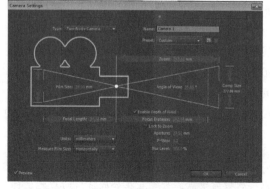

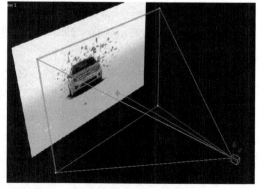

图5-7 "Camera Settings"对话框　　　　图5-8 合成窗口中的摄像机层显示

摄像机层与灯光层一样，只有在3D层中才能发生作用。

5．"Null Object"

空物体层用于带动其他层运动，是辅助制作的层，主要为其他层父子关系或表达式的应用提供载体。空物体层是一个100×100像素的透明层，它本身不会在画面中显示，亦不能被输出。

创建"Null Object"（虚拟对象层）的操作步骤如下。

（1）选择"File"（文件）>"New"（新建）>"Null Object"（虚拟对象层）命令；也可在时间线窗口的空白处单击右键选择"New"（新建）>"Null Object"（虚拟对象层）命令。

（2）此时在合成窗口中出现坐标轴的显示，可直接拖曳坐标轴调整空物体层的位置、缩放等属性，如图5-9所示。也可在时间线窗口的层属性栏中更改属性值，如图5-10所示。

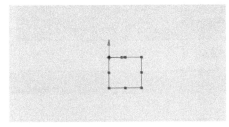

图5-9　空物体层

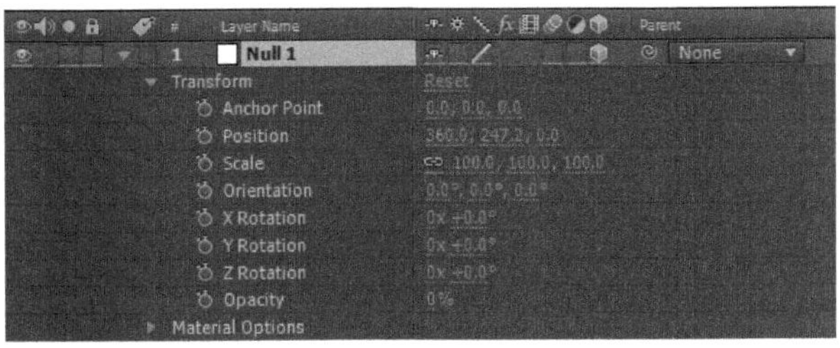

图5-10　空物体层属性栏

6．"Shape Layer"

图形层可用来创建各种图形，制作丰富的图形和动画效果。时间线窗口中图形层显示为特定的图标标注，如图5-11所示。

图5-11　图形层

创建"Shape Layer"（图形层）有以下两种方法。

（1）选择"File"（文件）>"New"（新建）>"Shape Layer"（图形层）命令或在时间线窗口的空白处单击右键选择"New"（新建）>"Shape Layer"（图形层）命令。

（2）选择工具箱中的"形状工具"█，如图5-12所示，再在合成窗口中拖曳鼠标左键创建规则图像或选择"钢笔工具"█直接在合成窗口中画出任意图形。绘制图形后，时间线窗口也将自动生成图像层。

图5-12　在工具箱中选择形状工具

7. "Adjustment Layer"

调整层就是一个为添加特效而提供的空白层，默认情况下没有任何效果，为调整层添加特效后，特效将作用于调整层之下的所有层。例如，需要为多个层统一色调，只需将调整层放置于这些层的最上面，再为调整层添加调色特效，即可完成多个层的色调统一，如图5－13所示。

图5－13 利用调节层统一色调

> **提示**
>
> 为调整层添加层动画属性不能影响到其他层。

创建"Adjustment Layer"（调节层）有以下三种方法。

（1）选择"File"（文件）＞"New"（新建）＞"Adjustment Layer"（调节层）命令；或在时间线窗口的空白处单击右键选择"New"（新建）＞"Adjustment Layer"（调节层）命令。

（2）单击时间线窗口中层名称右侧的调整层开关 ，开启调整层开关将该层转换为调整层，如图5－14所示。

图5－14 开启调节层开关创建调整层

（3）在时间线上选中层，选择"Layer"（层）＞"Switches"（开关）＞"Adjustment Layer"命令，即可将该层转换为调整层。

8. "Adobe Photoshop File"

Adobe After Effects CS5软件与Photoshop软件不仅实现了格式兼容，而且可以进行联合编辑。当在Adobe After Effects CS5中创建一个Adobe Photoshop文件层时，Photoshop软件将自动启动并创建一个空文件，该文件的尺寸、色深都将与Adobe After Effects CS5中的合成相同，并会显示出动作安全框和字幕安全框。这个Adobe Photoshop文件层将以素材形式自动导入到Adobe After Effects CS5的项目窗口。在Photoshop软件中的任何编辑操作都会在Adobe After Effects CS5中实时表现出来，两个软件实现同步联合编辑。

选择"File"（文件）>"New"（新建）>"Adobe Photoshop File"（Adobe Photoshop文件层）命令；也可在时间线窗口的空白处单击右键选择"New"（新建）>"Adobe Photoshop File"（Adobe Photoshop文件层）命令。新建的Adobe Photoshop文件层将显示在层列表的顶部，如图5－15所示。

图5－15　创建Adobe Photoshop文件层

> **经验**
>
> 　　至此已经涉及了新建层的所有方法，总结如下：①将素材拖曳至时间线窗口产生层；②通过"Footage"窗口剪辑素材创建层；③在时间线窗口直接创建层；④由"Comp"（合成）嵌套产生层；⑤"Pre－Comp"（重组）产生层。

5.1.2 层的管理

在使用Adobe After Effects CS5进行影视后期制作过程中，常常会产生大量的层，为了方便层管理和使用，Adobe After Effects CS5提供了多种层管理操作。

1．重命名层

默认情况下，"Timeline"（时间线）窗口中显示的层名称为"Project"（项目）窗口中源素材的名称。当层的数量较多时，重命名层有助于层的查找和使用。

重命名层的操作步骤如下。

（1）在"Timeline"（时间线）窗口中选择欲更改名称的层。

（2）按住"Enter"键，层名称将显示为蓝色的输入框形式，如图5－16所示。输入新名称即可。

图5－16　重命名层

2．改变层标签的颜色

Adobe After Effects CS5为层标签提供了9种颜色，可以对层标签颜色进行更改，方便层的查看和使用。

更改层标签颜色有以下两种方法。

（1）在"Timeline"（时间线）窗口中选择欲更改标签颜色的层，如图5－17所示。选择"Edit"（编辑）>"Label"（标签）命令，从下一级菜单中选择所需颜色即可，如图5－18所示。

图5-17　选择层

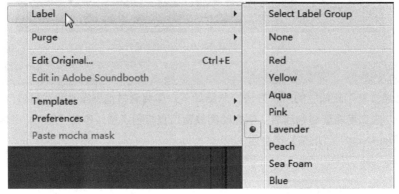

图5-18　选择层标签的颜色

（2）单击层名称左侧的色彩标签，如图5－19所示。在弹出的快捷菜单中选择颜色即可。

图5-19　色彩标签

3．显示／隐藏层的图像或声音

默认情况下，时间线上所有的层均为显示状态。但在查看制作效果时，常常需要将某层的图像或声音隐藏起来，以便观察。

隐藏和显示层的图像或声音有以下两种操作方法。

（1）隐藏层可以单击"Timeline"（时间线）窗口中，层名称左侧的眼睛图标，将该层的图像隐藏；如果单击喇叭图标，则隐藏了该层的声音。再次单击恢复图标即可恢复图像、声音的显示。

（2）在选择层后，执行菜单"Layer"（层）>"Switches"(开关)命令，在展开的下一级菜单中取消"Video"（视频）的勾选状态，则将该层的图像隐藏；取消"Audio"（声音）的勾选状态，则将该层的声音隐藏；勾选"Hide Other Video"（隐藏其他视频），则隐藏所选层之外的其他层的图像；勾选"Show All Video"（显示所有视频），则显示所有层的图像。时间线上将随之生成或消除相应开关。

4．锁定／解开锁定层

在对层的编辑中，为了防止已经编辑好的层发生意外编辑，可先将该层锁定，再进行其他的编辑操作。层被锁定后将不能进行任何编辑。

锁定和解开层有以下两种方法。

（1）单击"Timeline"（时间线）面板中，层名称左侧的锁头图标🔒，此时该层被锁定，再次单击消除锁头图标即可解除锁定，如图5－20所示，第一层为锁定状态，第二、三层为解锁状态。

图5－20　锁定和解开锁定层

（2）在选择层后，选择"Layer"（层）>"Switches"(开关)命令。在展开的下一级菜单中选择"Lock"（锁定），则该层被锁定；选择"Unlock All Layers"（解锁所有层）将锁定层全部解开。时间线上也将随之生成或消除相应开关。

> **提示**
>
> 当某层"Lock"（锁定）开关选中后，还可以对当前层进行显示/隐藏操作。

5．开启/解除独奏层

独奏层就是把一个层单独显示在合成窗口，其余所有层不可见。该功能多用于在多个层的情况下单独查看一个层的效果。

开启/解除独奏层有两种方法。

（1）在选定层后，在时间线窗口中单击层名称左侧的"Solo"开关，即可开启独奏功能；再次单击解除独奏。

（2）选定某层后，选择"Layer"（层）>"Switches"（开关）>"Solo"（独奏）命令，此时时间线窗口的对应位置生成"Solo"开关。

6．其他层的应用开关

在"Timeline"（时间线）窗口中，每个层都有只作用于自身的开关组。使用开关便于制作中的查看与设置，使操作更加便捷，如图5－21所示。

图5－21　时间线窗口的开关组

● 隐蔽开关：在制作中常常会使用大量的层，而时间线窗口中层列表的空间非常有限，这就需要隐蔽一些暂时不需要编辑的层，以限制层列表中层显示的数量，取得更多的操作空间。按下层列表上方的隐蔽按钮，再按下某个层的隐蔽开关，完成该层的隐蔽。再次按下隐蔽按钮，即可恢复层显示。

> **注意**
>
> 隐蔽层不影响该层在合成画面中的显示。层的隐蔽开关必须与层列表上方的隐蔽按钮同时使用。

- ❖连续光栅化开关：具有还原素材原属性的作用。当层为"ai"格式文件时可以使用打开此开关，使"ai"文件在变形后仍保持最高解像度和平滑度。另外，当层为另一个合成项目时，打开此开关能提高被套用的合成项目的质量，但同时也会使项目中的部分特性及遮罩失效。

- 质量开关：用于设定素材在合成中的质量。 ▲为最高质量； ▲为草图质量； ▣ 为线框模式。线框模式只显示外框，只能通过菜单"Layer"（层）>"Quality"（质量）>"Wireframe"（线框）命令执行。

- *fx* 特性启用开关：启用此开关可对该层应用所有特效，关闭此开关则屏蔽此层上的所有特效。

提示

关闭特性开关将屏蔽层上的特效，但并不会删除已有的特效设置，可以随时打开开关再次启用。

- 帧混合开关：此开关可使连续的两个不同速率的帧画面完成柔和过渡。例如，使用时间映射或时间伸展功能后，将导致图像急速运动，此时，使用此开关可在不同速率的帧之间添加溶解效果以消除急速运动的问题。

注意

此开关必须在层列表上方帧融合按钮 开启的情况下才起作用。

- 运动模糊开关：开启运动模糊可模拟电影摄像机的长焦曝光，通过一定的模糊来模拟真实的运动效果。在完成层的"Transform"基本属性动画后，可打开该层的运动模糊开关，产生真实的运动模糊现象，使动画效果更逼真。模糊程度等设置取决于合成窗口项目的高级设置里的快门角度和相位设置。

注意

此开关只能在层列表上方的运动模糊按钮 开启的情况下起作用。

- 调整层开关：开启此开关可将所在层转化成调节层。
- 3D开关：开启此开关后能将一般二维层转换为三维层，从而进行三维空间的制作。

5.1.3 / 层的父子关系

1. 父子关系的定义

父子关系是用父层和子层的关系来形容两个层间被跟随与跟随的关系。父子关系作用于层的运动变化属性，"子层"将跟随"父层"的运动而运动。子层在跟随父层运动的同时也可以设置自己的运动，即子层受父层影响但对父层没有反作用。

注意

在层的"Transform"（变换）属性下，"Anchor Point"（轴心点）、"Position"（位置）、"Scale"（尺寸）、"Rotation"（旋转）这四个属性可以设置父子关系，而"Opacity"（不透明度）不受父子关系影响；3D层中，"Orientation"（方位）属性可设置父子关系。

2．父子关系的设置

父子关系的设置栏"Parent"（父子）位于时间线窗口的时间轴左侧，"Parent"栏下方的图标■即为父子关系的设置图标，右侧的下拉菜单中显示该层的父级层名称。

父子关系的创建有以下两种方法。

（1）按住一个层（如"EF.psd"）的父子关系设置图标■，将它拖曳到另一个层（如"蝴蝶.psd"）上，如图5－22所示。设置完成后"EF.psd"层的"Parent"栏中将显示出父层的名称"蝴蝶.psd"。

（2）打开"EF.psd"层的"Parent"下拉菜单，选择层"蝴蝶.psd"，即可将层"蝴蝶.psd"设置为父层，如图5－23所示。

图5-22　创建父子关系

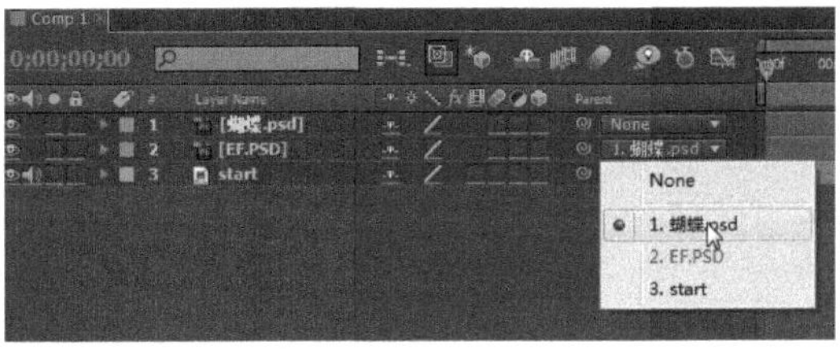

图5-23　创建父子关系

3．父子关系的解除

如果需要解除父子关系，只需打开子层的"Parent"下拉菜单，选择"None"（无）即可。

5.1.4　标记与备注

1．层标记与合成标记

为层和合成添加标记，主要用来记录备注信息，设置章节、网络链接、Flash提示点。便于理解合成的组织结构。合成标记显示在时间线窗口的时间标尺上，层标记显示在层的时间条上，添加标记的数量均为无数个。如图5－24所示。

合成标记　　　层标记

图5-24　层标记与合成标记

默认情况下，备注的标记图标为△；如果标记设置了链接或提示点，标记图标则显示为▲。两个标记间的时间长度即为标记的持续时长，如图5－25所示。

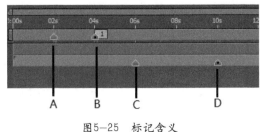

A　　B　　C　　D

图5-25　标记含义

A：合成标记。

B：包含提示点或网络链接的合成标记。

C：层标记。

D：包含提示点或网络链接的层标记。

2．添加标记

（1）添加合成标记的操作如下。

① 在时间线窗口中不选中任何一个层，将时间线指针拖曳到欲添加标记的位置。

② 选择"Layer"（层）＞"Add Marker"（添加标记）命令；或按"*"键，在合成上添加一个标记，如图5－26所示。

（2）添加层标记的操作如下。

① 在时间线窗口中选中一个层，将时间线指针拖曳到需要添加标记的位置。

② 使用菜单"Layer"（层）＞"Add Marker"（添加标记）命令；或按"*"键，在该层上添加一个标记，如图5－27所示。

图5－26　添加合成标记　　　　图5－27　添加层标记

（3）设置标记。左键双击已经建立的合成标记或层标记，弹出"Composition Marker"（合成标记）或"Layer Marker"（层标记）对话框，如图5－28所示。在对话框中设置标记的开始时间、持续时间、备注信息、章节和网络链接信息以及Flash提示点。完成设置单击"OK"按钮即可。

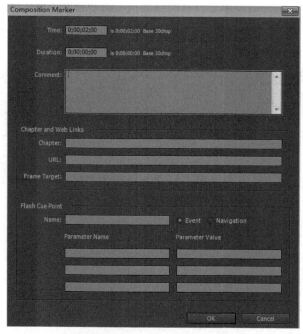

图5－28　"Composition Marker"对话框

3．删除提示点

（1）删除单个标记：在标记上单击鼠标右键，在弹出的快捷菜单中选择"Delete This Marker"（删除此标记），即可删除该标记。

（2）删除所有标记：在标记上单击鼠标右键，在弹出的快捷菜单中选择"Delete All Marker"（删除所有标记），即可删除所在合成的所有标记或所在层的所有标记。

5.2 遮罩

遮罩在影视后期制作中有着非常广泛的应用。遮罩就是一个轮廓（闭合遮罩）或者路径（开放遮罩），用于遮挡层的一部分画面而显示出遮罩范围内的图像或者为图像的运动提供运动路径。闭合遮罩将其范围内的图像从原画面中"抠"出来，与其他图像混合显示在合成图像中。Adobe After Effects CS5提供了丰富的遮罩创建、修改以及动画功能，并且在创建复杂的合成效果时还能借助遮罩运算来丰富画面的表现力。

5.2.1 遮罩的创建

Adobe After Effects CS5 中，可以为每层画面填加无数个遮罩。在第一个"Mask"（遮罩）建立后，层属性中将显示"Mask"选项。可使用多种方法创建遮罩。

1．使用工具箱中的工具绘制规则形状的遮罩

创建遮罩的步骤如下。

①选择合成窗口中的一个层，如图5-29所示。

②选择工具箱中的▣形状工具，找出所需的规则形状。

③在合成窗口中单击并拖曳鼠标，绘制规则的遮罩选区，如图5-30所示。

图5-29　合成窗口中的一个层　　　　图5-30　绘制规则的遮罩选区

> **技巧**
>
> 在拖曳鼠标的同时按下"Shift"键，可以绘制正圆、正方等等比"Mask"选区。在拖曳鼠标的同时按下"Ctrl"键，可以从遮罩中心开始建立遮罩。

2．绘制运动路径转换为遮罩

选择工具箱中的"Pen"（钢笔）工具▮绘制自定义的遮罩。钢笔工具包含了四个工具，

分别是"Pen Tool"（钢笔工具）、"Add Vertex Tool"（添加锚点工具）、"Delete Vertex Tool"（删除锚点工具）和"Convert Vertex Tool"（转换锚点工具），如图5—31所示。

图5—31　"Pen Tool"（钢笔工具）

"Pen"（钢笔）工具绘制的遮罩可以是开放的路径也可是封闭的轮廓。开放路径有明确的起点和终点，如直线、曲线，它只用于使用效果，为效果确定一个范围或路径。密闭的路径起点与终点相重合，如圆形等，可作为抠像的范围。

创建步骤如下。

①选择合成窗口中的一个层。

②在工具栏中选择"Pen"（钢笔）工具。

③在合成窗口中单击鼠标绘制锚点，并可通过调节杆对形状进行调整，如图5—32所示。

图5—32　绘制锚点

完成"Mask"（遮罩）绘制后，可以使用添加锚点工具、删除锚点工具和转换锚点工具，调整遮罩外形。用钢笔工具绘出的锚点会以折角的形式出现，如图5—33所示。更改为平滑的弧线转折时需将钢笔工具转换为转换锚点工具，单击锚点会出现调节杆，可通过调整调节杆实现锚点的平滑转折，如图5—34所示。

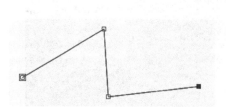

图5—33　钢笔工具绘出的锚点

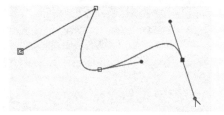

图5—34　通过调节杆使锚点平滑转折

> **技巧**
>
> 使用钢笔工具绘制遮罩，产生控制点后，按住"Shift"键拖曳鼠标，可以使控制点方向线沿水平方向、垂直方向、45°角方向移动。

3. 使用"Auto-trace"命令把通道转换为遮罩

Adobe After Effects CS5中，还可以使用"Auto-trace"（自动路径）命令，直接将一个层

的Alpha通道、RGB通道、亮度通道转换为遮罩。

创建步骤如下。

①选择一个或多个层，在时间线窗口中选定创建遮罩的时间范围。创建单帧需把时间线指针移动到此帧处；创建范围，则要设置工作区。

②选择"Layer"（层）>"Auto-trace"（自动路径）命令，在弹出的"Auto-trace"（自动路径）对话框中进行设置，如图5-35所示。完成设置单击"OK"即可。

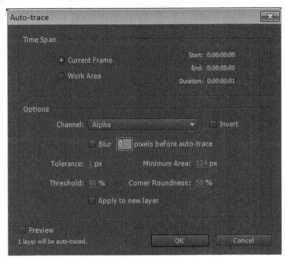

图5-35　"Auto-trace"对话框

"Auto-trace"对话框参数如下。

- "Current Frame"（当前帧）：创建单帧遮罩关键帧。
- "Work Area"（工作区）：创建工作区内遮罩关键帧。
- "Preview"（预览）：预览。
- "Channel"（通道）：设置转换为遮罩的通道。
- "Invert"（反转）：取所选通道的反值。
- "Blur"（模糊）：生成轨迹结果前对原始图像进行模糊处理，使勾画结果变得平滑。
- "Tolerance"（容差）：允许生成轨道的误差与限定范围。
- "Threshold"（阈值）：通道包含的像素值。
- "Minimum Area"（最小区域）：原始图像被描绘的最小区域。
- "Corner Roundness"（圆滑度）：对勾画出的锐角的圆滑度进行设置。
- "Apply to new layer"（应用到新的层）：把遮罩应到新的固态层。

4．从其他程序中复制形状或路径再转换为遮罩

在制作中有时需要完成较为复杂的遮罩，如果Adobe After Effects CS5的遮罩功能不能满足要求，可以使用Adobe公司的Photoshop软件或Illustrator软件制作图形或路径，然后直接导入Adobe After Effects CS5中作为遮罩使用。

从其他程序制作遮罩导入Adobe After Effects CS5的方法如下。

①在Photoshop或Illustrator软件中制作遮罩，完成后按组合键"Ctrl＋C"复制遮罩。

②打开Adobe After Effects CS5，在时间线窗口中选择层，按组合键"Ctrl＋V"粘贴即可。

5．使用文本字符创建遮罩

在Adobe After Effects CS5中可以使用"Creates Masks from Text"（从文本中创建遮罩）命令将文本层中的字符创建为单独的遮罩，并且可在遮罩建立后利用调节手柄调整遮罩形状。

使用文本字符创建遮罩的步骤如下。

①创建一个文本层，如图5－36所示。

②在文本层中选择欲创建遮罩的字符。若为该文本层所有字符创建遮罩，则在"Timeline"（时间线）中单击该层；若为该文本层的某一个或几个字符创建遮罩，则在"Timeline"（时间线）中双击该层进入编辑状态，再在合成窗口中选中所需字符。

③选择"Layer"（层）>"Creates Masks from Text"（从文本中创建遮罩）命令即可，如图5－37所示。

此时，"Timeline"（时间线）中将产生一个单独的字符遮罩层，如图5－38所示，1层即为字符遮罩层。

④遮罩创建后，可在合成窗口中利用遮罩的调节手柄调整遮罩形状。

图5－36　创建一个文本层　　　　图5－37　将文本转化为遮罩

图5－38　"Timeline"中产生该文本的遮罩层

> **注意**
>
> 使用"Creates Masks from Text"命令创建的遮罩都为"Difference"模式。

5.2.2　遮罩的编辑

1．调整遮罩属性参数

每一个"Mask"（遮罩）都具有四个重要参数，对于已生成的遮罩，可以通过更改这四个参数值来调整遮罩的路径、羽化、透明度及扩展伸缩。也可以为参数添加关键帧，使遮罩产生丰富的动画效果。

左键单击位于层颜色标签左侧的三角按钮，展开层属性，同样操作继续展开"Masks"（遮罩）属性栏，直至展开"Mask"（遮罩）的属性区，如图5－39所示。

图5－39　展开遮罩属性栏

"Mask"（遮罩）属性栏的参数如下。

● "Mask Path"（遮罩路径）：设置遮罩形状。按"M"键可以展开该参数。它是对遮罩形状的记录，在运用遮罩做动态抠像时，需为该参数设置关键帧。

● "Mask Feather"（遮罩羽化值）：X、Y轴方向可分别设置羽化值，通过设置该参数的羽化值柔化抠像的边缘，完成自然过渡，达到较好的融合效果。

● "Mask Opacity"（遮罩透明度）：设置透明程度。

● "Mask Expansion"（遮罩伸缩）：设置遮罩选区边缘的收缩与扩展效果。正值为扩展遮罩区域，负值为收缩遮罩区域。

> **提示**
>
> 选中层后，双击"M"键可直接展开该层的"Masks"（遮罩）属性。单击"M"键可展开"Mask Path"参数。

2．反转遮罩

建立遮罩后，遮罩轮廓内是透明的而轮廓外是不透明的，如图5－40所示。可以通过"Inverted"（反转遮罩）复选框来反向显示遮罩范围，如图5－41所示。

图5－40　遮罩

图5－41　反转遮罩效果

勾选层遮罩名称右侧的"Inverted"（反转）复选框即可完成遮罩的反向显示，如图5－42所示。

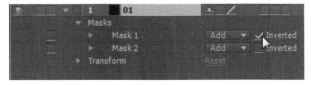

图5－42　勾选"Inverted"复选框

3．删除遮罩

删除遮罩的操作步骤如下。

（1）如果删除层中的某一个遮罩，可在层的属性栏中选择要删除的遮罩名称，按"Delete"键即可。

（2）如果删除一个或几个层的所有遮罩，可单击左键选中这个层或拖曳鼠标左键框选这几个层，然后选择"Layer"（层）>"Masks"（遮罩）>"Remobe All Masks"（删除所有遮罩）命令即可。

4．锁定与解锁

在对遮罩的编辑中，为了防止已经编辑好的遮罩发生意外编辑，可将该遮罩锁定，再进行其他的编辑操作。遮罩名称左侧有锁定开关，如图5－43。其使用方法与层的锁定、解锁相同。

图5－43　锁定遮罩与解锁遮罩

若对层的所有遮罩进行锁定或解锁，则可执行"Layer"（层）>"Masks"（遮罩）>"Lock All Masks"（锁定所有遮罩）或"Layer"（层）>"Masks"（遮罩）>"Unlock All Masks"（解锁所有遮罩）。

5．更改遮罩轮廓线颜色

如果在一个合成中使用了多个遮罩，则通过为遮罩设置不同颜色的轮廓线，以便遮罩的查看和使用。

更改遮罩轮廓线颜色的操作步骤如下。

（1）在时间线窗口中选择遮罩并打开"Mask"（遮罩）属性。

（2）每个"Mask"属性栏左侧都有一个颜色框，左键单击颜色框，在弹出的"Color Picker"（颜色拾取）对话框中选择颜色，如图5－44所示。完成单击"OK"按钮即可。

图5－44　设置遮罩轮廓颜色

5.2.3 遮罩的运算方式

与层的混合模式的原理相似，当一个层上添加多个遮罩时，可以通过遮罩间不同的运算方式产生不同的显示效果。多个遮罩的上下叠压关系将对遮罩模式的效果产生很大影响。

展开层的"Masks"属性栏，在"Masks1"和"Masks2"遮罩名称右侧的下拉菜单，将呈现遮罩的7种模式，如图5—45所示。

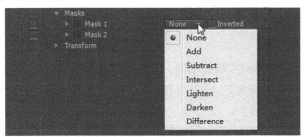

图5—45　7种遮罩模式

1．"None"（无）

路径不产生抠像作用，仅作为创建描边或为路径动画、特效等的限定区域，如图5—46所示。

2．"Add"（叠加）

呈现区域为所有Mask遮罩选区相加得到的选择区域。对重叠处不透明区域的不透明度采用的运算方法是在添加模式前的不透明度值的基础上进行百分比相加，如图5—47所示。

图5—46　"None"（无）模式

图5—47　"Add"（叠加）模式

3．"Subtract"（相减）

在所选遮罩在之上的遮罩区域的基础上减掉自身的区域。同时，可以调整遮罩的不透明度，不透明值越高重叠区域越透明，不透明值越低重叠区越不透明，如图5—48所示。

图5—48　"Subtract"（相减）模式

4．"Intersect"（交叉）

所选遮罩与其上的遮罩区域的重叠区域被保留。重叠区域的不透明度由重叠部分不透明度相减而得，如图5-49所示。

5．"Lighten"（变亮）

此模式的可视区域与"Add"模式相同，即所选遮罩区域与之上的遮罩区域相加，但是在处理遮罩重叠处的透明度的运算与"Add"模式不同。将选取遮罩中不透明度值较高的那个值作为重叠区域的不透明度，如图5-50所示。

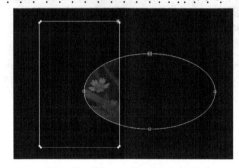

图5-49　"Intersect"（交叉）模式　　　　图5-50　"Lighten"（变亮）模式

6．"Darken"（变暗）

此模式的可视区域与"Subtract"模式相同，即所选遮罩区域与之上的遮罩区域相减，但是在遮罩重叠处的透明度的运算与"Subtract"模式不同。将选取遮罩中不透明度值较低的那个值为重叠区域的不透明度，如图5-51所示。

7．"Difference"（差值）

差值模式与"Intersect"模式相反，即对遮罩的可视区域进行相加，再从中减去重叠区域，如图5-52所示。

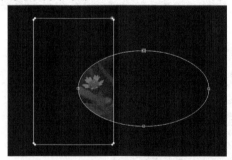
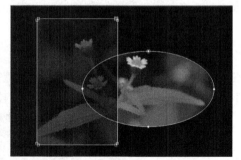

图5-51　"Darken"（变暗）模式　　　　图5-52　"Difference"（差值）模式

5.2.4　"Smart Mask Interpolation"智能化遮罩差值运算

"Smart Mask Interpolation"（智能化遮罩差值运算）命令可以在两个"Mask Shape"（遮罩形状）关键帧之间自动进行差值运算，为遮罩路径添加锚点，并生成新的关键帧，可以方便地提高动画精度，使"Mask"（遮罩）动画更加柔和自然。

"Smart Mask Interpolation"（智能化遮罩差值运算)命令的操作如下。

（1）在时间线窗口中，选中层，按"M"键，展开该层的"Mask Shape"（遮罩形状）属性栏。

（2）选中"Mask Shape"（遮罩形状）属性栏中的两个关键帧，如图5-53所示。

图5-53　选中"Mask Shape"属性栏的两个关键帧

（3）选择"Window"（窗口）>"Smart Mask Interpolation"(智能化遮罩差值运算)命令。打开"Smart Mask Interpolation"（智能化遮罩差值运算)面板，进行设置，如图5-54所示。

图5-54　"Smart Mask Interpolation"面板

"Smart Mask Interpolation"面板所含参数如下。

● "Keyframe Rate"（关键帧频率）：设置两个关键帧之间每秒钟产生新关键帧的数量。

● "Keyframe Fields（Doubles rate）"（关键帧场（双倍））：勾选此复选框，关键帧数目将增加到设定的"Keyframe Rate"的两倍。

● "Use Linear Vertex Paths"（使用直线路径）：勾选此复选框，使路径锚点沿直线运动。

● "Bending Resistance"（弯曲阻力）：由该参数决定是采用"Stretch"（拉伸）方式还是"Bend"（弯曲）方式来处理锚点变化，值越高越不采用弯曲方式。

● "Quality"（质量）：设置效果质量，值越高动画效果越平滑自然，但与此同时计算时间也越长。

● "Add Mask Shape Vertices"（添加遮罩形状锚点）：勾选此复选框，将在变换过程中自动添加"Mask"（遮罩）锚点。

● "Matching Method"（匹配方式）：前一个关键帧锚点与后一个关键帧锚点的匹配设置。

● "Use 1:1 Vertex Matches"（使用1:1对应方式）：当前后两个关键帧里的"Mask"（遮罩）锚点数目相同时，勾选此复选框，将强制锚点的绝对对应。

● "First Vertices Match"（起始点锚点匹配）：勾选此复选框，强制起始点的锚点对应。

（4）完成"Smart Mask Interpolation"（智能化遮罩差值运算)面板设置，单击"Apply"
（应用）按钮应用设置，如图5－55所示。

图5－55 "Smart Mask Interpolation"命令的应用效果

> **提 示**
>
> 在进行"Smart Mask Interpolation"命令时，中途按可按"ESC"键强行退出，结果将保留强行退出前已生成的关键帧。

5.3 实战案例——乡村路

学习目的

掌握本章所学习的层与遮罩的知识，利用父子关系和遮罩完成一个动画。

重点难点

> 掌握层的管理及各类型层的创建
> 掌握父子关系的应用
> 掌握如何建立遮罩和绘制遮罩

下面，通过本章的综合案例来熟悉和掌握层与遮罩的应用。在本案例中将利用父子关系完成汽车车轮随汽车运动而转动的动画，以及通过绘制遮罩、设置遮罩关键字来完成画面内容的逐渐显示效果，如图5－56所示。

图5－56 案例效果

📁 操作步骤

1．新建合成并导入素材

🔘1 打开Adobe After Effects CS5软件，新建合成。选择"Composition"（合成）>"New Composition"（新建合成）命令。在弹出的"Composition Settings"（合成设置）对话框中，将名称命名为"乡村路"，在"Preset"（预置）的下拉菜单中选择"PAL D1/DV"制式，并将"Duration"（时长）设置为5s，如图5-57所示。

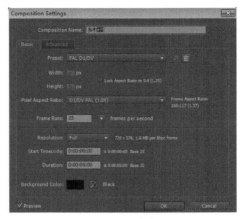

图5-57　新建合成

🔘2 导入素材。左键双击"Project"（项目）窗口的空白处，在"Import File"（导入）对话框中，选择"素材\第5章"文件夹，选择"road.jpg"、"car.psd"、"wheel.psd"、"text.psd"素材文件导入。在弹出的层名称对话框中，选择"Import Kind"（导入类型）为"Footage"（脚本），在"Layer Options"（层选项）中选择"Merged Layers"（合并层），如图5-58所示。将这些素材导入到"Project"（项目）窗口中，如图5-59所示。

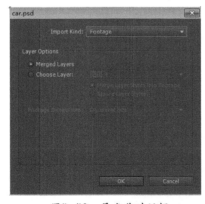

图5-58　层名称对话框

图5-59　导入素材

2．制作汽车车身位移动画

完成车身由画面右侧驶向画面左侧的运动。

🔘1 在项目窗口左键拖曳素材"road.jpg"、"car.psd"到时间线窗口中。单击层"car.psd"，按"P"键打开该层的"Position"（位移）属性，再按组合键"Shift + S"继续展开该层的"Scale"（缩放）属性，如图5-60所示。

02 调整层"car.psd"的位置和缩放,将汽车车身以适合的大小呈现于画面右侧,如图5—61所示。

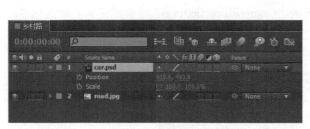

图5—60 展开层"car.psd"位移属性和缩放属性　　图5—61 调整层"car.psd"的位置和缩放

03 将时间线指针放置于0s处,单击层"car.psd"的"Position"(位置)属性的关键帧自动记录器📷,建立初始关键帧,如图5—62所示。

图5—62 建立层"car.psd"的位移初始关键帧

04 将时间线指针放置于5s处,在"Composition"(合成)窗口中,拖曳鼠标将层"car.psd"移动到画面左侧,如图5—63所示。此时,时间线上自动生成该点关键帧,如图5—64所示。

图5—63 将层"car.psd"移动到画面左侧

图5—64 5s处生成"Position"关键帧

3. 设置父子关系完成车轮随车身转动

01 将层"wheel.psd"拖曳到时间线窗口的列表顶部,并将时间线指针返回到0s处。

02 在"Composition"（合成）窗口中，将层"wheel.psd"移动到车身前轮位置，如图5－65所示。

03 单击层"wheel.psd"的父子关系按钮，并拖曳至层"car.psd"名称处，如图5－66所示。松开鼠标左键，完成层"wheel.psd"与层"car.psd"的父子关系的链接，子层层"wheel.psd"将随父层层"car.psd"的运动而运动。

图5－65　层"wheel.psd"放于前轮位置

图5－66　建立父子关系

04 制作前车轮的转动。选中层"wheel.psd"，按"R"键展开其旋转属性栏。将时间线指针放于0s处，单击该属性栏的 按钮，创建初始关键帧。

05 将时间线指针放于5s处，将旋转属性参数更改为"80"，建立第二个关键帧，如图5－67所示。

图5－67　层"wheel.psd"旋转动画

> **注意**
>
> 此时按小键盘"0"键预览，发现虽然层"wheel.psd"与层"car.psd"同步移动，但车轮自身并没有以车轮中心点旋转。原因在于层"wheel.psd"的轴心点位置并不在车轮中心，而旋转动画是以轴心点位置为基准的。

06 选中层"wheel.psd"，在工具箱中选择"Pen Behind Tool"工具 ，在合成窗口中将层的轴心点拖曳至车轮中心点位置，如图5－68所示。

图5－68　移动轴心点

07 此时按小键盘"0"键预览，可以看到车轮不仅同车身同步移动，并且以车轮中心为轴心点自转。

08 选中层"wheel.psd"，按组合键"Ctrl+D"复制层"wheel.psd"，如图5—69所示。

09 在合成窗口中，将复制的车轮拖曳至汽车后轮位置。完成汽车的位移动画，如图5—70所示。

图5—69　复制层"wheel.psd"

图5—70　汽车位移动画效果

4．制作背景画面的位移变化

为了画面效果更真实，需要背景画面随汽车的移动而发生从左向右的位移变化。

01 将时间线指针放于0s处，选中层"road.jpg"，按"P"键展开其"Position"（位置）属性栏。

02 单击层"road.jpg"的位置属性的关键帧自动记录器 ⏱ ，建立初始关键帧。并将参数设置为"282，288"。

03 将时间线指针放于5s处，更改位置属性的参数为"440，288"，建立第二个关键帧，完成背景画面的位移动画。

5．制作文字的手写效果

01 从项目窗口将素材"text.psd"拖放到合成窗口顶部，使该层的起始位置位于12帧处，如图5—71所示。

图5—71　将素材"text.psd"拖放到合成窗口

> **经验**
>
> 　　使用时间显示框和组合键可快捷准确完成该步骤。单击时间显示框，当其变为蓝色可输入数字"12"，按"Enter"键完成，此时时间线指针自动跳转到12帧处，再按组合键"Alt+["，即可完成层"text.psd"起始点的设置。

02 在时间线窗口中双击层"text.psd"，打开"Layer"（层）窗口。

03 在工具箱面板中选择"路径工具" ![图标]，在"Layer"（层）窗口中建立密闭的遮罩，显示文字的部分内容，如图5-72所示。

04 在时间线窗口选中层"text.psd"，按"M"键展开"Masks"（遮罩）属性的"Mask Shape"参数栏。激活"Mask 1"下方"Mask Shape"关键帧记录器，如图5-73所示。

图5-72 建立遮罩　　　　　　　　　　　图5-73 为遮罩添加关键帧

05 按"Page Down"键，将时间线指针向后移动几帧，再回到层"text.psd"的"Layer"（层）窗口，在工具箱面板中选择"选择工具" ![图标]，调整遮罩锚点位置，显露出更多的文字内容。此时，在层的相应时间位置将自动生成"Mask Shape"关键帧。

> **经验**
>
> 选择"选择工具" ![图标]后，遮罩路径上的锚点为全选状态，此时需要在画面外单击鼠标，解除全选状态。然后再回到"Layer"窗口中单击某个锚点，拖曳鼠标调整遮罩形状。

06 重复上一步骤的操作方法，直到把文字完全显示出来，如图5-74所示。

图5-74 运用遮罩将文字逐渐显现

07 完成手写效果，预览动画效果，不满意的地方可再回到层窗口进行修改。

完成所有制作环节，按小键盘"0"键预览动画。案例效果如图5-56所示。

5.4 本章习题

一、选择题

1. 使层的"Transform"（变换）动画产生真实的运动模糊现象，可以打开层的哪个开关实现_____（单选）

A. ⬚   B. ⬚   C. ⬚   D. ⬚

2．按下面的那个热键可以展开"Timeline"窗口内某层的遮罩"Mask Path"属性_____（单选）

    A．"M"键　　　　B．"E"键　　　C．"R"键　　　　D．"P"键

3．在"Timeline"窗口中，当某个层锁定开关选中后，则_____（单选）

    A．隐藏/显示当前选中的层　　　　　　B．对当前的层做连续栅格化

    C．对当前层做特效编辑　　　　　　　　D．还可以对当前层做隐藏/显示操作

二、上机练习

使用遮罩完成一个遮罩形状动画。效果如图5－75所示。

图5－75　遮罩动画效果

知识点提示：

● 动态背景可使用特效预置来创建。建立黑色固态层后，在"Effects&Presets"（特效与预置）面板中选择"Animation Presets"（动画预置）>"Backgrounds"（背景）>"River"（河流），将其添加到固态层即可完成河水流动的动态背景。

● 按"Shift"键逐个单击遮罩锚点，可完成多个锚点的选择；再选择"Layer"（层）>"Mask and Shape Path"（遮罩与形状路径）>"Free Transform Points"（自由变换锚点）命令，所选锚点进入自由变换状态；按组合键"Shift + Ctrl"可使多个锚点围绕中心点发生变化。

● 完成遮罩形状动画后，可在"Effects & Presets"面板中添加"Stylize"（风格）>"Glow"（辉光）特效，以丰富动画效果。

第6章

特效组

Adobe After Effects CS5软件作为流行的影视后期制作软件，提供了大量内置特效供用户直接选用，也可将第三方软件公司制作的各种插件安装到Adobe After Effects CS5当中，制作出丰富多样的画面效果。

学习目标

➡ 了解特效的分类
➡ 掌握特效的操作方法
➡ 掌握特效的添加、复制、删除
➡ 了解特效组中各个特效的基本作用和使用效果

6.1 特效组的整体介绍与基本操作

特效主要用来实现图像的各种特殊效果，与Photoshop中的特效功能相似。对于特效的基本操作，如添加、修改、复制、删除等操作方法都比较简单。特效的使用，关键在于能否被恰到好处地添加，起到锦上添花的作用。

6.1.1 特效组的整体介绍

Adobe After Effects CS5对特效进行了分门别类的系统化放置，使用时可在列表中找到大致分类，再从分类名称下的细化列表中找出具体的某个特效。随着Adobe After Effects版本的不断升级，其内置的特效组也越来越丰富。在CS5新版本中，就加入了更多的分组和特效，一些之前作为外挂的特效变为内置，使操作更加得心应手。

Adobe After Effects CS5的特效类别丰富、操作简便，但将其运用到恰到好处却绝非易事。成功地完成特殊效果的使用首先需要制作者熟悉各个特效的功能及效果，另外还需要制作者发挥丰富的想象力组织、营造画面内容，为作品插上艺术的翅膀。

> **注意**
>
> "Effects & Presets" 窗口中的特效名称前面的图标是不同的，这是对特效的精度或使用类型的注释。

- 此效果支持32位浮点精度。
- 此效果支持16位浮点精度。
- 此效果支持8位浮点精度。
- 此效果为音频特效。
- 此效果为动画预置。

6.1.2 特效组的基本操作

特效组的基本操作简单易行，如添加、修改、复制、删除等操作方法都可通过菜单命令、鼠标拖曳、键盘输入等常规方式完成。

1．添加特效

添加特效有以下四种方法：

（1）在时间线窗口中，选中某层，选择"Effect"（特效）中所需的特效命令即可。

（2）右键单击时间线窗口的层，在弹出的快捷菜单中选择"Effect"中所需的特效命令即可。

（3）选择"Window"（窗口）>"Effects&Presets"（特效&预置）命令，打开"Effects&Presets"（特效&预置）窗口，如图6—1所示。在窗口中选择所需的特效，拖曳到时间线窗口中的层上或拖曳到合成窗口的层图像上。

图6－1　"Effects&Presets"（特效&预置）窗口

（4）在"Effects & Presets"窗口中可以根据名称查找特效，在窗口上方的输入框中输入需要添加的特效名称，窗口下方会显示出正在查找的特效，双击特效即可应用于当前层上。

> **提示**
>
> 一个层可以添加多个特效。添加特效后，"Effect Controls"（特效控制）窗口将自动打开。

2．修改特效参数

（1）在"Effect Controls"窗口中更改参数：添加特效后，"Effect Controls"窗口被激活，用户可在该调板中更改参数，如图6－2所示。

（2）在时间线窗口中层的特效属性栏中修改：添加特效后层的属性栏中将出现"Effects"（特效）属性栏，显示该特效的各项参数，如图6－3所示。

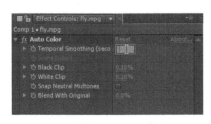

图6－2　"Effect Controls"窗口

图6－3　时间线窗口中层的特效属性栏

> **技巧**
>
> 选中层后按"E"键可以展开"Timeline"窗口内该层所施加的所有特效。

3．临时关闭特效

若想临时关闭特效显示，只需在"Effect Controls"（特效控制）窗口或时间线窗口开关显示栏中或层特效属性栏，单击特效效果开关 fx，即可关闭特效。重复单击即可恢复。

4．特效的复制和删除

（1）特效的复制：在时间线窗口的层属性栏中或"Effect Controls"窗口中，单击效果名称，选择"Edit"（编辑）>"Copy"（复制）命令或使用组合键"Ctrl + C"。再选择目标层，选择"Edit"（编辑）>"Paste"（粘贴）命令或使用组合键"Ctrl + V"完成复制。

> **经 验**
>
> 如果在同一层中进行复制，则可直接按组合键"Ctrl + D"完成。

（2）特效的删除：

①删除单个特效：单击"Effect Controls"（特效控制）窗口中的特效名称，按"Delete"键即可。

②删除多个层的所有特效：在时间线窗口选中这些层，选择菜单"Effect"（特效）>"Remove"（移除）命令即可。

6.2 特效组详解

Adobe After Effects CS5将各个特效按类别保管于"Effects&Presets"（特效&预置）窗口的文件夹中，本节对特效组进行全面的解析。

6.2.1 "3D Channel"

Adobe After Effects CS5支持3D类型的素材导入，3D文件就是含有Z轴深度通道的图像文件。3D软件输出的"RLA"、"RPF"、"Softimage PIC/ZPIC"与"Electric Image EI/EIZ"格式都能被After Effects识别。

> **注 意**
>
> 使用"3D Channel"（3D通道）特效组只是读取和编辑某些3D信息而不会修改这些文件。

1．"3D Channel Extract"

该特效将保存在特定通道中的3D信息以灰度或多色彩通道图像的形式变为可见，可以直接观察其附加的通道信息。结果层可作为一个控制层来进一步使用其他特效，该特效通常作为辅助特效来使用，使用效果如图6-4所示。

2．"Depth Matte"

"Depth Matte"（深度蒙版）特效可以提取3D图像中的Z轴深度信息，并根据指定的深度数值建立蒙版。此特效可截取图像中的显示范围，也可去除图像中的某些背景元素，使用效果如图6-5所示。

图6-4　添加"3D通道抽取"特效的画面前后对比

图6-5　添加"深度蒙版"特效的画面前后对比

3．"Depth Of Field"

"Depth Of Field"（景深）特效用来模仿摄像机的聚焦，为图像增添景深效果。它是通过以Z轴某个深度数值为中心，在特定的范围之内图像清晰，而此范围之外则图像模糊，使用效果如图6-6所示。

图6-6　添加"景深"特效的画面前后对比

4．"ExtractoR"

"ExtractoR"（提取）特效用于3D软件输出的带有通道的图像，根据所选区域提取画面通道信息，使用效果如图6-7所示。

5．"Fog 3D"

"Fog 3D"（雾化3D）特效可以通过雾效来使场景产生距离感。根据3D图像中的Z轴深度信息创建雾化效果，雾在远近范围内的浓度不同会使场景产生距离感。

6．"ID Matte"

"ID Matte"（ID蒙版）特效可将3D图像中不同ID的物体进行分离，可以指定特定的ID物体显示在场景中，而其他物体不可见。该特效可以识别3D图像中每一个物体上的ID，在合成窗口中点击不同的物体便可在Info窗口中得到该物体的ID，这样就可以准确地选择需要分离的物体，使用效果如图6-8所示。

图6-7 添加"提取"特效的画面前后对比

图6-8 添加"ID蒙版"特效的画面前后对比

> **注意**
> "Use Coverage"（使用覆盖）仅用于3D通道图像中包含一个存储物体后面颜色信息的通道。

7. "ID entifier"

"ID entifier"（标识符）特效用于提取3D软件输出的带有通道的图像中的ID数据，使用效果如图6-9所示。

图6-9 添加"标识符"特效的画面前后对比

6.2.2 "Audio"

"Audio"（音频）特效是Adobe After Effects CS5针对于音频处理提供的特效。用户可使用该特效可调节音频的高音、低音，设置延迟、变调、混响等的效果。

1. "Backwards"

"Backwards"（倒播）特效用于将音频素材反向播放，即从最后一帧播放到第一帧，在时间线窗口中，帧仍然按原来的顺序排列。

2. "Bass & Treble"

"Bass & Treble"（低音&高音）特效可对音频层的高低音调进行调整。

3. "Delay"

"Delay"（延迟）特效用于添加延时效果。可以通过设置声音的重复来模拟声音被物体反射的效果，产生回音效果。

4．"Flange & Chorus"

"Flange & Chorus"（变调&合声）包括"Flange"（变调）、"Chorus"（合声）两个独立的音频效果。应用此效果的时候，默认设置为应用"Flange"效果。"Flange"（变调）对原始声音进行复制之后再对原频率进行一定的位移变化。"Chorus"（合声）将复制原始声音并做降调或偏移的处理，形成一个效果音，再将效果音与原始声音混合播放，使语音或者乐器听起来更有深度，可以用来模拟"合唱"效果。

5．"High－Low Pass"

"High－Low Pass"（高通－低通）特效可滤除高于或低于一个频率的声音。可独立输出高低音，也可用来增强或减弱一个声音。

6．"Modulator"

"Modulator"（调节器）特效通过调整声波的频率和振幅，为声音添加颤音和震音效果，产生声音的多普勒效果，如汽车经过的过程，汽车临近时声音越来越大，远去时声音逐渐消逝。

7．"Parametric EQ"

"Parametric EQ"（EQ参数）特效用于精确调制音频层的声音，可加强或减弱特定的频率范围。

8．"Reverb"

"Reverb"（回声）特效可以在指定的时间重复声音及产生回响，模拟声音被反射回来的效果，可表现出空间感和真实感。各项参数如图6－10所示。

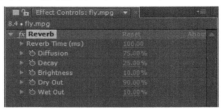

图6－10　"Reverb"的各项参数

- "Reverb Time（ms）"（回声时间（ms））：以ms为单位设置回音持续时间。
- "Diffusion"（扩散）：设置扩散量。值较大则会产生音乐远离麦克风的声音效果。
- "Decay"（衰减）：设置效果消失过程的时间。值越大产生的空间效果越大。
- "Brightness"（明度）：声音的明亮度。值越大产生的反射声音越大。
- "Dry out"（干出）：原音输出，即不经过修饰的声音输出量。
- "Wet out"（湿出）：效果音输出，即经过修饰的声音输出量。

9．"Stereo Mixer"

"Stereo Mixer"（立体声混合）特效用来混合音频的左右声道，产生一个声道的完整音频信号，实现混音效果。并且可以对一个层的音频进行音量大小和相位的控制。各项参数如图6－11所示。

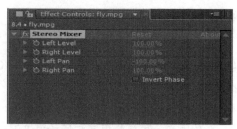

图6-11 "Stereo Mixer"的各项参数

- "Left Level"（左声道级别）：调节左声道增益，即音量大小。
- "Right Level"（右声道级别）：调节右声道增益，即音量大小。
- "Left Pan"（左窗口）：左声道相位，即声音左右定位。
- "Right Pan"（右窗口）：右声道相位。
- "Invert Phase"（反转）：反转左右声道的状态。激活可防止两种相同频率的声音相互掩盖。

10. "Tone"

"Tone"（音调）特效用来简单合音调，产生各种特技效果。可为每种效果添加5种音调来创建合音。

6.2.3 "Blur & Sharpen"

"Blur & Sharpen"（模糊和锐化）特效组用来实现图像的模糊和锐化。此特效组可简便地提升画面的视觉效果。模糊效果能在平面的空间中给人带来空间感和质地的对比。

1. "Bilateral Blur"

"Bilateral Blur"（双向模糊）特效可以选择性地模糊图像中的某些部分，而保留画面的物体边缘和细节。该特效将自动地把对比度较低的地方进行选择性模糊，使用效果如图6-12所示。

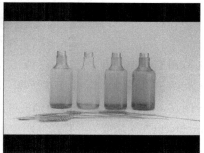

图6-12 添加"双向模糊"特效的画面前后对比

2. "Box Blur"

"Box Blur"（盒状模糊）特效可使模糊效果比较均匀。该特效以临近像素颜色的平均值为基准，在模糊的图像周围形成盒状像素边缘。各项参数如图6-13所示，使用效果如图6-14所示。

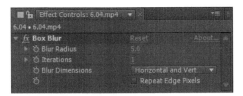

图6—13　"Box Blur"的各项参数

● "Blur Radius"（模糊半径）：即模糊大小。数值越大越模糊。

● "Iterations"（反复）：模糊效果精度。

● "Blur Dimensions"（模糊方向）：设置模糊方向。包括"Horizontal and Vertical"（横竖模糊）"Vertical"（垂直模糊）、"Horizontal"（横向模糊）。默认下为在横竖方向都模糊。

● "Repeat Edge Pixels"（重现边缘像素）：使画面的边缘清晰显示。

图6—14　添加"盒状模糊"特效的画面前后对比

3．"CC Radial Blur"

"CC Radial Blur"（CC螺旋模糊）可在指定的点产生螺旋状的模糊，使用效果如图6—15所示。

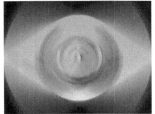

图6—15　添加"螺旋模糊"特效的画面前后对比

4．"CC Radial Fast Blur"

"CC Radial Fast Blur"（CC快速放射模糊）特效可产生快速变焦式的模糊效果，使用效果如图6—16所示。

图6—16　添加"快速放射模糊"特效的画面前后对比

5．"CC Vector Blur"

"CC Vector Blur"（CC向量区域模糊）特效可用来模拟水波纹式的模糊效果，使用效果如图6-17所示。

图6-17　添加"CC向量区域模糊"特效的画面前后对比

6．"Channel Blur"

"Channel Blur"（通道模糊）分别对图像中的红、绿、蓝和"Alpha"通道进行模糊，并且可以设置使用水平还是垂直或者两个方向同时进行。此特效可根据画面颜色分布进行分别模糊，而不是对整个画面进行模糊，提供了更大的可操作性。各项参数如图6-18所示。

7．"Compound Blur"

"Compound Blur"（混合模糊）特效通过图像的亮度值变化来较为精确地控制模糊效果，图像上亮度越高，模糊越大；亮度越低，模糊越小。此效果可根据本层画面的亮度值对该层进行模糊处理；另外，也可通过为此层设置模糊映射层进行模糊控制，也就是用一个其他层的亮度变化控管本层的模糊。各项参数如图6-19所示，使用效果如图6-20所示。

图6-18　"Channel Blur"的各项参数　　　　图6-19　"Compound Blur"的各项参数

- "Blur Layer"（模糊层）：指定当前合成中的哪一层为模糊映射层，也可以选择本层。
- "Maximum Blur"（最大模糊）：设置最大模糊值，以像素为单位。
- "Stretch Map to Fit"（如果模糊映射层和本层尺寸不匹配）：如果模糊映射层和本层尺寸不匹配时的操作方式。可勾选"Stretch Map to Fit"（伸缩自动适配）。
- "Invert Blur" 反向模糊。

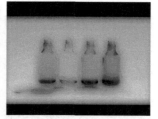

图6-20　添加"混合模糊"特效的画面前后对比

8. "Directional Blur"

"Directional Blur"（方向模糊）可通过为模糊指定某个方向来具有方向性的运动幻觉，造成具有动感的模糊效果。当层为草稿质量时，应用图像边缘的平均值；为最高质量时，应用高斯模式的模糊，产生平滑、渐变的模糊效果。各项参数如图6-21所示。

图6-21 "Directional Blur"的各项参数

9. "Fast Blur"

"Fast Blur"（快速模糊）可用于设置图像的模糊程度。它与"Gaussian Blur"（高斯模糊）类似，但它在大面积应用时速度更快，使用效果如图6-22所示。

图6-22 添加"快速模糊"特效的画面前后对比

10. "Gaussian Blur"

"Gaussian Blur"（高斯模糊）可模糊图像或清除噪波，能产生细腻的模糊效果。层的质量设置对高斯模糊没有影响，各项参数如图6-23所示。

11. "Lens Blur Effect"

"Lens Blur Effect"（镜头模糊）特效可模仿摄像机的景深效果，制造摄像机对焦与脱焦产生的景深变化。该特效可通过映射层来控制景深效果，根据映射层的变换产生不同的模糊效果。各项参数如图6-24所示，使用效果如图6-25所示。

图6-23 "Gaussian Blur"的各项参数　　图6-24 "Lens Blur Effect"的各项参数

- "Depth Map Layer"（深度图像层）：指定深度映射层。

● "Depth Map Channel"（深度图像通道）：从深度映射层中提取通道，依据所选通道的亮度来控制模糊效果。所选通道中像素较暗的部分模糊程度小，模拟距离摄像机较近的效果；像素较亮的部分模糊程度大，模拟距离摄像机较远的效果。

● "Invert Depth Map"（反转深度图像）：勾选此项可将深度图像反转。

● "Blur Focal Distance"（模糊焦点距离）：设置焦点的模糊距离。

● "Iris Shape"（辐射的形状）：选择的模糊形状。

● "Iris Radius"（辐射半径）：设置模糊形状的半径。

● "Iris Blade Curvature"（辐射曲率）：设置模糊形状边缘的圆度。

● "Iris Rotation"（辐射旋转）：设置模糊形状旋转角度。

● "Specular Brightness"（高光亮度）：设置高光的强度值。

● "Specular Threshold"（高光阈值）：设置高光的阈值，即高于指定亮度的像素显示为高光效果。

● "Noise Amount"（噪波数量）：设置噪波的数量值。添加噪波可增加图像的真实感。

● "Noise Distribution"（噪波分布）：选择噪波的分布方式。包括"Uniform"（统一）或"Gaussian"（高斯）方式。

● "Monochromatic Noise"（单色噪波）：勾选此项为添加单色噪波，即亮度噪波。默认状态下为非勾选状态，为添加彩色噪波。

● "If Layer Sizes Differ"（如果层尺寸不匹配）：如何模糊映射层与本层尺寸不同，可勾选"Stretch Map to Fit"（伸缩自动适配）。

● "Repeat Edge Pixels"（重复边缘像素）：勾选此项可保持边缘清晰。

图6-25　添加该特效的画面前后对比

12．"Radial Blur"

"Radial Blur"（放射模糊）特效可在指定的点产生放射式的模糊效果，可模拟摄像机旋转或推拉时产生的围绕焦点的模糊效果。离中心位置越近模糊程度越小，越远模糊程度越大。各项参数如图6-26所示，使用效果如图6-27所示。

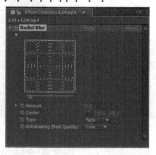

图6-26　"Radial Blur"的各项参数

- "Amount"（数量）：设置模糊程度的大小。
- "Center"（中心）：设置中心位置。
- "Type"（类型）：选择模糊类型。包括"Spin"（旋转），模糊呈现旋转状；"Zoom"（变焦），模糊呈放射状。
- "Antialiasing"(Best Quality)（抗锯齿（最高质量））：设置抗锯齿的选项。包括"High"（高质量）和"Low"（低质量）。此选项可提供更高的渲染质量，但只有在最高质量时才有效。

图6-27　添加该特效的画面前后对比

13．"Reduce Interlace Flicker"

"Reduce Interlace Flicker"（减弱隔行扫描闪烁）特效用于消除隔行闪烁现象。该特效通过降低过高的色度来消除隔行闪烁现象。

14．"Sharpen"

"Sharpen"（锐化）用于锐化图像，强化边缘对比度使画面更加清晰。各项参数如图6-28所示，使用效果如图6-29所示。

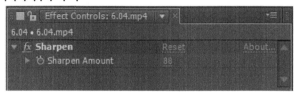

图6-28　"Sharpen"的各项参数

"Sharpen Amount"（锐化数量）：设置锐化的程度。

图6-29　添加该特效的画面前后对比

15．"Smart Blur"

"Smart Blur"（智能模糊）特效可以选择性地针对图像中的部分区域进行模糊处理。图像中对比比较强的区域保持清晰，对比比较弱的区域被模糊处理。各项参数如图6-30所示，使用效果如图6-31所示。

图6—30 "Smart Blur"的各项参数

● "Radius"（半径）：设置模糊半径，即定义模糊区域大小。

● "Threshold"（阈值）：设置模糊的容差值，即指定图像高于多少对比区域保留细节。

● "Mode"（模式）：定义图像什么位置受模糊影响。包括"Normal"（正常）、"Edge Only"（仅边缘）、"Overlay Edge"（覆盖边缘）。

● "Normal"（正常）：定义模糊应用到整个图像。

● "Edge Only"（仅边缘）：定义模糊效果仅保留边缘像素。

● "Overlay Edge"（覆盖边缘）：将边缘叠加到"Normal"模式产生的效果之上。

图6—31 添加该特效的画面前后对比

16．"Unsharp Mask"

"Unsharp Mask"（反遮罩锐化）特效通过增强色彩或亮度像素边缘的对比度，使画面更为清晰。和"Sharpen"不同，它不是对颜色边缘进行突出，而是增强整体对比度。各项参数如图6—32所示，使用效果如图6—33所示。

图6—32 "Unsharp Mask"各项参数

● "Amount"（数量）：设置效果应用的百分比，即锐化程度。

● "Radius"（半径）：指定色彩或亮度像素边缘受调整的像素范围。

● "Threshold"（阈值）：指定边界的容差值，即调整容许的对比度范围，使低对比度边缘不被锐化。

图6—33 添加该特效的画面前后对比

6.2.4 "Channel"

"Channel"（通道）特效组用来控制、抽取、插入和转换一个图像的通道。此特效组经常与其他特效配合使用。通道包含了各自的颜色分量（RGB）、计算颜色值（HSL）和透明度（Alpha）。

1．"Arithmetic"

"Arithmetic"（通道运算）特效对图像中的红、绿、蓝通道进行运算。

2．"Blend"

"Blend"（混合）特效可以通过五种方式使不同的层的相融合。"Blend"通道融合最大优势是可以设置动画，使用效果如图6-34所示。

图6-34　添加该特效的画面前后对比

3．"CC Composite"

"CC Composite"（混合模式处理）特效可以使层自身进行混合处理，使用效果如图6-35所示。

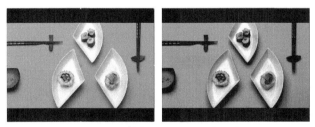

图6-35　添加该特效的画面前后对比

4．"Calculations"

"Calculations"（计算）特效提取原始层中的某个通道，与提取的映射层的某个通道进行融合运算，得到最终的图像颜色，使用效果如图6-36所示。

图6-36　添加该特效的画面前后对比

5．"Channel Combiner"

"Channel Combiner"（通道合成）特效可提取层中的颜色通道、亮度值和饱和度等信息到另一个格式，使用效果如图6－37所示。

图6－37　添加该特效的画面前后对比

6．"Compound Arithmetic"

"Compound Arithmetic"（混和运算）特效可以将两个层通过运算的方式混合，使用效果如图6－38所示。

图6－38　添加该特效的画面前后对比

7．"Invert"

"Invert"（反转）特效用于转化图像的颜色信息，反转颜色制成类似相片的底片效果，使用效果如图6－39所示。

图6－39　添加该特效的画面前后对比

8．"Minimax"

"Minimax"（极小极大）用于对指定的通道进行像素计算并扩展为具有一定半径的区域，对该区域进行最大亮度值或最小亮度值的填充。

9．"Remove Color Matting"

"Remove Color Matting"（删除颜色蒙版）特效用来消除或改变遮罩的颜色。可用于消除色彩通道产生的杂色边缘，如键控后的杂色边缘。输入的素材是包含背景的"Alpha"（Premultiplied Alpha）时，图像中的光晕等可以通过"Remove Color Matting"来消除或改变。各项参数如图6－40所示。

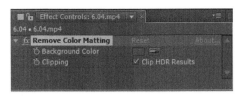

图6—40　"Remove Color Matting"的各项参数

10．"Set Channels"

"Set Channels"（设置通道）特效用于将它层的颜色通道和"Alpha"通道替换到当前层通道中，使用效果如图6－41所示。

图6—41　添加该特效的画面前后对比

11．"Set Matte"

"Set Matte"（设置蒙版）特效用于将其他层的通道设置为本层的遮罩。通常用来创建运动遮罩效果。各项参数如图6－42所示。

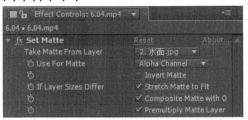

图6—42　"Set Matte"的各项参数

- "Take Matte From Layer"（从层应用遮罩）：选择要应用遮罩的层。
- "Use For Matte"（使用遮罩）：选择哪一个通道作为本层的遮罩。
- "Invert Matte"（反向遮罩）：将遮罩进行反向。
- "If Layer Sizes Differ"（如果两层尺寸不同）：如果两层尺寸不同，可选择"Stretch Matte to Fit"（伸缩遮罩层自适应）使两层尺寸统一。
- "Composite Matte with Original"（合成遮罩和原始素材）：将遮罩和原图像进行透明度混合。
- "Premultiply Matte Layer"（预置遮罩层）：选择和背景合成的遮罩层。

12．"Shift Channels"

"Shift Channels"（转换通道）特效用于在本层的通道转换，设置本层"RGBA"通道被本层某一通道转换。可对图像的色彩和亮度产生效果，也可以消除某种颜色。各项参数如图6－43所示。

图6—43 "Shift Channels"的各项参数

该特效参数中，通过设置"Take Alpha / Red / Green / Blue"（选择"Alpha"、红、绿、蓝通道）的参数，分别选择"Alpha"、"Red"、"Green"和"Blue"通道被哪种通道替换。

13. "Solid Composite"

"Solid Composite"（固态合成）特效可用一种颜色与原始层进行混合。各项参数如图6-44所示。

图6—44 "Solid Composite"的各项参数

- "Source Opacity"（原始层不透明度）：设置原始层的透明度。
- "Color"（颜色）：定义固态层的颜色。
- "Opacity"（不透明度）：设置固态层的透明度。
- "Blending Mode"（混合模式）：设置固态层与原始层的混合模式，与层模式相同。

6.2.5 "Color Correction"

"Color Correction"（色彩校正）特效组是Adobe After Effects CS5中调整画面色彩的重要手段。Adobe After Effects CS5中包含了31个色彩校正特效，提供了色彩调节、色彩修补的多种手段。

1. "Auto Color"

"Auto Color"（自动颜色调整）特效用来对画面的色彩进行自动处理。通过分析图像的暗调、中间调和高光部分来进行自动调整。

2. "Auto Contrast"

"Auto Contrast"（自动对比度调整）特效用来对画面的对比度进行自动处理。参数的设置与"Auto Color"相同。

3. "Auto Levels"

"Auto Levels"（自动色阶调整）特效用来对画面的色阶进行自动处理。参数的设置与"Auto Color"、"Auto Contrast"相同。

4. "Black&White"

"Black&White"（黑与白）特效用于对图像进行清除色相，进行图像黑白化处理。可通过"RGB"、"CMY"的各通道分别进行亮度调整。

5．"Brightness & Contrast"

"Brightness & Contrast"（亮度和对比度）特效用来对画面的亮度和对比度进行调整。此特效并不对单一通道进行调整，而是调整所有像素的高亮、暗部和中间色，使用效果如图6－45所示。

图6-45　添加该特效的画面前后对比

6．"CC Color Offset"

"CC Color Offset"（CC颜色偏移）特效可以对图像中各通道进行颜色色相的偏移调整。

7．"CC Toner"

"CC Toner"（CC调色器）特效用于重新指定图像的高光、中间调和阴影颜色。

8．"Broadcast Colors"

"Broadcast Colors"（广播级色彩）特效用于校正广播级的颜色和亮度，以保证视频素材播出时，满足电视台的播出技术标准。

9．"Change Color"

"Change Color"（转换色彩）特效对图像中的某一颜色进行替换，并且可调节这一色彩的亮度和饱和度。

10．"Change to Color"

"Change to Color"（定向修改颜色）特效可选取图像中某个颜色，将它转换成另一个指定颜色，并可再调整颜色区域的色相、亮度、饱和度。图像中的其他颜色保持不变。

11．Channel Mixer"

"Channel Mixer"（通道混合）特效作用于当前层的各个色彩通道，以当前层的一个通道的亮度为蒙版来调整另一个通道的亮度。使用效果如图6－46所示。

12．"Color Balance"

"Color Balance"（色彩平衡）特效是通过对图像亮部、中间色及暗部的红、绿、蓝通道进行分别调节，来调整图像色彩。一般用于矫正色偏。各项参数如图6－47所示。

  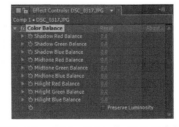

图6-46　添加该特效的画面前后对比　　　图6-47　"Color Balance"的各项参数

● "Shadow Red/Green/Blue Balance"（暗部红、绿、蓝平衡）：调整暗部的红、绿、蓝通道颜色。

● "Midtone Red/Green/Blue Balance"（中间调红、绿、蓝平衡）：调整中间调的红、绿、蓝通道颜色。

● "Hilight Red/Green/Blue Balance"（亮调红、绿、蓝平衡）：调整亮调的红、绿、蓝通道颜色。

● "Preserve Luminosity"（保持亮度）：勾选此项，则图像保留平均亮度。

13．"Color Balance（HLS）"

"Color Balance"（色彩平衡（HLS））特效通过调整图像的色相、亮度、饱和度对图像色彩进行调节。此特效主要为了兼容早期Adobe After Effects版本，现在类似调节可在"Hue/Saturation"中实现。

14．"Color Link"

"Color Link"（色彩链接）特效用于将两个层的亮度和色彩相匹配，模拟两个层处于同一环境的效果。

15．"Color Stabilizer"

"Color Stabilizer"（色彩稳定）特效可在图像的某一帧上采集暗调、中间调、亮调3个位置的色彩，其他帧的图像色彩将保持采集帧色彩的数值，从而稳定画面色彩。

16．Colorama"

"Colorama"（彩色光）特效是色彩校正特效中的一个功能强大、效果好的特效。它以渐变色对图像进行填色处理，它可对选区进行色彩的转换，模拟彩色光、彩虹灯、金属色等效果。

17．"Curves"

"Curves"（曲线）特效可以更为精确地对整个图像进行明暗调节，也可以对颜色通道和"Alpha"通道进行调节。各项参数如图6-48所示。

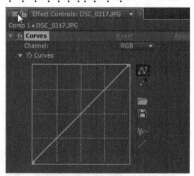

图6-48　"Curves"的各项参数

此特效可通过手动调节坐标曲线的控制点来完成。曲线图中X轴表示输入的原始像素的亮度，Y轴表示输出的亮度值。亮度从左到右、从下到上越来越亮。

18．"Equalize"

"Equalize"（均衡）特效效果用来使图像变化平均化。此特效自动用白色取代图像的最亮像素，黑色取代图像的最暗像素，平均分配白色与黑色间的色阶。

19．"Exposure"

"Exposure"（曝光）特效用于调整图像的曝光。通过亮度或"RGB"通道来调节亮度或色调。

20．"Gamma/Pedestal/Gain"

"Gamma/Pedestal/Gain"（伽马、基色、增益）特效用于对某颜色进行输出曲线调节。与曲线特效相似，但它按照暗调、中间调、亮点的范围来修改整体亮度或红、绿、蓝通道。"Pedestal"和"Gain"，设置0为完全关闭，设置1为完全打开。

21．"Hue/Saturation"

"Hue/Saturation"（色相/饱和度）特效用于调整图像中某一颜色的"Hue"（色相）、Saturation（饱和度）和"Lightness"（亮度）。它利用颜色相位调整轮进行控制。各项参数如图6－49所示。

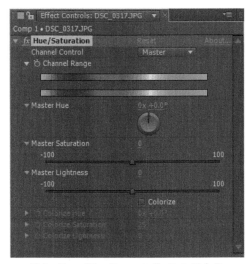

图6—49　"Hue/Saturation"的各项参数

22．"Leave Color"

"Leave Color"（分离颜色）特效用于图像的去色处理。可以消除图像中给定颜色外的其他颜色。

23．"Levels"

"Levels"（色阶）特效可将原始层的通道映射到输出的通道，从而重新设置原始通道的亮度和对比度。"Levels"参数中，可以对每个通道分别进行调控，可在柱状图中直观地查看并修改亮度。

24．"Levels（Individual Controls）"

"Levels（Individual Controls）"（色阶（单项控制））特效是"Levels"的拓展，可方便地调整图像各个通道。与在"Levels"中指定通道的设置效果相同。其特效的参数与"Level"相似，使用方法完全相同。

25．"PS Arbitrary Map"

"PS Arbitrary Map"（映像遮罩）特效用于调整图像的色调亮度，其效果也可通过"Curves"完成，该特效主要用于兼容早期版本。

26．"Photo Filter"

"Photo Filter"（照片过滤）特效制造出为画面添加特效的效果，用户可通过加温或减温特效来矫正拍摄过程中出现的白平衡偏差。

27．"Selective Color"

"Selective Color"（选择颜色）特效利用色彩补色关系和色彩混合关系对图像中某一颜色通道进行调整。通过调整指定颜色通道的补色通道数值来调节图像中某一色彩的亮度及色相。

28．"Shadow/Highlight"

"Shadow/Highlight"（阴影/高光）特效用来调整特效的暗部和亮部。

29．"Tint"

"Tint"（浅色调）特效用来修改图像颜色信息。重新设置两种着色替换原始图像中的纯黑、纯白部分，两者之间的颜色为对应的中间值。

30．"Tritone"

"Tritone"（三色映射）特效与"Tint"相似，通过亮部、中间调、暗部来对颜色进行重新设置。

31．"Vibrance"

"Vibrance"（自然饱和度）特效主要用于饱和度的调整，其优点是在自然饱和度的调整过程中减少色彩的损失，完成比较缓和的饱和度调整。各项参数如图6-50所示。

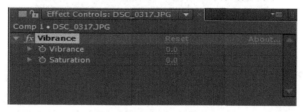

图6-50　"Vibrance"的各项参数

- "Vibrance"（自然饱和度）：调整自然饱和度。
- "Saturation"（饱和度）：调整饱和度。

6.2.6 "Digieffects Free Form"

"Digieffects Free Form"（自由变形特效）特效组能够使用自定义的位移贴图和网格在三维空间中对二维层进行扭曲、控制与动画。用于制作三维网格变形，通过为图像添加网格，并依据网格做出三维的变形处理，制造出具有纵深感的变形效果，其最大优点就是能实现三维空间效果的变形，使用效果如图6-51所示。

图6—51 添加该特效的画面前后对比

6.2.7 "Distort"

"Distort"（扭曲）特效组主要用来对图像进行扭曲变形，是丰富画面的重要特效。

1. "Bezier Warp"

"Bezier Warp"（贝塞尔弯曲）特效将在图像的边界上创建一个封闭的曲线，可以通过曲线中的多点来控制图像的变形程度。曲线分为四段，每段由四个控制点组成，每个控制点都有两个调节手柄，拖曳即可完成调整，使用效果如图6—52所示。

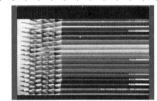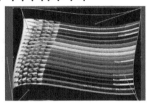

图6—52 添加该特效的画面前后对比

2. "Bulge"

"Bulge"（凹凸镜）特效可制造凹凸效果，产生膨胀或收缩的图像变形。可模拟图像透过气泡或放大镜的效果，使用效果如图6—53所示。

图6—53 添加该特效的画面前后对比

3. "CC Bend It"

"CC Bend It"（CC区域弯曲）特效可指定弯曲区域的始末位置，实现画面的弯曲效果，如图6—54所示。

4. "CC Bender"

"CC Bender"（CC卷曲）特效可实现画面卷曲效果。

5. "CC Blobbylize"

"CC Blobbylize"（CC融化）特效可实现画面融化效果。

6．"CC Flo Motion"

"CC Flo Motion"（CC折叠运动）特效可实现画面两点收缩变形效果。

7．"CC Griddler"

"CC Griddler"（CC方格）特效可使图像呈现方格状扭曲效果，如图6—55所示。

图6—54　添加该特效的画面前后对比

图6—55　添加该特效的画面前后对比

8．"CC Lens"

"CC Lens"（CC镜头）特效可模拟鱼眼镜头的扭曲效果。

9．"CC Page Turn"

"CC Page Turn"（CC翻页）特效可模拟纸张翻页的效果，如图6—56所示。

图6—56　添加该特效的画面前后对比

10．"CC Power Pin"

"CC Power Pin"（CC四角扯动）可使画面实现带有透视效果的四角扯动变形。

11．"CC Ripple Pulse"

"CC Ripple Pulse"（CC波纹脉冲）特效可使画面实现扩散波纹的变形效果，必需设置关键帧才能产生效果。

12．"CC Slant"

"CC Slant"（CC倾斜）特效可使画面产生倾斜变形。

13. "CC Smear"

"CC Smear"（CC 涂抹）特效可使画面指定位置产生涂抹效果，如图6-57所示。

图6-57　添加该特效的画面前后对比

14. "CC Split"

"CC Split"（CC胀裂）特效可使画面产生胀裂效果。

15. "CC Split 2"

"CC Split 2"（CC胀裂2）特效可使画面产生不对称的胀裂效果。

16. "Corner Pin"

"Corner Pin"（边角定位）特效通过重新定位四个角的位置来完成图像的变形，可以对图像进行拉伸、收缩、倾斜，可模拟简易的透视，使用效果如图6-58所示。

图6-58　添加该特效的画面前后对比

17. "Displacement Map"

"Displacement Map"（置换映射）特效将其他层作为映射层，映射层的某个通道值将对图像进行水平或垂直方向的变形，利用映射的像素颜色值来影响本层的变形效果。各项参数如图6-59所示，使用效果如图6-60所示。

图6-59　"Displacement Map"的各项参数

● "Displacement Map Layer"（置换映射层）：指定哪个层作为本特效的映射层。

● "Use For Horizontal/Use For Vertical Displacement"（使用水平置换/垂直置换）：选择映射层对本层水平或垂直方向起作用的通道。

● "Max Horizontal Displacement/Max Vertical Displacement"（最大水平置换/最大竖直置换）：设置最大水平或垂直变形程度。

● "Displacement Map Behavior"（置换映射方式）：定义当映射层与原始层的图像大小不同时的置换方式。包括"Center Map"（映射居中）、"Stretch Map to Fit"（伸缩自动匹配）和"Tile Map"（置换平铺）。

● "Edge Behavior"（边缘动作）：边缘设置，勾选"Warp Pixels Around"（包围像素）变形像素包围。勾选"Expand Output"（向外拓展）将原始图像的边缘像素向外进行扩展，填补边缘间隙。

图6-60　添加该特效的画面前后对比

18．"Liquify"

"Liquify"（液化）特效模仿液化状态的纹理，是图形产生类似水波纹的效果。它可通过多个工具对特定区域进行扭曲、旋转、缩放等的手动调节，使用效果如图6-61所示。

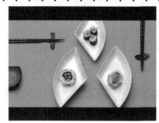
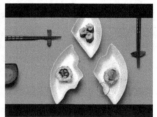

图6-61　添加该特效的画面前后对比

19．"Magnify"

"Magnify"（放大）特效用于局部区域的放大，产生图像置于放大镜下的效果，使用效果如图6-62所示。

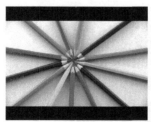

图6-62　添加该特效的画面前后对比

20．"Mesh Warp"

"Mesh Warp"（面片变形）特效对图形添加网格，可通过曲线化的网格线来控制图像的变形，在合成图像中用鼠标拖曳网格的节点来完成，使用效果如图6-63所示。

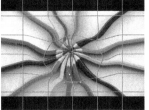

图6-63 添加该特效的画面前后对比

21. "Mirror"

"Mirror"（镜像）特效通过设定角度的直线将画面分割成两个对称的相同画面，模拟镜面反射，使用效果如图6-64所示。

图6-64 添加该特效的画面前后对比

22. "Offset"

"Offset"（偏移）特效可使图像发生前后左右的偏移，图像从一边偏向另一边，空余的画面由偏移出画面填补，使用效果如图6-65所示。

图6-65 添加该特效的画面前后对比

23. "Optics Compensation"

"Optics Compensation"（镜头变形）特效可模拟摄像机透视效果，可用来添加或矫正摄像机镜头的畸变，使用效果如图6-66所示。

图6-66 添加该特效的画面前后对比

24. "Polar Coordinates"

"Polar Coordinates"（极坐标）特效用来将图像的直角坐标转化为极坐标，以产生扭曲

效果，使用效果如图6－67所示。

图6-67　添加该特效的画面前后对比

25．"Reshape"

"Reshape"（再成形）特效用于重新限定图像形状，并产生变形效果。此效果需要借助几个遮罩实现，且遮罩必须是密闭的。该特效的使用方法是在素材加上此特效，然后在素材的起始位置和结束位置分别建一个遮罩，再建一个能框住前两个遮罩的大区域遮罩。红色遮罩定义原始目标，黄色遮罩定义变形结果，蓝色遮罩限制变形的影响范围。使用效果如图6－68所示。

图6-68　添加该特效的画面前后对比

26．"Ripple"

"Ripple"（波纹）特效模拟水表面的涟漪波纹，使画面产生水波纹效果，使用效果如图6－69所示。

图6-69　添加该特效的画面前后对比

27．"Smear"

"Smear"（涂抹）特效通过使用遮罩在图像中定义一个区域，对此区域进行移动、旋转等涂抹变形，而影响到整个变形区域。使用此特效需先在素材上画两个遮罩，再调整"Percent"（百分比）的值来完成，使用效果如图6－70所示。

28．"Spherize"

"Spherize"（球面化）特效可使图像产生球面放大的效果，使用效果如图6－71所示。

29．"Transform"

"Transform"（变换）特效使图形产生二维空间的几何变换，使用效果如图6－72所示。

图6－70　添加该特效的画面前后对比

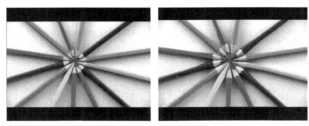

图6－71　添加该特效的画面前后对比

图6－72　添加该特效的画面前后对比

30．"Turbulent Displace"

"Turbulent Displace"（强烈置换）特效用于使画面产生强烈的扭曲效果，使用效果如图6－73所示。

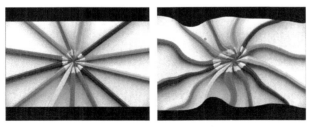

图6－73　添加该特效的画面前后对比

31．"Twirl"

"Twirl"（漩涡）特效模拟漩涡状的扭曲变形，围绕指定点对像素进行旋转，使用效果如图6－74所示。

32．"Warp"

"Warp"（弯曲）特效对整个图像进行弯曲的变形，使用效果如图6－75所示。

33. "Wave Warp"

"Wave Warp"（波浪变形）特效用来制作自动的飘动或波浪效果，而不需要用关键帧来设置运动效果，使用效果如图6－76所示。

图6－74　添加该特效的画面前后对比

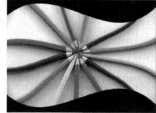

图6－75　添加该特效的画面前后对比

图6－76　添加该特效的画面前后对比

6.2.8 "Expression Control"

"Expression Control"（表达式控制）特效组通过表达式的参数项链接来控制的一个或多个参数的数值和调整素材的效果。

1. "Angle Control"

"Angle Control"（角度控制）特效用于设置角度变化。

2. "Checkbox Control"

"Checkbox Control"（检验盒控制）特效通过打开、关闭参数值的复选框来控制动画特效是否启用。

3. "Color Control"

"Color Control"（颜色控制）特效用来控制颜色变化，调整表达式色彩选择或色彩变换的丰富程度。

4. "Layer Control"

"Layer Control"（层控制）特效用来选择应用表达式的层。

5．"Point Control"

"Point Control"（点控制）特效用来控制位置点的动画。

6．"Slider Control"

"Slider Control"（游标控制）特效用于设置表达式的数值变化。

6.2.9 / "Generate"

"Generate"（生成）特效组可用于制造图形、填充、纹理、绘制等效果。

1．"4—Color Gradient"

"4-color Gradient"（四色渐变）特效可以四个定位点的位置和色彩的设置，使画面产生四色渐变的效果。

2．"Advanced Lightening"

"Advanced Lightening"（高级闪电）特效用于模拟自然界的闪电场景，使用效果如图6－77所示。

图6-77　添加该特效的画面前后对比

3．"Audio Spectrum"

"Audio Spectrum"（音频频谱）特效用于产生音频频谱，将音频图像化。各项参数如图6－78所示。

4．"Audio Waveform"

"Audio Waveform"（音频波形）特效用于产生音频波形，和"Audio Spectrum"音频频谱相似，用指定的音频层的某段频率的振幅变化产生声音的波形效果，使用效果如图6－79所示。

5．"Beam"

"Beam"（光束）特效用来模拟激光束移动效果，使用效果如图6－80所示。

6．"CC Glue Gun"

"CC Glue Gun"（CC胶水喷枪）特效用斑点状的粒子产生胶水喷射或挤牙膏似的图像效果，使用效果如图6－81所示。

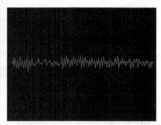

图6-78 "Audio Spectrum"的各项参数　图6-79 添加特效后的画面效果

图6-80 添加该特效的画面前后对比

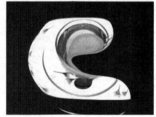

图6-81 添加该特效的画面前后对比

7．"CC Light Burst 2.5"

"CC Light Burst 2.5"（CC光线缩放2.5）用来模拟强光放射效果，使用效果如图6-82所示。

图6-82 添加该特效的画面前后对比

8．"CC Light Rays"

"CC Light Rays"（CC光束）特效用于模拟光芒放射，且加有变形效果。

9．"CC Light Sweep"

"CC Light Sweep"（CC光线扫描）特效用于模拟光线扫描的效果。

10. "Cell Pattern"

"Cell Pattern" (单元图案) 特效图像可以制作多种类型的细胞状的纹理效果, 使用效果如图6—83所示。

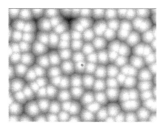

图6—83 添加该特效的画面前后对比

11. "Checkerboard"

"Checkerboard" (棋盘格) 特效可将图像加工为棋盘格子的图案效果。棋盘格子为填充与透明间隔呈现, 使用效果如图6—84所示。

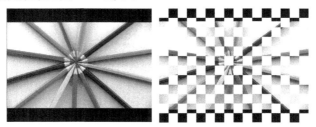

图6—84 添加该特效的画面前后对比

12. "Circle"

"Circle" (圆) 特效可在图像中创建圆形或圆环图案, 使用效果如图6—85所示。

图6—85 添加该特效的画面前后对比

13. "Ellipse"

"Ellipse" (椭圆) 特效用来产生椭圆形或发光圆形的效果, 使用效果如图6—86所示。

图6—86 添加该特效的画面前后对比

14．"Eyedropper Fill"

"Eyedropper Fill"（拾色器填充）特效用于在图像中拾取某一像素色彩，并将该色填充到整个层中，使用效果如图6-87所示。

图6-87　添加该特效的画面前后对比

15．"Fill"

"Fill"（填充）特效用于对层中的某特定区域或画面中的遮罩填充指定颜色。各项参数如图6-88所示。

图6-88　"Fill"的各项参数

- "Fill Mask"（填充遮罩）：选择要填充的遮罩。
- "Color"（色彩）：选择要填充的颜色。
- "Horizontal Feather"（水平羽化）：设置水平边缘的羽化值。
- "Vertical Feather"（垂直羽化）：设置垂直边缘的羽化值。
- "Opacity"（不透明度）：设置填充色的不透明度。

16．"Fractal"

"Fractal"（分形）特效可直接产生Mandelbrot类型和Julia类型贴图图形，可制作万花筒图形等多种分形效果，使用效果如图6-89所示。

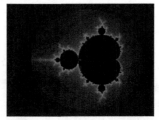

图6-89　添加该特效的画面效果

17．"Grid"

"Grid"（网格）特效可在图像中创建自定义网格，制作网格效果或作为蒙版使用，使用效果如图6-90所示。

图6—90 添加该特效的画面前后对比

18. "Lens Flare"

"Lens Flare"（镜头光晕）特效模拟强光经过摄像机镜头画面中产生的光环、光斑的效果，使用效果如图6－91所示。

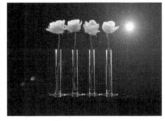

图6—91 添加该特效的画面前后对比

19. "Paint Bucket"

"Paint Bucket"（油漆桶）特效用来对某颜色区域进行指定色的填充，使用效果如图6－92所示。

图6—92 添加该特效的画面前后对比

20. "Radio Waves"

"Radio Waves"（电波）特效可以制造由一个中心点向外扩散的波形效果，该波形可以是水波状、声波状，也可以是几何图形，使用效果如图6－93所示。

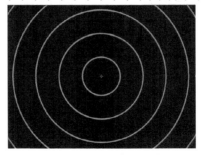

图6—93 添加该特效的效果

21．"Ramp"

"Ramp"（渐变）特效图形用来创建两色的彩色渐变效果。

22．"Scribble"

"Scribble"（涂写）特效可用于制造类似手绘的涂写效果。通过为遮罩区域填充或描边模拟带有速度感的涂抹效果，使用效果如图6-94所示。

图6-94　添加该特效的画面前后对比

23．"Stroke"

"Stroke"（描边）特效可以沿路径或遮罩产生线或点的描边效果，使用效果如图6-95所示。

图6-95　添加该特效的画面前后对比

24．"Vegas"

"Vegas"（勾画）特效可以用于凸现图像的轮廓，创建运动的光线、光点等效果。该特效可根据遮罩、路径的形状进行创建，可根据另一图像的边缘在当前图像进行创建。

25．"Write-on"

"Write-on"（手写）特效可模拟手写的笔触效果，可产生笔触绘制动画效果，使用效果如图6-96所示。

图6-96　添加该特效的画面前后对比

6.2.10　"Keying"

1．"CC Simple Wire Removal"

Keying表示键控。"CC Simple Wire Removal"（简单去除钢丝工具）特效利用一种线状的模糊和替换，将画面中拍摄特技时使用的钢丝（Wire威压）进行快速擦除。

2．"Color Difference Key"

"Color Difference Key"（色彩差抠像）特效通过两个不同的颜色对图像进行键控。使图像产成两个遮罩，即遮罩A（Matte Partial A）和遮罩B（Matte Partial）。遮罩A使键控色之外的遮罩区域透明，遮罩B使指定键控颜色区域透明。然后组合两个遮罩，得到第三个遮罩，称为"Alpha"遮罩，"Color Difference Key"颜色差值键控产生一个明确的透明值。各项参数如图6－97所示。

图6－97　"Color Difference Key"的各项参数

● "Preview"（预演）：预演素材视图和遮罩视图。点击"A"、"B"、"α"三个按钮，分别对遮罩A、遮罩B、"Alpha"遮罩进行预演。

● 键控滴管：从素材视图中选择键控色。

● 黑滴管：从遮罩视图中选择透明区域。

● 白滴管：从遮罩视图中选择不透明区域。

● "View"（视图）：指定合成窗口中的显示图像视图。可以选择多种视图。

● "Key Color"（键控色）：选择键控色。可以使用调色板或用滴管在合成窗口或层窗口中选择。

● "Color Matching Accuracy"（颜色匹配的精度）：设置颜色匹配的精度。包括"Fast"（更快）、"Accurate"（更精确）。

● "Partial A"（局部A）：对遮罩A的参数精确调整。

● "Partial B"（局部B）：对遮罩B的参数精确调整。

● "Matte"（遮罩）：用于对"Alpha"遮罩的参数精确调整。

3．"Color Key"

"Color Key"（键控色）特效图像针对于单一的背景颜色，当用吸管吸取某颜色，被选颜色部分变为透明。可以控制键控色的相似程度调整透明的效果，并对键控的边缘进行羽化，消除"毛边"的区域。各项参数如图6－98所示，使用效果如图6－99所示。

- "Key Color"（键控色）：指定吸取的颜色。
- "Color Tolerance"（色彩容差）：用于控制颜色容差范围。值越小，颜色范围越小。
- "Edge Thin"（边缘细化）：用于调整键控边缘，正值扩大遮罩范围，负值缩小遮罩范围。
- "Edge Feather"（边缘羽化）：用于羽化键控边缘，产生细腻、稳定的键控遮罩。

图6—98 "Color Key"的各项参数　　　图6—99　添加该特效的画面前后对比

4．"Color Range"

　　"Color Range"（颜色范围）键控通过键出指定的颜色范围产生透明可以应用的色彩空间，包括"Lab"、"YUV"和"RGB"。该特效适合应用于背景颜色多样、亮度不均匀等情况。各项参数如图6—100所示，使用效果如图6—101所示。

图6—100　"Color Range"的各项参数

- "Preview"（预演）：显示遮罩情况的略图。
- 键控滴管：从遮罩视图中选择键控色。
- 加滴管：增加键控色的颜色范围。
- 减滴管：减少键控色的颜色范围。
- "Fuzziness"（模糊）：设置边缘柔化度。
- "Color Space"（颜色空间）：选择颜色空间。包括 "Lab"（亮度复合）、"YUV"（分量信号）、"RGB"（红、绿、蓝通道）。
- "Min / Max"（最小/最大）：精确控制颜色空间参数。L、Y、R指定颜色空间的第一个分量；a、U、G指定颜色空间的第二个分量；b、V、B指定颜色空间的三个分量。"Min"调整颜色范围开始，"Max"调整颜色范围结束。

图6—101　添加该特效的画面前后对比

5． "Difference Matte"

"Difference Matte"（差异蒙版）特效通过比较两层画面，将相应的位置、颜色相同的像素键出。 如对静态背景、固定摄像机、固定镜头和曝光的处理中，使用该效果只用一帧背景素材就可完成对象在场景中移动的效果。

6． "Extract"

"Extract"（提取）根据指定的一个亮度范围来产生透明效果。亮度范围的选择基于通道的直方图，抽取键控适用于以白色或黑色为背景拍摄的素材或前后背景亮度差异较大的情况，也可消除阴影。该特效适用于对比度强烈的图像。

7． "Inter/Outer Key"

"Inter/Outer Key"（内/外部键）特效借助遮内、外两个密闭罩遮的像素差异来完成键控效果。一个遮罩用来定义键出范围的内边缘，另一个遮罩用来定义键出的外边缘，再根据两个遮罩路径进行像素差异的比较，完成键出。可实现对于毛发及轮廓的清晰键出。

8． "Keylight（1．2）"

"Keylight（1.2）"（主光键控1.2）特效在早期作为外置插件需用户安装。在Adobe After Effects CS5版本中它被加入到内置特效中，使操作更加便捷。它能够快速简易地处理反射、半透明面积和毛发的键出，能准确控制残留在前景对象上的蓝幕或绿幕的反光，并替换成新合成背景的环境光。

9． "Linear Color Key"

"Linear Color Key"（线性色彩键）通过指定一个色彩范围作为键控色完成键控。它用于大多数对象，但不适合半透明对象。线性色键根据"RGB"彩色信息、"Hue"色相及"Chroma"饱和度信息，与指定的键控色进行比较，产生透明区域，使用效果如图6－102所示。

图6—102　添加该特效的画面前后对比

10． "Luma Key"

"Luma Key"（亮度键）特效通过亮度进行键出。设置某个亮度值"阈值"，低于或高于此值的亮度做透明处理。此特效适用于明暗反差很大的图像。

11． "Spill Suppressor"

● "Spill Suppressor"（溢色控制）特效用于去除键控后的图像残留的键控色的痕迹。背景的反射常常会造成前景图像边缘溢出键控色，此特效可解决这一问题。

6.2.11　"Matte"

"Matte"（蒙版）特效组用于去除抠像处理后出现的局部残留颜色、边缘不平滑等情况。能够有效地对抠像的遗留问题进行改善，是非常好的抠像辅助工具。

1．"Matte Choker"

"Matte Choker"（蒙版抑制）特效图形通过对"Alpha"通道的透明区域进行扩展来抑制通道中的剩余像素。在抠像完成后，可使用该特效完成对边缘的平滑收缩处理。各项参数如图6－103所示。

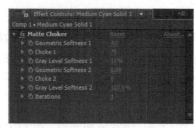

图6－103　"Matte Choker"的各项参数

- "Geometric Softness"（几何柔化）：设置最大的扩展量。
- "Choke"（抑制）：设置抑制的数量。正值为收缩数量，负值为扩展数量。
- "Gray Level Softness"（灰色级别柔化）：设置边界的柔化程度。
- "Iterations"（反复）：设置蒙版的反复次数。

2．"Refine Matte"

"Refine Matte"（修正蒙版）特效是Adobe After Effects CS5中新添加的特效。它不但可以完成抠像边缘的平滑，还具有保留细节及边缘运动模糊的设置。各项参数如图6－104所示。

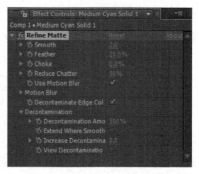

图6－104　"Refine Matte"的各项参数

- "Smooth"（平滑）：设置平滑的程度。
- "Feather"（羽化）：设置边缘羽化值。
- "Choke"（抑制）：设置抑制的程度。
- "Reduce Chatter"（减振）：根据运动情况设置减振程度，影响抠像边缘效果。
- "Use Motion Blur"（使用运动模糊）：勾选此项开启运动模糊。
- "Motion Blur"（运动模糊）：当"Use Motion Blur"（使用运动模糊）为勾选状态时，激活此项设置。通过其下参数对运动模糊进行具体设置。

"Samples Per Frame"（采样率）：设置模糊的采样率。

"Shutter Angle"（快门角度）：设置快门角度。

"Higher Quality"（高质量）：勾选则使用高质量模式。

"Decontaminate Edge Color"（净化边缘颜色）：勾选则去除边缘溢出的颜色。

"Decontamination"（净化）：通过其下参数对净化边缘颜色进行细化设置。

"Decontamination Amount"（净化数量）：设置净化程度。

"Extend Where Smooth"（扩展过于平滑区域）：勾选则对抠像后过于平滑的区域即过度抠像的区域进行扩展。

"Increase Decontamination Radius"（增加净化半径）：设置数值，改变净化半径。

"View Decontamination Map"（显示净化贴图）：勾选此项为预览窗口显示净化的操作情况。

3．"Simple Choker"

"Simple Choker"（简单抑制）特效适用于简易蒙版边界的处理。该特效用于减小或扩大蒙版的边界，使得边界明确整齐。

4．"mocha shape"

"mocha shape"（mocha形状）特效用于将mocha中的路径转换为蒙版。

6.2.12 "Noise & Grain"

Noise & Grain表示（噪波和杂点）。数字图像的拍摄中都会有噪波的存在，在软件的图像创建和合成中是不会产生噪波的。在图像制作中，为了增加图像的真实性就需要使用本特效组在原始素材上添加噪波颗粒。另外，为了实现某些杂点、颗粒的风格或效果需运用本组特效来完成制作。

1．"Add Grain"

"Add Grain"（添加杂点）特效主要用于为画面增加杂点。各项参数如图6－105所示。

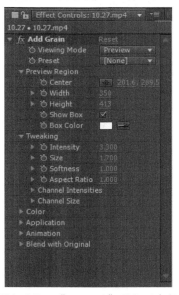

图6－105　"Add Grain"的各项参数

● "Viewing Mode"（显示模式）：选择效果的显示模式。包括"Preview"（预览）、"Blending Matte"（混合模板）和"Final Output"（最终输出）。

- "Preset"（预置）：选择预先设置好的杂点类型。
- "Preview Region"（预览区域）：通过其下参数设置预览显示。
- "Center"（中心）：设置预览区域中心点。
- "Width"（宽度）：设置预览区域的宽度。
- "Height"（高度）：设置预览区域的高度。
- "Show Box"（显示预览方格）：勾选此项显示预览方格。
- "Box Color"（方格颜色）：指定预览方格的边框颜色。
- "Tweaking"（调节）：通过强度、尺寸、柔化度、纵横比和通道亮度等参数对杂点进行细化设置。
- "Color"（颜色）：指定噪波颜色。杂点的颜色，使用单色或多色杂点的设置。
- "Application"（应用）：设置杂点的混合模式、高光、中间值和暗调等。
- "Blend With Original"（混合原始素材）：设置噪波与原始图像的混合方式。可通过明度、混合模式混合，也可通过指定层蒙版是噪波显示在蒙版区域。

2．"Dust & Scratches"

"Dust & Scratches"（蒙尘和划痕）特效通过模糊来修补图像中的蒙尘或划痕，弱化画面的缺陷，使画面相对清晰整洁，使用效果如图6-106所示。

图6-106　添加该特效的画面前后对比

3．"Fractal Noise"

"Fractal Noise"（分形噪波）特效可用来直接创建灰度噪波纹理，也可模拟雾、云、流水、火等效果。各项参数如图6-107所示。

图6-107　"Fractal Noise"的各项参数

- "Fractal Type"（分形类型）：选择分形的类型。
- "Noise Type"（噪波类型）：选择噪波的类型。

- "Invert"（反转）：反转图像的颜色，黑白反转。
- "Contrast"（对比度）：调节添加噪波的图像的对比度。
- "Brightness"（亮度）：调节生成噪波图像的亮度。
- "Overflow"（溢出）：指定溢出的处理方式。
- "Transform"（变换）：设置噪波的图案大小、旋转、偏移等。
- "Complexity"（复杂性）：设置噪波图案的复制程度。
- "Sub Settings"（内部设置）：控制子噪波的影响力、缩放等相关设置。
- "Evolution"（演变）：控制噪波的分形变化，可得到随机运动动画。
- "Evolution Options"（演变选项）：对分形变化的循环、随机种子等细节进行设置。
- "Opacity"（不透明度）：设置噪波图像的不透明度。
- "Blending Mode"（混合模式）：设置生成的噪波图像与原始图像的混合模式。

4．"Match Grain"

"Match Grain"（杂点匹配）特效用于匹配两个图像的噪波效果。此特效通过从一个添加了噪点的图像上读取噪点的信息，再添加到另一个图像上，完成两个图像的噪点效果的匹配，使用效果如图6-108所示。

图6-108　添加该特效的画面前后对比

5．"Median"

"Median"（中性）特效通过指定半径范围内的像素的色彩与亮度的平均值替换像素值，以此来去除噪波，数值较低时可减少杂点，数值较高可产生绘画效果，使用效果如图6-109所示。

图6-109　添加该特效的画面前后对比

6．"Noise"

"Noise"（噪波）特效可使画面增加细小杂点，并产生动态噪波效果，使用效果如图6-110所示。

7．"Noise Alpha"

"Noise Alpha"（Alpha噪波）用于为图像的"Alpha"通道添加噪波，使用效果如图6-111所示。

图6-110　添加该特效的画面前后对比

图6-111　添加该特效的画面前后对比

8．"Noise HLS"

"Noise HLS"（HLS噪波）特效根据图像的色相、亮度、饱和度来添加噪波，使用效果如图6-112所示。

9．"Noise HLS Auto"

"Noise HLS Auto"（自动HLS噪波）特效与"Noise HLS"类似，该效果可自动生成噪波动画。其参数与"Noise HLS"（HLS噪波）基本相同。

10．"Remove Grain"

"Remove Grain"（移除颗粒）特效用于去除噪波，移除画面杂点和颗粒。各项参数如图6-113所示。

图6-112　添加该特效的画面前后对比　　　　图6-113　"Remove Grain"的各项参数

● "Preview Region"（预览窗口）：通过其下参数对预览区域的大小、位置等进行设置。

● "Noise Reduction Settings"（噪波减少设置）：对噪波进行具体参数设置，设置去除程度。

- "Fine Tuning"（精细调谐）：对去噪进行材质、尺寸、色彩等的细节进行设置。
- "Temporal Filtering"（实时过滤）：对动态视频进行优化设置。
- "Unsharp Mask"（反锐化遮罩）：设置反锐化遮罩，增强像素边缘的对比，使画面更清晰。
- "Sampling"（采样）：设置采样情况和采样点的参数。
- "Blend with Original"（混合原始素材）：设置效果与原始图像的混合方式。

11．"Turbulent Noise"

Turbulent Noise 表示强烈噪波。"Turbulent"特效与"Fractal Noise"相似，并具有更高的渲染精度和细节设置。可直接用于创建灰度噪波纹理，也可模拟雾、云等自然效果，使用效果如图6－114所示。

图6-114　添加该特效的画面前后对比

6.2.13 "Obsolete"

"Obsolete"（旧版本）特效组包含的4个特效都是之前版本中存在的，这些特效不会再有大的更新，故划分到旧版本分组里。

1．"Basic 3D"

"Basic 3D"（基础三维）特效用于使画面实现简易的三维空间偏移效果，模拟画面在空间中的旋转、倾斜、水平或竖直的移动，使用效果如图6－115所示。

2．"Basic Text"

"Basic Text"（基本文字）特效用于为图像添加文字，并可对文字的字体、风格、对齐方式、颜色、描边、距离等进行设置，输入文字后，在特效栏中继续完成该特效的设置。各项参数如图6－116所示，使用效果如图6－117所示。

图6-115　添加该特效的画面前后对比　　　　图6-116　"Basic Text"的各项参数

- "Position"（位置）：设置文字。
- "Fill and Stroke"（填充和描边）：设置文字的填充和描边的外观显示、颜色、描边宽度。

- "Size"（尺寸）：设置文字的尺寸大小。
- "Tracking"（字间距）：设置文字间的距离。
- "Line Spacing"（行间距）：设置文字行与行间的距离。
- "Composite On Original"（合成到原始素材）：勾选此项将文本合成到原始素材画面上。

图6—117　添加该特效的画面前后对比

3．"Lightning"

"Lightning"（闪电）特效可对画面添加闪电的动画效果，使用效果如图6—118所示。

图6—118　添加该特效的画面前后对比

4．"Path Text"

"Path Text"（路径文字）特效可使添加的文字按照定义的路径进行排列和运动，输入文字，单击"OK"按钮后，在特效栏中继续完成该特效的设置。各项参数如图6—119所示，使用效果如图6—120所示。

图6—119　"Path Text"的各项参数

- "Information"（信息）：显示字体、文字长度、路径长度的信息。
- "Path Options"（路径选项）：设置路径类型、控制点、自定义路径、反转路径等参数。
- "Fill and Stroke"（填充和描边）：设置文字的填充和描边的外观显示、颜色、描边宽度。
- "Character"（文字）：设置文字的尺寸大小、缩进、字距、方向、水平倾斜角度、水平缩放、垂直缩放的参数。
- "Paragraph"（段落）：设置文字段落的排列方式、左右边距、行距、基线位移的参数。
- "Advanced"（高级）：对文字的显示字符、淡化时间、混合模式、抖动、基线最大抖动、字距最大抖动、旋转最大抖动、缩放最大抖动进行设置。
- "Composite On Original"（合成到原始素材）：勾选此项将文字合成到原始图像上。

图6-120　添加该特效的画面前后对比

6.2.14　"Perspective"

"Perspective"（透视）特效组用于在二维的图像中制作简单的三维环境下的效果。

1．"3D Glasses"

"3D Glasses"（立体眼镜）特效用于将透视面的左边和右边合并在一起，得到完整的3D透视效果，使用效果如图6-121所示。

2．"Bevel Alpha"

"Bevel Alpha"（Alpha导角）特效可以使"Alpha"通道边缘产生高光与阴影，通过二维的"Alpha"通道效果形成三维外观，此效果比较适合文本图像。各项参数如图6-122所示，使用效果如图6-123所示。

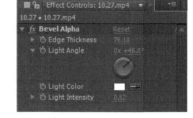

图6-121　添加该特效的画面前后对比　　　　图6-122　"Bevel Alpha"的各项参数

- "Edge Thickness"（边缘厚度）：设置立体效果的厚度。
- "Light Angle"（灯光角度）：设置光线照射角度。
- "Light Color"（灯光颜色）：设置光线的色彩。
- "Light Intensity"（灯光强度）：设置光线强度。

图6-123 添加该特效的画面前后对比

3. "Bevel Edges"

"Bevel Edge"（边缘导角）特效可使图像的边缘产生立体效果。只能对矩形的图像形状应用，不能应用在带有"Alpha"通道的图像上，使用效果如图6-124所示。

图6-124 添加该特效的画面前后对比

4. "CC Cylinder"

"CC Cylinder"（CC圆柱体）特效用于将图像模拟成一个三维卷曲的圆筒效果，如图6-125所示。

图6-125 添加该特效的画面前后对比

5. "CC Sphere"

"CC Sphere"（CC球体）特效可将图像模拟成三维圆球效果，如图6-126所示。

图6-126 添加该特效的画面前后对比

6. "CC Spotlight"

"CC Spotlight"（CC点光源）特效可为图像模拟聚光灯照射的效果，如图6-127所示。

图6-127　添加该特效的画面前后对比

7. "Drop Shadow"

"Drop Shadow"（投影）特效可在层的后面产生阴影制造投影效果。各项参数如图6-128所示，使用效果如图6-129所示。

图6-128　"Drop Shadow"的各项参数

- "Shadow Color"（阴影颜色）：设置阴影色彩。
- "Direction"（方向）：设置阴影方向。
- "Distance"（距离）：设置阴影距离。
- "Softness"（柔化）：设置柔化程度。
- "Shadow Only"（只有阴影）：在画面中只显示阴影。

图6-129　添加该特效的画面前后对比

8. "Radial Shadow"

"Radial Shadow"（放射状投影）特效模拟由光源产生的投影效果，产生从图像边缘向图像背后投射的放射形的阴影。

6.2.15 "Simulation"

1. "CC Ball Action"

Simulation表示模拟。"Simulation"（仿真）特效组可用制作气泡、粒子、破碎等仿真效果。"CC Ball Action"（CC小球粒子化）特效可使图像分裂为若干球形，使用效果如图6-130所示。

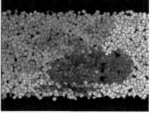

图6-130　添加该特效的画面前后对比

2．"CC Bubbles"

"CC Bubbles"（CC气泡效果）特效按照画面内容制造出相应数量、尺寸、位置的气泡效果，使用效果如图6-131所示。若用于为层添加气泡，则需复制一个相同层。

图6-131　添加该特效的画面前后对比

3．"CC Drizzle"

"CC Drizzle"（CC雨打水面效果）特效可模拟细雨滴落水面的涟漪效果，使用效果如图6-132所示。

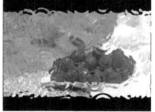

图6-132　添加该特效的画面前后对比

4．"CC Hair"

"CC Hair"（CC发丝）特效可为图像制造毛发式的显示效果，使用效果如图6-133所示。

图6-133　添加该特效的画面前后对比

5．"CC Mr.Mercury"

"CC Mr.Mercury"（CC仿水银流动）特效可模拟水银流动的效果，使用效果如图6-134所示。

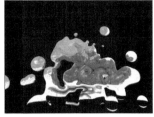

图6-134　添加该特效的画面前后对比

6．"CC Particle Systems Ⅱ"

"CC Particle Systems Ⅱ"（CC粒子系统Ⅱ）特效用于制造二维粒子运动，制作礼花、气泡等效果。

7．"CC Particle World"

"CC Particle World"（CC粒子世界）特效用于制造三维粒子运动，可在三维空间中控制粒子的运动。

8．"CC Pixel Polly"

"CC Pixel Polly"（CC像素多边形）特效用于制作画面破碎效果，使破碎的图像以不同的角度抛射移动。

9．"CC Rain"

"CC Rain"（CC下雨）特效用于为画面添加下雨效果。

10．"CC Scatterize"

"CC Scatterize"（CC发散粒子化）特效可将素材分散为粒子状，并能调整左右两侧的扭曲程度，以模拟被风吹散的效果。

11．"CC Snow"

"CC Snow"（CC下雪）特效用于为画面添加下雪效果。

12．"CC Star Burst"

"CC Star Burst"（CC星团）特效模拟太空星团效果。

13．"Card Dance"

"Card Dance"（卡片翻转）特效图像可将画面分割为规则的卡片形状，并对卡片进行动画设置，使之完成卡片翻转的动态效果，使用效果如图6-135所示。

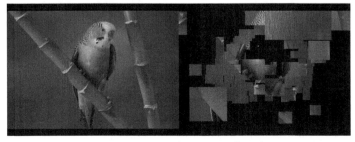

图6-135　添加该特效的画面前后对比

14．"Caustics"

"Caustics"（焦散）特效用于模拟焦散和折射效果，如水中折射、反射等自然效果，使用效果如图6－136所示。

图6－136　添加该特效的画面前后对比

15．"Foam"

"Foam"（泡沫效果）特效用于制造气泡效果，可对气泡形态、黏性、流动等进行控制，使用效果如图6－137所示。

16．"Particle Playground"

"Particle Playground"（粒子场）特效通过粒子系统来模拟雨雪、火和矩阵文字等，是常用的粒子动画效果。各项参数如图6－138所示。

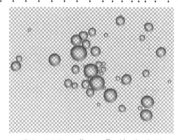

图6－137　"Foam"特效效果　　图6－138　"Particle Playground"的各项参数

17．"Shatter"

"Shatter"（粉碎）特效用于模拟粉碎爆炸的场景。通过设置爆炸的位置、力量、形状、半径等，控制爆炸场面的细节，使用效果如图6－139所示。

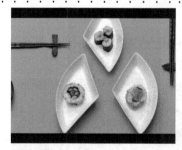

图6－139　添加该特效的画面前后对比

18．"Wave World"

"Wave World"（波形世界）特效用于制作液体波纹的效果，也可用于其他层的扭曲置换贴图来制作水下效果。

6.2.16 "Stylize"

"Stylize"（风格）风格化特效组用来模拟一些实际的绘画效果或为画面提供某种风格化效果。

1．"CC Burn Film"

"CC Burn Film"（CC胶片烧灼）特效可使图像产生烧灼效果，使用效果如图6－140所示。

2．"CC Glass"

"CC Glass"（CC玻璃）特效可使图像产生被玻璃笼罩的效果，使用效果如图6－141所示。

图6－140　添加该特效的画面前后对比

图6－141　添加该特效的画面前后对比

3．"CC Kaleida"

"CC Kaleida"（CC万花筒）特效可使图像呈现出万花筒似的观看效果，使用效果如图6－142所示。

图6－142　添加该特效的画面前后对比

4．"CC Mr.Smoothie"

"CC Mr.Smoothie"（CC像素溶解）特效可使图像产生类似于版画的效果，使用效果如图6－143所示。

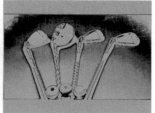

图6—143　添加该特效的画面前后对比

5．"CC RepeTile"

"CC RepeTile"（CC叠印）特效可使图像产生多种方式的叠印效果。

6．"CC Threshold"

"CC Threshold"（CC阈值）特效用于画面分色，当像素值高于阈值的转化为白色，低于阈值的转化为黑色。

7．"CC Threshold RGB"

"CC Threshold RGB"（CC阈值RGB）特效用于画面的RGB分色，画面像素亮度高于所设置的阈值时，将转化为红色、绿色、蓝色，当低于阈值时则转化为黑色。

8．"Brush Strokes"

"Brush Strokes"（画笔描边）特效图像可以使图像产生类似水彩画效果，使用效果如图6—144所示。

图6—144　添加该特效的画面前后对比

9．"Cartoon"

"Cartoon"（卡通）特效可将图像模拟为实色填充或线描的绘画效果，使用效果如图6—145所示。

图6—145　添加该特效的画面前后对比

10．"Color Emboss"

"Color Emboss"（彩色浮雕）特效使图像产生彩色的浮雕效果，使用效果如图6—146所示。

11．"Emboss"

"Emboss"（浮雕效果）与"Color Emboss"类似，参数项目相同，只是本特效不对中间的彩色像素应用，只对边缘应用，使用效果如图6-147所示。

12．"Find Edges"

"Find Edges"（查找边缘）通过强化过渡像素产生彩色线条，使用效果如图6-148所示。

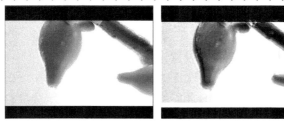

图6-146　添加该特效的画面前后对比

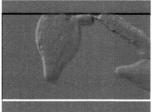

图6-147　添加该特效的画面前后对比

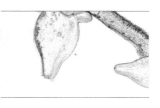

图6-148　添加该特效的画面前后对比

13．"Glow"

"Glow"（辉光）效果特效经常用于图像中的文字和带有"Alpha"通道的图像，产生发光效果。各项参数如图6-149所示。

图6-149　"Glow"的各项参数

- "Glow Based on"（发光依据）：选择发光作用于哪个通道。
- "Glow Threshold"（发光阈值）：定义高于哪个亮度值的像素产生发光。
- "Glow Radius"（发光半径）：设置发光半径。
- "Glow Intensity"（发光密度）：设置发光密度。
- "Composite Original"（和原图像混合）：设置与原始素材的混合比例。
- "Glow Operation"（发光模式），设置与原始素材的混合模式。
- "Glow Colors"（发光颜色）：选择发光颜色。
- "Color Looping"（颜色循环）：设置发光色彩的循环方式。
- "Color Loops"（颜色循环）：设置光色的循环。
- "Color Phase"（颜色相位）：设置循环光的相位变化。
- "A&B Midpoint"（颜色A和B的混合百分比）：设置色光强度的偏移。
- "Color A"（选择颜色A）：指定A色光的颜色。
- "Color B"（选择颜色B）：指定B色光的颜色。
- "Glow Dimensions"（发光作用方向）：指定发光效果的作用方向。

14．"Mosaic"

"Mosaic"（马赛克）特效使画面产生马赛克效果，使用效果如图6－150所示。

图6—150　添加该特效的画面前后对比

15．"Motion Tile"

"Motion Tile"（运动分布）特效可在同屏画面中显示多个相同的画面，使用效果如图6－151所示。

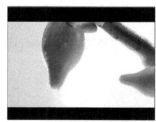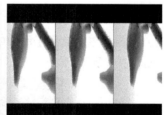

图6—151　添加该特效的画面前后对比

16．"Posterize"

"Posterize"（色调分离）特效设定图像中每个通道的色调值或亮度值的数目，将这些像素映射到最接近的匹配色调上，拓展片段像素的颜色，使用效果如图6－152所示。

17．"Roughen Edges"

"Roughen Edges"（边缘粗糙化）特效可以模拟腐蚀的纹理或融解效果，使用效果如图6－153所示。

图6-152　添加该特效的画面前后对比

图6-153　添加该特效的画面前后对比

18．"Scatter"

"Scatter"（扩散）特效中，像素被随机分散，产生一种透过毛玻璃观察物体的效果，使用效果如图6-154所示。

图6-154　添加该特效的画面前后对比

19．"Strobe Light"

"Strobe Light"（闪光灯）特效是一个随时间变化的效果，在一些画面中间不断地加入一帧闪白、其他颜色或应用一帧层模式，然后立刻恢复，使连续画面产生闪烁的效果，可以用来模拟电脑屏幕的闪烁或配合音乐增强感染力。

20．"Texturize"

"Texturize"（纹理化）特效可以应用其他层对本层产生浮雕形式的贴图效果，使用效果如图6-155所示。

图6-155　添加该特效的画面前后对比

21． "Threshold"

"Threshold"（阈值）特效可将一个灰度或色彩图像转换为高对比度的黑白图像，使用效果如图6－156所示。

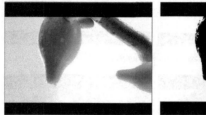

图6－156　添加该特效的画面前后对比

6.2.17 / "Synthetic Aperture"

"SA Color Finesse"（SA颜色技巧）特效是一款专门调整画面颜色的特效。各项参数如图6－157所示。

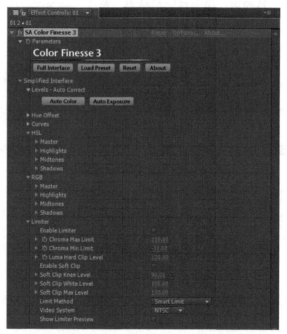

图6－157　"SA Color Finesse"的各项参数

● "Full Interface"（全部窗口）：单击该按钮，显示完整的效果调节界面。

● "Load Preset"（预置）：使用预置。

● "Reset"（重置）：单击该按钮重置参数。

● "About"（关于）：单击该按钮查看特效说明。

● "Levels-Auto Correct"（色阶自动调整）：在该参数栏中可对颜色和曝光进行自动调整。

● "Hue Offset"（色相偏移）：选择所需色相，设置偏移值。

- "Curves"（曲线）：在曲线图上调整色彩通道数值。
- "HSL"：调整HSL中的暗部、中间调和亮部。
- "RGB"：调整RGB的整体、暗部、中间调和亮部。
- "Limiter"（限制）：对各项参数指标进行限定，防止参数超标。

6.2.18 "Text"

"Text"（文本）效果用来产生重叠的文字、数字（编辑时间码）、屏幕滚动和标题等。

1. "Numbers"

"Numbers"（数字效果）特效可以产生相关的数字，可以编辑时间码、十六进制数字、当前日期等，并且可以随时间变动刷新或者随机乱序刷新，使用效果如图6-158所示。

图6-158　添加该特效的画面前后对比

2. "Timecode"

"Timecode"（时间码）特效能为后期制作提供时间依据，以及利用渲染输出后的其他方面的制作，如配音、加入三维动画等，使用效果如图6-159所示。

图6-159　添加该特效的画面前后对比

6.2.19 "Time"

"Time"（时间）特效组提供多个与时间相关的特技效果。

1. "CC Force Motion Blur"

"CC Force Motion Blur"（CC强制运动模糊）特效通过混合中间帧为画面强制添加运动模糊效果。

2. "CC Time Blend"

"CC Time Blend"（CC时间融合）特效用于制作带有动态模糊的帧融合效果和重影效果的特效。

3．"CC Time Blend FX"

"CC Time Blend FX"（CC时间融合FX）特效用于制作自定义的帧融合。

4．"CC Wide Time"

"CC Wide Time"（CC时间混合）特效将多个帧的画面进行混合，能够强化固定背景下的运动显示，实现多重的帧融合效果。

5．"Echo"

"Echo"（重影）特效类似于声音效果里的回声效果，可以营造一种虚幻的感觉。而且，延续的画面可以比原画面早。"Echo"效果针对包含运动的画面，而且忽略遮罩和以前应用的特技效果，使用效果如图6－160所示。

图6－160　添加该特效的画面效果

6．"Posterize Time"

"Posterize Time"（抽帧）特效可以将当前正常的播放速度调制到新的播放速度，但播放时长不变。如果低于标准速度，会产生跳跃现象。

7．"Time Difference"

"Time Difference"（时间差）特效通过对比两个层之间的像素差异产生特效效果，并可设置目标层延迟或提前播放，使用效果如图6－161所示。

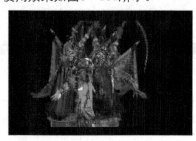

图6－161　添加该特效的画面效果

8．"Time Displacement"

"Time Displacement"（时间替换）特效可以在同一画面中反映出运动的全过程。应用的时候要设置映射层，然后基于图像的亮度值，将图像上明亮的区域替换为几秒钟以后该点的像素。

9．"Timewarp"

"Timewarp"（时间扭曲）特效能够根据像素运动、帧融合及所有的帧进行时间画面扭曲，使前几秒的画面或后几秒的画面出现在当前时间位置上。

6.2.20 "Transition"

"Transition"（转场）特效组包含一系列的转场效果，Adobe After Effects CS5提供的转场效果比Adobe Premiere Pro要少一些。在Adobe Premiere Pro中的转场作用在两个镜头之间的，而在Adobe After Effects CS5中转场作用在某一层图像上。

1．"Block Dissolve"

"Block Dissolve"（块面溶解）特效能随机产生板块溶解图像的效果，使用效果如图6—162所示。

图6—162 添加该特效的画面前后对比

2．"CC Glass Wipe"

"CC Glass Wipe"（CC玻璃擦除）特效用于产生一种类似于玻璃熔化的切换效果。

3．"CC Grid Wipe"

"CC Grid Wipe"（CC网格擦除）特效使用纺锤形网格来切换画面，如图6—163所示。

图6—163 添加该特效的画面前后对比

4．"CC Image Wipe"

"CC Image Wipe"（CC图像擦除）特效使用一个层来控制切换的变化程度。

5．"CC Jaws"

"CC Jaws"（CC锯齿）特效用于实现画面的锯齿状过渡，如图6—164所示。

图6—164 添加该特效的画面前后对比

6．"CC Light Wipe"

"CC Light Wipe"（CC光源过渡）特效通过边缘加光的形式切换画面。

7．"CC Radial ScaleWipe"

"CC Radial ScaleWipe"（CC圆孔过渡）特效通过边缘扭曲的圆孔切换画面，如图6－165所示。

图6－165　添加该特效的画面前后对比

8．"CC Twister"

"CC Twister"（抽动）特效以扭转抽离的形式完成画面切换。

9．"Card Wipe"

"Card Wipe"（卡片擦除）特效通过模拟独立的摄像机、灯光、材质系统，产生多种拆分图像的切换效果，使用效果如图6－166所示。

图6－166　添加该特效的画面前后对比

10．"Gradient Wipe"

"Gradient Wipe"（渐变擦拭）特效是依据两个层的亮度值进行的，其中一个层叫渐变层"Gradient Layer"，用它进行参考，使用效果如图6－167所示。

图6－167　添加该特效的画面前后对比

11．"Iris Wipe"

"Iris Wipe"（辐射擦拭）特效以辐射状变化显示下面的画面，可以指定作用点、外半径及内半径来产生不同的辐射形状辐射中心位置，使用效果如图6－168所示。

图6-168　添加该特效的画面前后对比

12.　"Linear Wipe"

"Linear Wipe"（线性擦拭）特效形成从某个方向的擦拭效果，画面效果和素材的质量有很大关系，在草稿质量下，图像边界的锯齿会较明显，最高质量下，经过反锯齿处理边界会变得平滑。利用此特效，可以扫出层中遮罩的内容，使用效果如图6-169所示。

图6-169　添加该特效的画面前后对比

13.　"Radial Wipe"

"Radial Wipe"（径向擦拭）特效通过旋转完成画面过渡，使用效果如图6-170所示。

图6-170　添加该特效的画面前后对比

14.　"Venetian Blinds"

"Venetian Blinds"（百叶窗）特效的过程类似百叶窗的开合，使用效果如图6-171所示。

图6-171　添加该特效的画面前后对比

6.2.21　"Utility"

"Utility"（实用）特效用于素材的颜色转换，对HDR格式的文件提供了支持。

1．"Apply Color LUT"

"Apply Color LUT"（应用色彩LUT）特效用于素材画面的色彩调整，应用此特效之后会弹出对话框，在对话框内选择相应的LUT文件即可完成调色操作。

2．"Cineon Converter"

"Cineon Converter"（胶片转换）特效主要应用标准线性到曲线对象的转换，使Cineon文件适应Adobe After Effects CS5处理。

3．"Color Profile Converter"

"Color Profile Converter"（色彩特征描述转换）特效对图像的彩色轮廓进行转换，匹配为其他的色调效果。

4．"Grow Bounds"

"Grow Bounds"（范围增长）特效用于增加层中画面周边像素的折回边缘。

5．"HDR Compander"

"HDR Compander"（HDR压缩扩展）特效使用不支持HDR的工具进行HDR影片无损处理。HDR压缩扩展效果能够将高动态范围图像高光值（HDR）压缩到低动态范围（LDR）图像中。

6．"HDR Highlight Compression"

"HDR Highlight Compression"（HDR高光压缩）特效用来压缩画面中的高光区域。

6.3 本章习题

一、选择题

1．Adobe After Effects CS5中哪个音频特效可产生回声效果_____（单选）

  A．"Backwards"（倒播）   B．"High—Low Pass"（高通—低通）

  C．"Delay"（延迟）   D．"Bass & Treble"（低音和高音）

2．模拟雾、云、流水等效果，应该使用下列哪个特效完成_____（单选）

  A．"Radio Waves"（音频波形） B．"Add Grain"（添加杂点）

  C．"Match Grain"（杂点匹配） D．"Fractal Noise"（分形噪波）

3．以下哪些效果为Adobe After Effects CS5可以实现的自动调色效果_____（单选）

  A．"Auto Levels"（自动色阶）

  B．"Brightness & Contrast"（亮度和对比度）

  C．"Change Color"（转换色彩）

  D．"Channel Mixer"（通道混合）

二、上机练习

自选视音频及图片素材，使用特效组制作特效动画。

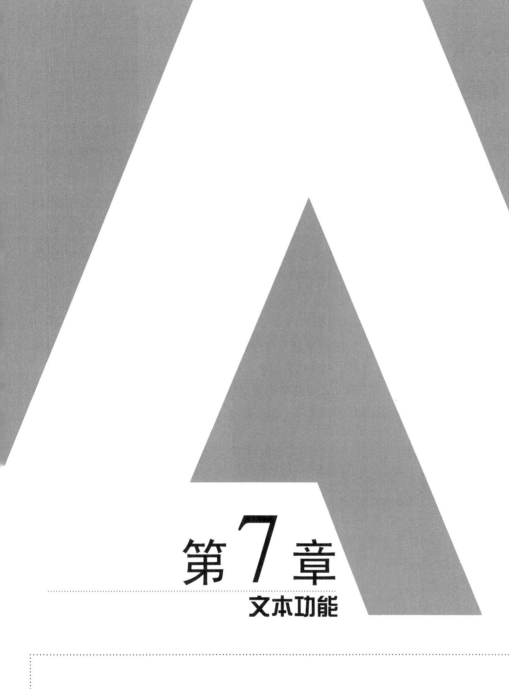

第7章
文本功能

文本的创建与加工是影视后期制作中的一项重要内容。对原始画面添加文本，可用于画面内容的注释补充，信息的传达以及标题的展示。另外，文本内容的添加、文本动画的制作也是丰富画面语言的重要手段。Adobe After Effects CS5提供了强大的文本编辑工具及丰富灵活的文本动画制作功能。

学习目标

- 掌握文本的创建与修饰修改
- 掌握创作文本源动画的方法
- 利用Animator Groups制作文字动画
- 利用Effects & Presets创建文本动画

7.1 创建和编辑文本

在Adobe After Effects CS5中，文字层的创建不需要源素材，可以直接在合成之上进行创建。添加的文本分为点文本和段落文本两大类型。点文本是指以行为单位的文本，即输入的每行文字都是独立操作的；而段落文本则指输入一个段落或多个段落的文字。

7.1.1 创建点文本

Adobe After Effects CS5为文本的创建提供了多种方法，合成窗口、时间线窗口、菜单选项三个面板均能实现文本内容的添加。创建点文本有以下三种方法。

1. 使用"Tool"工具创建文本

使用"Tool"工具创建文本的操作步骤如下。

（1）找到"Tool"（工具）工具箱面板，如果界面中没有此面板的显示，选择"Window"（窗口）＞"Tools"（工具）命令将其调出。

（2）鼠标左键拖曳"Tool"（工具）工具箱中的文本按钮 T，可展开按钮选项栏，如图7-1所示。根据需要可单击按钮 T 选择横向文本，创建水平方向的文本或单击按钮 IT 选择纵向文本，创建垂直方向的文本。

图7-1 "Tool"（工具）面板

（3）在"Composition"（合成）窗口中单击鼠标左键，光标变为 I，此时为文字输入状态，录入文字即可，如图7-2所示。此时时间线窗口的层列表中将相应地添加一个文本层，如图7-3所示。

图7-2 在合成窗口录入文字

图7-3 在合成窗口创建文本

2．使用命令创建文本

使用命令创建文本的操作步骤如下。

（1）在时间线窗口的空白处单击右键，在弹出的快捷菜单中选择"New"（新建）>"Text"（文本层）命令，如图7-4所示或者选择"Layer"（层）>"New"（新建）>"Text"（文本）命令。该命令的快捷键为"Ctrl + Alt + Shift + T"。使用命令后，时间线窗口的层列表中将自动添加一个"Text"（文字）层。

图7-4　在时间线窗口创建文本

（2）在"Composition"（合成）窗口中单击鼠标，光标变为 ，录入文字即可。

3．使用特效创建文本

使用特效创建文本的操作步骤如下。

（1）在时间线窗口中选中欲添加文本的层。

（2）选择"Effect"（特效）>"Obsolete"（旧版本）>"Basic Text"（基本文字）/"Path Text"（路径文字）命令，为该层添加文本特效。两个文本滤镜均会弹出相应的对话框，如图7-5、图7-6所示，在对话框的文字输入区输入文字即可。

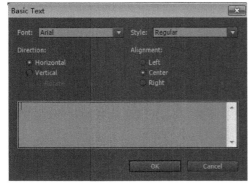

图7-5　"Basic Text"特效文字输入框

图7-6　"Path Text"特效文字对话框

7.1.2 ／ 创建段落文本

段落文本的创建与点文本的创建基本相同，略有差异的是，在选择文字工具按钮 **T** 后，先要在合成窗口中拖曳鼠标左键，划出一个边框，此边框作为限定文本输入范围的边线框，如图7－7所示。然后在文本框内录入文字即可。文字内容的长宽均不会溢出文本框范围。如果文本框不能显示所有的文字内容，则文本框的边角会出现溢流标记 。

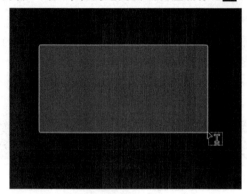

图7－7　合成窗口中拖曳鼠标划出文本框

7.1.3 ／ 将Photoshop中的文字转换为文本层

Adobe After Effects CS5 可以支持Photoshop文件中的段落本文和路径文本，可以将Photoshop中的文字层以原有的风格导入，并可转换为具有可编辑性的文本层。

将Photoshop中的文字转换为文本层的操作步骤如下。

（1）将Photoshop格式文件导入Adobe After Effects CS5中，并将其添加到时间线窗口，成为层。

（2）选中该层，选择"Layer"（层）＞"Convert To Enable Text"（转化为可编辑文字），即可转换为文字层。

（3）转化之后可使用文字工具对文本进行再次编辑。

> **经验**
>
> 如果Photoshop文件以合并层的方式导入到After Effects中，则需要文件放入时间线窗口后，选择"Layer"（层）＞"Convert To Layered Comp"（转化为合并层）命令，将该层分解为多层，再转化为文字层的操作。如果Photoshop文件中包含层风格，则需要在转化为文字层前先将层风格转换为可编辑的层风格，选择"Layer"（层）＞"Layer Styles"（层风格）＞"Convert"（转换）命令。

7.2 格式化字符与段落

创建文本后，为了画面的美观和整齐，常常需要对文本进行格式化处理，　Adobe After

Effects CS5提供了"Character"（字符）面板、"Paragraph"（段落）面板以及"Line Join"（边线转角）命令来实现字符与段落的格式化。

7.2.1 / 在"Character"面板中调整字符

选择"Window"（窗口）>"Character"（字符）命令，打开"Character（字符）"面板，如图7-8所示。此面板中可对字体、字号、颜色、间距、描边、比例、基线等进行设置。

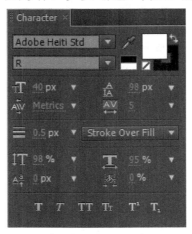

图7-8　Character面板

"Character"（字符）面板各设置内容如下。

Adobe Heiti Std	单击三角按钮展开字体的下拉菜单，指定文字字体。
R	单击三角按钮展开风格的下拉菜单，选择字体的字型。
（颜色框图）	在前后两个颜色框中分别指定文字字体和描边颜色。单击右上角的双向箭头，可以交换字体颜色和描边颜色；使用左上角的吸管工具可以吸取工作界面上的颜色。

（T图）	设置字体的大小	（IA图）	设置行距大小
（AV图）	设置空格大小	（AV图）	设置字间距大小
（描边 0.5 px Stroke Over Fill）		设置文字描边线条的粗细，在右边的下拉列表中选定描边的模式。	
（IT图）	调整垂直方向上的缩放	（T图）	调整水平方向上的缩放
（A³图）	设置文字偏移基线的大小	（图）	设置比例间距

（T图）	将字体加粗	（T图）	将字体改为斜体	（TT图）	英文字母大写
（Tr图）	区分大小写	（T¹图）	将文字设为上标	（T₁图）	将文字设为下标

7.2.2 在"Paragraph"面板中调整段落文本

选择"Window"（窗口）>"Paragraph"（段落）命令，即可打开"Paragraph"（段落）面板，如图7-9、图7-10所示。该面板用于设置对齐方式和文本缩进。

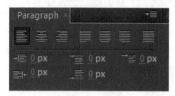

图7-9　Paragraph面板（横排文本）

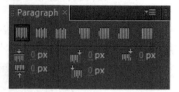

图7-10　Paragraph面板（垂直文本）

1. 文本对齐

"Paragraph"（段落）面板中提供了7种段落文本的对齐方式，此设置对于点文本和段落文本都适用。

（1）横排文本的对齐（从左到右依次排列）：

- ▦ 水平文本左对齐，右不对齐。
- ▦ 水平文本居中对齐，两侧不对齐。
- ▦ 水平文本右对齐，左侧不对齐。
- ▦ 水平文本行两端对齐，最后一行为左对齐。
- ▦ 水平文本行两端对齐，最后一行为居中对齐。
- ▦ 水平文本行两端对齐，最后一行为右对齐。
- ▦ 水平文本行两端对齐，最后一行强制对齐。

（2）垂直文本的对齐：

- ▦ 垂直文本上对齐，下不对齐。
- ▦ 垂直文本居中对齐，上下不对齐。
- ▦ 垂直文本下对齐，上不对齐。
- ▦ 垂直文本行两端对齐，最后一行为上对齐。
- ▦ 垂直文本行两端对齐，最后一行为居中对齐。
- ▦ 垂直文本行两端对齐，最后一行为下对齐。
- ▦ 垂直文本行两端对齐，最后一行强制对齐。

2. 文本缩进

文本缩进就是设置段落缩进量，用来编辑文字和文本框或包含文字的行之间的距离。"Paragraph"（段落）面板中提供了7种段落文本的缩进，如图7-11、图7-12所示。

图7-11　横排文本缩进

图7-12　垂直文本缩进

从左到右依次是：

- 段落文本的左（或上）缩进量。

- 设置段落文本的右（或下）缩进量。
- 设置段落文本第一排的缩进量。
- 设置段落文本中，本段落和前一段落间隔的大小。
- 设置段落文本中，本段落和后一段落间隔大小。

7.2.3 设置文本转角类型

为了使文字更加美观，"Character"（字符）面板中还提供了一个名为"Line Join"（边线转角）的命令，此功能可用来修饰文本的边线，使文本的边线产生尖角、圆角、平角的显示效果。

打开"Character"（字符）面板，在面板的右上角单击弹出式菜单按钮 ，如图7－13所示。在弹出快捷菜单中选择"Line Join"（边线转角）>"Miter/Round/Bevel"（尖角/圆角/平角）命令，即完成文本转角类型的选择，效果如图7－14所示。

图7－13　Character面板的弹出式菜单

图7－14　依次为尖角、圆角、平角三种类型

7.3　编辑文本层

在文本层的调整过程中，不可避免地需要对一些不尽人意的文字内容、文本方向等进行修改。

7.3.1 替换、删除、添加字符

替换、删除、添加文字只需在时间线窗口双击该文字层或在"Composition"（合成）窗口中双击文本内容，即可进入到文字编辑状态，替换、删除、添加字符即可。

7.3.2 / 改变文本方向

"Tool"工具箱提供了文字的水平录入和垂直录入功能,在录入文字后仍可以对文字方向进行更改,将水平文本更改为垂直方向或垂直文本更改为水平方向。

改变文本方向的操作步骤如下。

(1) 在"Timeline"(时间线)窗口中选择欲更改的文本层。

(2) 在工具箱中选择"文字工具" T。

(3) 在"Composition"(合成)窗口中的任意位置单击鼠标右键,在弹出的快捷菜单中选择"Horizontal"(水平)命令或"Vertical"(垂直)命令,即可转换为水平文本或垂直文本,如图7－15、图7－16所示。

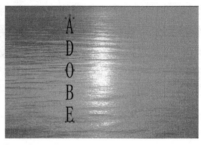

图7－15　将水平方向的点文本更改为垂直方向

图7－16　将垂直方向的段落文本更改为水平方向

> **注意**
>
> 此功能用于段落文本的方向转换时,只改变文字方向,而不对文本框起作用。

7.3.3 / 转换段落文本或点文本

几个点文本转换为段落文本可以实现几个文本的同时调整;而段落文本转换为点文本则可实现段落文本的局部调整。

转换段落文本或点文本的操作步骤如下。

(1) 在"Timeline"(时间线)窗口的层列表中选择文本层。

(2) 在工具箱中选择"文字工具" T。

(3) 在"Composition"(合成)窗口中的任意位置单击右键,在弹出的快捷菜单中选择"Convert To Paragraph Text"(转换为段落文本)命令或"Convert To Point Text"(转换为点文本)命令,即可实现段落文本或点文本。

7.3.4 使用"Tate-Chuu-Yoko"命令

将垂直文本中的一部分改为水平文本，尤其多用于双字节字符的使用。如垂直文本中的年月日字样，其中数字会以横向呈现，有悖于中文的阅读习惯，如图7-17所示，这时就需要对数字进行方向的变换。

对数字进行方向变换的操作步骤如下。

(1) 在"Timeline"（时间线）窗口中双击文本层，进入编辑模式。

(2) 在"Composition"（合成）窗口中，选中数字字符"10"，如图7-18所示。

(3) 单击字符面板右上角处的弹出式菜单按钮，在弹出的快捷菜单中选择"Tate-Chuu-Yoko"命令，此时数字"10"更改为纵向，如图7-19所示。

图7-17 垂直文本中的数字

图7-18 选中数字部分"10"

图7-19 "Tate-Chuu-Yoko"命令更改数字方向

图7-20 "Standard Vertical Roman Alignment"命令更改数字方向

> **提示**
>
> 在字符调板的弹出式菜单中有"Standard Vertical Roman Alignment"（标准垂直罗马对齐）一项，此项也是转换数字方向的命令，其使用方法与"Tate-Chuu-Yoko"命令相同，但不同于"Tate-Chuu-Yoko"命令的是，由它调节后的数字以单个字符的形式出现，如图7-20所示。

7.4 文本动画制作

Adobe After Effects CS5为文本层提供了强大的动画制作手段，能够实现丰富、复杂的文本动画效果。除了"Transform"（变换）属性动画外，文字层还可实现独特的"Source Text"

（源文本）动画、"Path Option"（路径选项）动画，以及更为丰富的"Animation Text"（文本动画）。

7.4.1 / 基础属性动画

文本层的展开属性栏中除了基本属性"Transform"（变换）外，还包含文本层独有的"Text"（文本）属性栏，如图7—21所示。

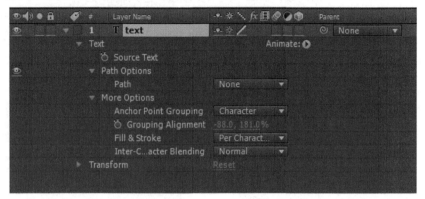

图7—21 文本层属性栏

"Text"属性栏各参数如下。

● "Source Text"（源文本）：为此项添加关键帧可制作源文本动画，就是使源文字发生变化从而制作文字变化的动画效果。

● "Path Options"（路径选项）：在"Path"（路径）中选择路径。

● "More Options"（更多选项）：在其下参数中对文字参数进行进一步设置。

● "Anchor Point Grouping"（定位点群组）：选择定位点的范围。包括"Character"（字符）、"Word"（语句）、"Line"（行）、"All"（全部）。

● "Grouping Alignment"（分组排列）：设置文本的分组排列。

● "Fill & Stroke"（填充和描边）：设置文字层的填充和描边的区域。包括"Per Character"（字符面板）、"All Fills Over All Strokes"（全部填充覆盖全部描边）和"All Strokes Over All Fills"（全部描边覆盖全部填充）。

● "Inter-Character Blending"（字符间混合）：选择字符间的混合模式。

1．"Source Text"动画

"Source Text"（源文本）属性只具备一个关键帧自动记录器，该关键帧能够控制"Character"（文本）面板和"Paragraph"（段落）面板，可对文本这两个面板中的参数进行动画设置，如文本颜色、字体、间距等。也可以制作打字机似的逐字递加出现的动画。

（1）制作文本颜色动画的操作步骤如下。

①单击"Source Text"名称左侧的关键帧自动记录器，建立初始关键帧。

②再将时间线指针向后拖动一段时间，在"Character"面板中单击字体颜色按钮，如图7—22所示。在弹出的"Text Color"（文本颜色）对话框中选择欲变换的颜色，"Source Text"将自动添加该处关键帧，如图7—23所示。完成文本颜色动画，效果如图7—24所示。

图7-22　单击"Character"面板字体颜色按钮

图7-23　添加更改颜色的关键帧

图7-24　改变文本颜色动画

（2）制作文本逐个出现动画。为"Source Text"属性的添加数个关键帧，让每个关键帧对应的字符逐字递加，即可制作出类似于打字机逐个打字的效果。效果如图7-25所示。

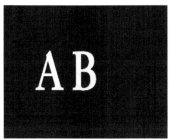

图7-25　字符逐字递加动画

2．"Path Option"动画

"Text"属性栏中的"Path Option"（路径选项）可用于为文本制作路径动画，使文本沿绘制的"Mask"（遮罩）形状进行排列与运动。操作步骤如下。

（1）在"Path Option"（路径选项）名称右侧的下拉菜单中选择遮罩，如"Mask1"，如图7-26所示。此时，文本将沿遮罩路径排列，如图7-27所示。

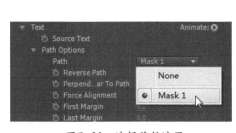

图7-26　选择路径遮罩　　　　图7-27　文本沿遮罩形状排列

（2）再根据所需设置"Path Option"下的其他参数，每个参数都可以通过添加关键帧来控制动画效果。

- "Reverse Path"（反转路径）：当选择"On"（开启）时，路径上的文本将被翻转；选择"Off"（关闭）则反之。
- "Perpendicular To Path"（垂直于路径）：控制文本是否垂直于路径。
- "Force Alignment"（强制对齐）：控制文本是否与路径两端对齐。
- "First Margin"（首缩）：设置首字母的缩进量。
- "Last Margin"（尾缩）：设置尾字母的缩进量。

7.4.2 / "Animate"系统

文本层"Text"（文本）具有独特的"Animate"（动画）系统，可为文本层的字符添加基本变换、填充颜色、字体轮廓、字行距、字符偏移等属性动画，完成多种动画效果。

1. 选择文本动画类型

单击文本层"Text"（文本）属性右侧"Animate"（动画）三角按钮，在弹出的快捷菜单选择欲添加的文本动画类型，如图7－28所示。

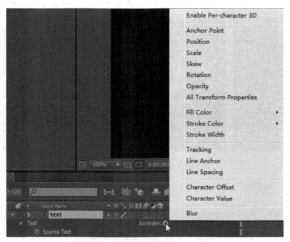

图7－28　Animate文字动画属性栏

"Animate"（动画）按钮下的快捷菜单内容如下。

- "Enable Pre-character 3D"（将字符转换为三维模式）：能够将每个字符转换成三维属性。
- "Anchor Point"（锚点）：制作锚点的位置动画。
- "Position"（位置）：制作文本位置动画。
- "Scale"（缩放）：制作文本缩放动画。
- "Skew"（倾斜）：制作文本的倾斜度动画。
- "Rotation"（旋转）：制作文本的旋转动画。
- "Opacity"（不透明度）：制作文本的不透明度动画。
- "All Transform Properties"（所有种子属性）：单击则在"Range Selector"中弹出"Anchor Point"（锚点）、"Position"（位置）、"Scale"（缩放）、"Skew"（倾斜）、"Skew Axis"（倾斜轴）、"Rotation"（不透明度）参数。

● "Fill Color"（填充颜色）：制作文本的填充颜色动画。包括"RGB"（RGB 颜色）、"Hue"（色相）、"Saturation"（饱和度）、"Brightness"（亮度）和"Opacity"（不透明度）。

● "Stroke Color"（色彩）：制作文本边线的色彩动画。

● "Stroke Width"（边宽）：制作文本边线的宽度动画。

● "Tracking"（字距）：制作设置文本间的字距动画。

● "Line Anchor"（行基线）：制作行基线动画。

● "Line Spacing"（行间距）：制作行间距动画。

● "Character Offset"（字符偏移）：制作字符偏移量动画。

● "Character Value"（字符数值）：制作字符的数值动画。

● "Blur"（模糊）：制作文字的模糊动画。

2．设置文本动画选区范围

添加"Animate"（动画）后，文本层的属性栏中将自动生成相对应的"Animator 1/2/3"（动画1/2/3）属性栏，如图7－29所示（该图是为文本层添加"Animate"＞"Position"所显示的"Animator 1"属性栏）。其下包含"Range Selector"（范围控制器）以及添加的"Animate"选项（见图7－28中的"Position"）。"Range Selector"（范围控制器）以字符为单位或以百分比的形式选取字符，用于设置选区范围，动画效果将对该选区内的文本起作用，另外，可通过"Advanced"（高级）中的各项参数对选区进行进一步控制。

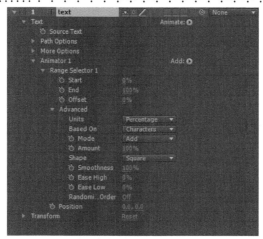

图7－29　为文本添加"Position"动画所显示的"Animator"属性栏

"Animator"的各项参数如下。

● "Start"（开始）：设置开始的百分比。

● "End"（结束）：设置结束的百分比。

● "Offset"（偏移）：设置偏移的百分比。

● "Units"（单位）：设置单位。包括"Percentage"（百分比）和"Index"（索引）。

● "Based On"（基准）：选择效果应用的对象。包括"Characters"（字符）、"Characters Excluding Space"（字符间隔）、"Words"（语句）和"Line"（行）。

● "Mode"（模式）：选择模式。包括"Add"（相加）、"Subtract"（相减）、"Intersect"（相交）、"Min"（最小）、"Max"（最大）和"Difference"（差值）。

- "Amount"（数量）：设置数量百分比。

- "Sharp"（外形）：设置外形。包括"Square"（矩形）、"Ramp UP"（向上渐变）、"Ramp Down"（向下渐变）、"Triangle"（三角形）、"Round"（圆形）和"Smooth"（平滑）。

- "Smoothness"（平滑）：设置平滑百分比。

- "Ease High"（放高）：设置放高百分比。

- "Ease Low"（放低）：设置放低百分比。

- "Randomize Order"（随机顺序）：单击变为"On"（开启）状态时，其下增加"Random Seed"（随机种子）设置种子数量。

3. 使用"Add"（添加动画）选项

单击"Animator 1/2/3"（动画1、2、3）名称右侧的"Add"（添加）三角按钮，将显示"Property"（属性）菜单和"Selector"（选取）菜单，如图7-30所示。这两个菜单中的命令将作用于所处的"Animator"属性层。

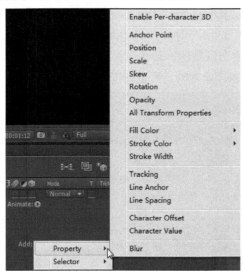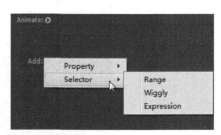

图7-30　单击"Add"按钮展开"Property"和"Selector"菜单

"Property"（属性）菜单内容与"Animate"（动画）按钮下的快捷菜单内容相同。

"Selector"（选取）菜单用来控制动画的影响范围，起到蒙版的作用。"Selector"（选取）中提供了三种选取项目：

- "Range"（范围）：是"Selector"（选取）的默认项。每个新增的"Animate Groups"都会自动生成一个"Range Selector"（范围控制器）参数栏。

- "Wiggly"（随机选取）：根据设置的参数随机计算选取字符，生成随机动画效果。

- "Expression"（表达式选取）：通过编写表达式选取字符，是一种高级选择方式。

> ⚙ **提示**
>
> 　　一个文本层中可以添加多个"Animator"，对应生成"Animator"属性栏；每个添加的"Animator"中又可通过"Add"（添加）按钮添加多个"Property"和"Selector"控制参数。

7.4.3 / 使用文字动画预置

Adobe After Effects CS5具有非常强大的特效处理功能，其中特效预置功能更是为用户提供了丰富、快捷的特效制作手段。打开"Effects & Presets"（特效&预置）> "Text"（文本）或在"Effects & Presets"（特效与预置）面板中，就能够找到Adobe After Effects CS5中预置的大量的文字动画效果，可从中直接选取应用于文字层上，如图7-31所示。

图7-31 "Effects & Presets"面板中的文本特效预置

> **提示**
>
> Adobe After Effects CS5中预置的文字动画效果存储的是"Animator Groups"中的信息，因此也可以将做好的文字动画效果存储到预置调板中，以便顺时取用。

> **技巧**
>
> 可以自行下载所需的外部文字特效插件，安装后同样会存储到"Effects & Presets"（特效&预置）中。

7.5　实战案例——变幻的文字

学习目的

> 利用文本层的创建与动画知识，制作文字的变换动画。

重点难点

> 掌握文本的创建与修饰修改
> 掌握创作文本源动画的方法

> 利用Animator Groups制作文字动画

下面就利用本章关于文本的创建、修饰以及文本动画等知识来完成一个文字动画，使文本以立体旋转的方式飞入画面，并使文本产生局部的上下跳动、颜色渐变的动画效果。效果如图7-32所示。

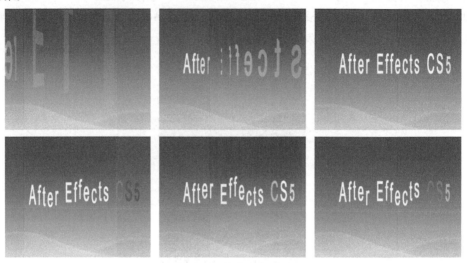

图7-32 文字动画效果

📁 操作步骤

1. 制作文字位移动画

〔01〕 新建合成。打开Adobe After Effects CS5软件，选择"Composition"（合成）>"New Composition"（新建合成）命令，在"Composition Settings"（合成设置）对话框中，选择"PAL D1/DV"格式，时长设置为5s，如图7-33所示

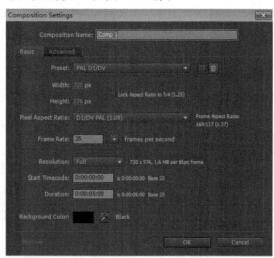

图7-33 新建合成

〔02〕 双击"Project"（项目）窗口的空白处，打开"Import File"（导入）对话框，选择"素材\第7章\背景.jpg"，将素材"背景"导入到"Project"（项目）窗口中，并拖曳至时间线窗口。

03 在工具箱中选择文本工具 **T** ，在合成窗口中单击鼠标左键，出现闪动光标后，输入字符"Adobe After Effects CS5"，如图7－34所示。此时，时间线窗口中出现层"After Effects CS5"，如图7－35所示。

图7－34　输入字符"After Effects CS5"　　　　图7－35　时间线窗口中的层"After Effects CS5"

04 展开层"After Effects CS5"的属性栏，单击"Animate"（动画）属性右侧的三角按钮，在弹出的快捷菜单中选择"Enable Per-character 3D"命令，此时，该层变为三维模式，如图7－36所示。

图7－36　层转换为三维模式

05 单击"Animate"（动画）属性右侧的三角按钮，在弹出的快捷菜单中选择"Position"（位置）命令，时间线窗口的层中出现"Animator 1"（动画1）属性栏，如图7－37所示。

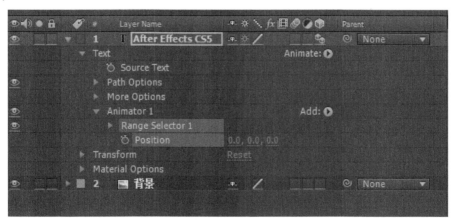

图7－37　"Animator 1"属性栏

> 📶　**注意**
>
> 　　"Animate"（动画）中的"Position"（位置）与"Transform"（变换）中含有一个"Position"（位置）的位置属性是不同的，"Animate"（动画）中的"Position"（位置）可对文本层中的部分文本进行位置变换。"Transform"（变换）中含有的"Position"（位置）是对全层的位置变换。

〔06〕 将时间线指针移动至1s处，单击"Animator 1"（动画1）属性栏中"Position"属性名称左侧关键帧自动记录器，并将Z轴向的参数值更改为"－1100"。此时，文字被移到画面之外。

〔07〕 将时间线指针移动至2s处，再将Z轴向的参数值更改为"0"，完成文本飞入的动画，如图7－38所示。

图7－38　"Position"关键帧设置

〔08〕 展开"Animate 1"下面的"Range Selector"选项，将时间线指针移动至0s处，单击"Offset"（偏移）名称左侧的关键帧自动记录器，并将偏移值设置为"－100"，再将时间线指针移动至2s处，将偏移值设置为"100"，如图7－39所示。

图7－39　"Offset"关键帧设置

〔09〕 展开"Advanced"（高级选项），在"Shape"（外形）的下拉菜单中选择"Ramp up"（上倾斜），如图7－40所示。此时，文字将以倾斜状进入画面，如图7－41所示。

图7－40　在"Shape"（外形）选项中选择"Ramp up"　　图7－41　文本以倾斜状进入屏幕

2．添加旋转属性动画

〔01〕 单击"Animate 1"（动画1）右侧的"Add"三角按钮，在弹出的快捷菜单中选择"Property"（属性）>"Rotation"（旋转）。此时"Animate 1"下出现"Rotation"属性栏，如图7－42所示。

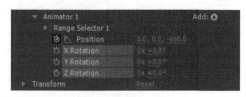

图7－42　为"Animate 1"添加"Rotation"（属性）

02 将"Rotation"中的Y轴向参数设置为"1×+0.0°"。可在合成窗口中看到文字在位移的同时沿Y轴旋转一周，如图7-43所示。

图7-43　文字旋转飞入屏幕

3．添加不透明度动画

01 单击"Animate 1"（动画1）右侧的"Add"三角按钮，在弹出的快捷菜单中选择"Property"（属性）>"Opacity"（不透明度）命令。此时，"Animate 1"属性下添加"Opacity"属性。

02 将"Opacity"参数值设置为0%，如图7-44所示。此时文字产生透明度动画，如图7-45所示。

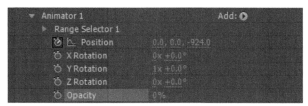

图7-44　更改"Opacity"参数值

图7-45　文本层的透明度动画

4．为"After Effects CS5"字符制作的上下跳动动画

01 单击"Animate"（动画）右侧的三角按钮，在弹出的菜单中选中"Position"（位置）。此时，时间线窗口的层中出现"Animator 2"（动画2）属性栏，如图7-46所示。

02 将时间线指针放于2s5帧处，单击"Position"（位置）左侧的关键帧自动记录器，创建关键帧；再将时间线指针放于2s10帧处，更改"Position"（位置）属性的Y轴值为"25"，如图7-47所示。

图7-46　"Animator 2（动画2）属性栏

图7-47　添加"Position"属性关键帧并更改属性值

🌀 **经验**

若直接更改"Position"（位置）属性的Y轴值，则文本跳动动画会在0帧处开始，为了使文本整齐排列之后出现跳动动画，就需要在2s5帧处创建一个无位置变化的关键帧，以限制动画出现的时间。

---

03 单击"Animator 2"右侧的"Add"三角按钮，在弹出的快捷菜单中选择"Selector"（选择器）>"Wiggly"（抖动）命令，为文字添加一个抖动属性，如图7-48所示。此时，文本将依据"Position"（位置）的Y轴参数产生随机地上下跳动，如图7-49所示。

图7-48 为"Position"添加抖动

图7-49 字符随机上下跳动的效果

04 此时动画作用于整个文本，而不是"After Effects CS5"字符，接下来就需要限定动画范围。单击"Animator 2"之下的"Range Selector1"左侧三角按钮，展开其属性，将"End"（结束）属性设置为"76%"，如图7-50所示。此时只有"After"字符进行上下跳动，如图7-51所示。

图7-50 限定动画选区范围　　　　图7-51 "Adobe After Effects CS5"字符上下跳动效果

🔍 **技巧**

还有另一种设置范围的方法，即在合成窗口直接将边界符号拖曳至"After"两侧，如图7-52所示。

图7—52　拖曳边界符号设置选区范围

5．为"CS5"字符制作淡入淡出的变色动画

01 单击"Animate"（动画）右侧的三角按钮，选择"Fill"（填充）>"Saturation"（纯度）>"Saturation"（饱和度）命令，在时间线窗口的层中出现"Animator 3"（动画3）的属性栏中，将"Saturation"参数值设置为"80%"，如图7—53所示。

02 展开"Animator 3"下的"Range Selector1"属性栏，将"Start"（开始）参数值设置为"82%"，如图7—54所示，将饱和度操作限定为"CS5"字符。

图7—53　添加"Animator 3"　　　　　图7—54　设置颜色动画的选区范围

03 "Composition"（合成）窗口中双击文字图像，进入文本层的编辑模式，拖曳鼠标选择"CS5"字符。再在字符面板中，选择红色为字符的填充颜色。效果如图7—55所示。

04 单击"Animator 3"（动画3）右侧"Add"按钮，在弹出菜单中选"Selector"（选择器）>"Wiggly"（抖动）命令，文字颜色淡入淡出就制作好了，如图7—56所示。

图7—55　填充字符颜色　　　　　　　图7—56　添加抖动完成颜色淡入淡出

完成案例。按小键盘"0"键，预览动画效果。效果如图7—57所示。

图7-57 案例效果

7.6 本章习题

一、选择题

1. 以下哪种方法不能用于创建文本层_____（单选）

    A. 使用"Layer"（层）>"New"（新建）>"Text"（文本）命令

    B. 使用"Effect"（特效）>"Obsolete"（旧版本）>"Basic Text"（基础文本）

    C. 使用"Effect"（特效）>"Obsolete"（旧版本）>"Numbers"（数字）

    D. 菜单"Layer"（层）>"Convert To Enable Text"（转化为可编辑文字）命令

2. 为文本动画添加随机效果，应在"Animate"（动画）系统中添加哪个"Selector"（选取）属性_____（单选）

    A. "Range"（范围）   B. "Wiggly"（随机选取）

    C. "Expression"（表达式选取）   D. "Path"（路径）

3. 为文本动画设置选区范围，应调整"Animate"（动画）系统中的哪个"Selector"（选取）属性_____（单选）

    A. "Range"（范围）   B. "Wiggly"（随机选取）

    C. "Expression"（表达式选取）   D. "Path"（路径）

二、上机练习

使用Text属性制作一个文字动画，使字符以不规则旋转的形式飞入屏幕后，产生辉光效果。

知识点提示：

    ● 使用"Effects"（特效）>"Simulation"（模拟）>"Shatter"（破碎）特效制作文字的不规则状态。

    ● 使用"Layer"（层）>"Time"（时间）>"Time-Reverse Layer"（反转层时间）命令，使字符完成由不规则飞入到规则排列的画面效果。

    ● 使用"Effects"（特效）>"Stylize"（风格）>"Glow"（辉光），丰富画面效果。

第8章
三维空间合成

After Effects CS5中的合成组默认设置为二维模式，较适合制作二维平面动画，但不适合用来创建立体空间效果。After Effects CS5也提供了三维空间合成的模式（类似于3ds max或者Maya软件的三维空间模式），通过将目标层转化为三维模式，并且添加摄像机或者灯光，可以创建出多种多样的立体空间合成效果。

学习目标

→ 了解二维空间和三维空间的区别
→ 掌握创建和调节三维层的方法
→ 掌握在三维合成中使用摄像机及其设置的方法
→ 掌握三维合成中使用灯光设置的方法

8.1 三维立体层

After Effects CS5中默认的层模式为二维模式，可以通过设置将二维层转化为三维层，进行三维立体模式的合成，几乎所有的二维层都可以转化为三维层（调节层除外）。

8.1.1 创建三维层

在After Effects CS5中，三维层一般由二维层转化而来，转化操作步骤如下。

（1）选择层，找到层右边的三维层开关，如图8－1所示。

（2）单击层的三维层开关，如图8－2所示，将二维层转化为三维层。

图8－1　找三维层开关　　　　　　　　　　　　图8－2　打开三维层开关

（3）转化过后的层已经具备了三维空间属性坐标，如图8－3所示。

图8－3　三维空间属性坐标

> **技巧**
>
> 选择"Layer>3D Layer"命令，也可以将选中的二维层转化为三维层；再次单击三维层开关或使用"Layer>3D Layer"，可以取消层的三维属性。

当二维层转化为三维层之后，层的属性也相应增加，选择三维层，按"P"键调出"Position"（位置）选项，数值由原来的两个变成了三个，即在X轴和Y轴的基础上增加Z轴，如图8－4所示。修改第三个数值可以使文字在Z轴方向上前后移动，可以实现由近及远的效果。

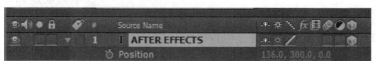

图8－4　三维层"Position"选项

选择三维层，按"R"键调出"Rotation"（旋转）选项，这个选项也由原来的两个变成了XYZ三个，修改这三个数值可以实现文字的旋转变化，如图8－5所示。

三维层还会增加一项"Material Option"（材质选项）选项，如图8-6所示。属性中的参数决定了灯光和阴影对三维层的影响。

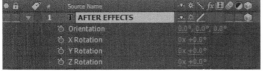

图8-5　三维层"Rotation"选项

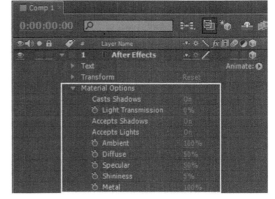

图8-6　三维层"Material Option"　选项

8.1.2 三维层空间属性

1. 移动位置

三维层具有和二维层相似的"Position"属性，通过调整"Position"属性可以移动三维层的位置。除此之外，在时间线窗口中选择三维层，在工具面板中选择"Selection Tool"选择工具，在合成显示窗口中，移动相对应的三维坐标控制箭头，可以在XYZ三个方向上移动三维层，如图8-7所示。

图8-7　XYZ三个方向移动三维层

> 技巧
>
> 移动三维层的同时按住"Shift"键，可以进行快速移动；选择"Layer"＞"Transform"＞"Center In View"或者按组合键"Ctrl＋Home"，可以将所选三维层的中心点和当前视图的中心点对齐。

2. 旋转角度

三维层具有和二维层相似的"Rotation"属性，通过调整"Rotation"属性可以旋转三维层的角度。除此之外，在时间线窗口中选择三维层，在工具面板中选择"Rotation Tool"旋转工具，在合成显示窗口中，移动相对应的三维坐标控制箭头，可以在XYZ三个方向上旋转三维层，如图8-8所示。

图8-8　XYZ三个方向旋转三维层

3．卷展属性

如果一个合成组中包含了三维层，将此合成组嵌套到另外的合成组中后，三维层的空间属性会消失，此时可以打开合成层的卷展属性，如图8-9所示，将此合成组的三维空间属性正确地显示出来。

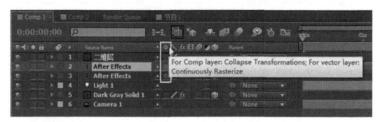

图8-9　合成层的卷展属性

卷展属性可以显示出其中层的3D属性，卷展属性允许每个主合成中的三维层独立显示出来，设置卷展属性后，层的混合模式、精度和运动模糊等属性将失效。

4．空间视图模式

默认情况下，合成显示窗口使用传统的二维视图模式，此模式无法对三维合成进行全面和正确的预览，视觉角度上会产生差别。After Effects CS5提供了多种的三维视图模式，包括"Active Camera"（活动摄像机）视图和"Front"（前视图）、"Left"（左视图）、"Top"（顶视图）、"Back"（后视图）、"Right"（右视图）和"Bottom"（底视图）六个不同方位的视图模式，以及三个"Custom View"（自定义视图）。如果合成组中创建了摄像机，还会增加不同的"Camera"（摄像机）视图，如图8-10所示。可以选择不同的视图模式对三维层进行观察和操作。

图8-10　三维视图模式

在三维空间中操作时，可以使用多个三维视图对三维层进行观察和操作。After Effects CS5内置了多种视图组合，单击合成显示窗口底部的视图组合列表 1 View，可以在弹出的列表中选择视图组合，包括单视图、双视图和四视图等，如图8－11所示。

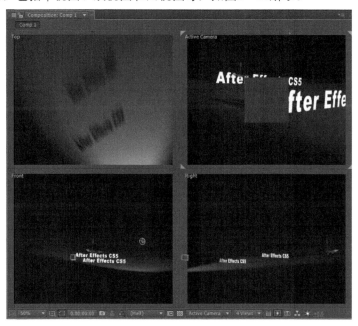

图8－11　四视图

8.2 摄像机

在After Effects中创建三维合成，可以通过添加摄像机的方式，利用摄像机景深的渲染效果。

8.2.1 创建摄像机

在After Effects CS5的默认设置下，合成组的视角总是正面面对素材，不管是三维层还是二维层，其显示效果是一致的，通过创建一个摄像机，可以将合成组的视角调整为任意视角，可以查看并编辑三维空间效果，如图8－12所示。

图8－12　三维空间效果

创建摄像机后，单击 [Active Camera ▼] 按钮，在弹出的三维视图菜单中会增加带有编号的摄像机视图，如图8-13所示。

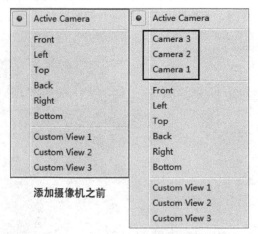

添加摄像机之前　　　　　　添加摄像机之后

图8-13　三维视图菜单对比

菜单最上层的"Active Camera"有效摄像机所产生的视图为当前活动视图，合成组输出时将采用此视图。

选择"Layer" > "New" > "Camera"命令，弹出"Camera Settings"摄像机设置对话框，如图8-14所示。

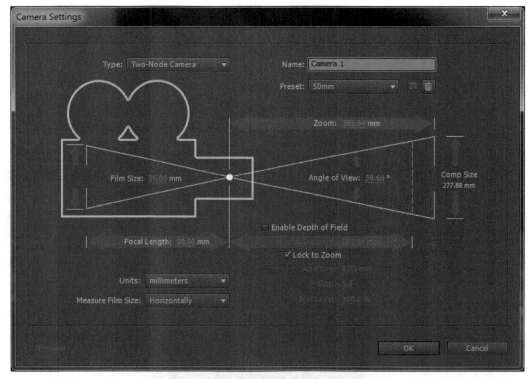

图8-14　"Camera Settings"摄像机设置对话框

"Camera Settings"对话框中各参数的说明如下。

- "Name"（摄像机名称）：设置摄像机名称。
- "Preset"（预置）：选择摄像机预置类型。预置的类型按照摄像机的焦距来划分，每个预置都设定了摄像机的视角、变焦、焦距和光圈值，默认的预置是50mm。
- "Zoom"（变焦）：摄像机镜头到成像画面之间的距离。
- "Angle of View"（视角）：图像场景捕捉的宽度，放大视角数值可以创建广角镜头效果。
- "Enable Depth of Field"（开启景深）：打开摄像机景深功能，模拟真实摄像机效果。
- "Focus Distance"（焦点距离）：从摄像机到理想焦平面点的距离。
- "Lock to Zoom"（锁定变焦）：将焦距值匹配变焦值。
- "Aperture"（光圈）：镜头的孔径大小。光圈设置的变化会影响到景深效果，光圈值越大，景深效果越弱。
- "F-Stop"（F制光圈）：表示焦距和光圈孔径的比例。修改F制光圈数值时，"Aperture"光圈的值也会改变。
- "Blur Level"（模糊级别）：图像景深模糊的程度。数值越大，模糊程度越高。
- "Film Size"（底片尺寸）：底片尺寸和合成组的尺寸相匹配，当更改底片尺寸时，变焦值也会随之改变。
- "Focal Length"（焦距）：从摄像机成像元件到摄像机镜头的距离。
- "Units"（单位）：摄像机设置数值所使用的测量单位。
- "Measure Film Size"（底片尺寸测量）：用于描述影片大小的尺寸。

在对话框中设置参数后，单击"OK"按钮确认，在时间线窗口中会产生一个摄像机层，如图8-15所示。

图8-15　摄像机层

注意

摄像机针对三维层而存在，如果合成组中没有三维层，在创建摄像机时，会弹出警告窗口，如图8-16所示，提示用户应该设定一个三维层。

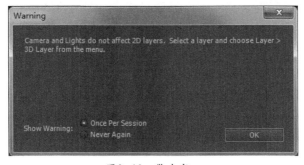

图8-16　警告窗口

8.2.2 / 调节摄像机

创建摄像机之后，可以随时对摄像机的各项参数进行调整，打开摄像机参数设置对话框的方法有三种：

（1）选择摄像机层，选择"Layer" > "Camera Settings"，调出摄像机参数设置对话框。

（2）选择摄像机层，按组合键"Ctrl + Shift + Y"，调出摄像机参数设置对话框。

（3）在时间线窗口中，双击摄像机层的名字，调出摄像机参数设置对话框。

在三维合成中，可以对摄像机进行全方位的操作，选择一个摄像机，鼠标左键单击并按工具栏中的图标，弹出工具列表，如图8—17所示。

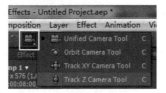

图8—17 摄像机工具列表

列表中各个工具的使用说明如下。

● "Unified Camera Tool"（统一摄像机工具）：集成了列表中其余三种工具的功能，选择此工具后，在合成显示窗口中按住鼠标左键，移动鼠标可以旋转摄像机视角；按住鼠标右键，移动鼠标可以缩放摄像机视角；按住鼠标中键（或者滚轮），可以移动摄像机视角。

● "Orbit Camera Tool"（轨迹摄像机工具）：选择此工具后，在合成显示窗口中按住鼠标左键，移动鼠标可以旋转摄像机视角。

● "Track XY Camera Tool"（XY轨道摄像机工具）：选择此工具后，在合成显示窗口中按住鼠标左键，移动鼠标可以移动摄像机视角。

● "Track Z Camera Tool"（Z轨道摄像机工具）：选择此工具后，在合成显示窗口中按住鼠标左键，移动鼠标可以缩放摄像机视角。

摄像机层也具有与其他层类似的"Transform"属性，通过设置"Position"、"Rotation"和"Orientation"的数值，可以进行移动或旋转操作，如图8—18所示。

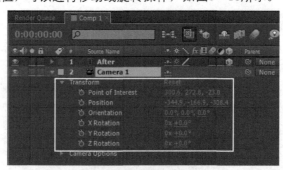

图8—18 摄像机层的"Transform"属性

> **注意**
>
> "Point of Interest"即目标兴趣点，用来确定摄像机拍摄或投射的重点对象。默认状态下目标兴趣点定位于合成的中心位置。

摄像机层具有独有的"Camera Option"（摄像机选项）属性，如图8—19所示，这部分属性与"Camera Settings"对话框中的属性相对应。

单击 Active Camera ▼ 按钮，在弹出的三维视图菜单中选择一个"Active Camera"之外的视图，可以调整目标兴趣点和定义角度边界线，如图8—20所示。

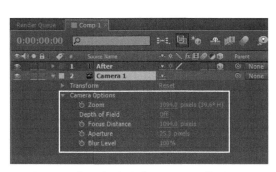

图8—19　摄像机层的"Camera Option"属性

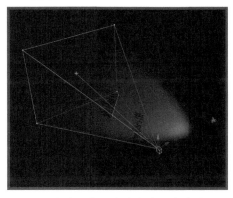

图8—20　调整目标兴趣点和定义角度边界线

8.3　灯光与材质

在After Effects CS5中创建三维层之后，可以添加灯光，用来照亮三维层并产生合适的阴影效果。

8.3.1　创建灯光

灯光是三维空间元素的一种，在三维合成中可以照亮其他三维物体，选择"Layer">"New">"Light"命令，弹出"Light Settings"灯光设置对话框，如图8—21所示。

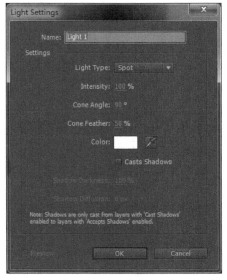

图8—21　"Light Settings"灯光设置对话框

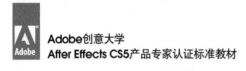

对话框中各参数的说明如下。

● "Light Type"（灯光类型）：选择灯光类型，包括"Spot"（聚光灯）、"Point"（点光）、"Parallel"（平行光）和"Ambient"（环境光）。

● "Intensity"（灯光强度）：控制灯光照射强度。当数值为正值时会照亮场景，当数值为负值时，会从层中减去相应的色彩，形成一个暗部区域。

● "Cone Angle"（锥体角度）：此数值决定了光束在某一距离上照射范围的宽度。只有在选择"Spot"（聚光灯）类型的情况下才会被激活。

● "Cone Feather"（边缘柔化）：控制照射区域的边缘柔化程度，只有在选择"Spot"（聚光灯）类型的情况下才被激活。

● "Casts Shadows"（投影）：设置灯光是否会使层产生投影，默认状态下关闭。只有当灯光层中"Material Option"属性中的"Casts Shadows"选项在开启后，才可以投射阴影。

● "Shadow Darkness"（阴影暗度）：设置阴影区域的明暗程度，只有在"Casts Shadows"选项开启的状态下才被激活。

● "Shadow Diffusion"（阴影扩散）：为阴影区域设置阴影柔化扩散效果。数值越大，投影边缘柔化程度越大，只有在"Casts Shadows"选项的状态下才被激活。

在对话框中设置参数后，单击"OK"按钮确认，在时间线窗口中的顶层位置新建一个灯光层，如图8－22所示。

图8-22　灯光层

8.3.2 / 调节灯光

创建灯光之后，可以随时对灯光的各项参数进行调整，打开灯光参数设置对话框的方法有三种：

（1）选择灯光层，选择"Layer" > "Camera Settings"，调出灯光参数设置对话框。

（2）选择灯光层，按组合键"Ctrl + Shift + Y"，调出灯光参数设置对话框。

（3）在时间线窗口中，双击灯光层的名字，调出灯光参数设置对话框。

在三维合成中，可以对摄像机进行全方位的操作，不仅可以移动灯光的位置，还可以移动灯光的目标兴趣点。

选择灯光层，在工具面板中选择"Selection Tool"选择工具可以在合成显示窗口中移动灯光位置，如图8－23所示。

在工具面板中选择"Rotation Tool"旋转工具可以在合成显示窗口中旋转灯光角度，如图8－24所示。

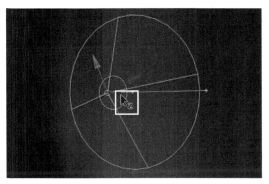 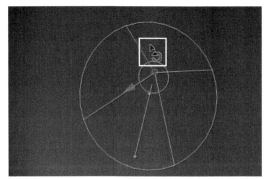

图8-23 移动灯光位置　　　　　　　图8-24 旋转灯光角度

8.4 三维层材质选项

　　After Effects CS5中的每一个三维层都具有"Material Options"（材质选项）属性，如图8-25所示，可以调整三维层受到灯光和阴影影响的效果。

图8-25 "Material Options"（材质选项）属性

　　"Material Options"属性中各参数的说明如下。

　　● "Casts Shadows"（投射阴影）：设置一个层是否投射阴影到其他层，此选项设置为"On"时可投射阴影，如果层不可见也会投射阴影。

　　● "Light Transmission"（透光率）：设置层的透光性，将层的颜色投射到另一个层上。

　　● "Accepts Shadows"（接受阴影）：设置层是否显示来自其他层的投影。

　　● "Accepts Lights"（接受灯光）：设置层是否受到灯光照射的影响。

　　● "Ambient"（环境影响）：设置环境的反射率，默认为100%最高反射率。

　　● "Diffuse"（漫反射）：为层应用漫反射就像为其覆盖了一层半透明气体一样，落在层上的光在所有的方向上被反射回来，会影响场景的明暗程度。

　　● "Specular"（镜面反射）：设置层的镜面反射效果。

　　● "Shininess"（光泽）：设置反光度，决定镜面反射高光的尺寸，只有当"Specular"属性设置为非零数值时才有效。

　　● "Metal"（金属质感）：设置层的颜色对反射高光的影响程度。

8.5 实战案例——片头文字动画

学习目的

> 掌握二维层转化为三维层的方法
> 掌握三维层各项参数的调节方法
> 掌握三维层位置动画的调节方法

重点难点

> 三维空间坐标调节
> 调节层的使用方法

本节讲述如何创建三维立体空间效果，制作带有动感效果的片头文字动画，本案例效果如图8—26所示。

图8—26 案例效果

操作步骤

1．新建合成组

01 打开After Effects CS5软件，选择菜单栏"Composition"（合成组）>"New Composition"（新建合成组）命令，弹出"Composition Settings"（合成设置）对话框，在"Composition Name"（合成名称）输入框中输入"片头文字动画"，其余参数设置如图8—27所示，设置完成后单击"OK"按钮确认。

02 按组合键"Ctrl + S"，打开"Save As"（另存为）对话框，把项目文件命名为"片头文字动画"，单击"保存"按钮保存，如图8—28所示。

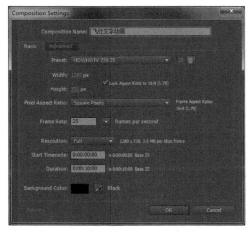

图8-27　"Composition Settings" 对话框

图8-28　"Save As" 对话框

2．创建文字

01 鼠标左键单击工具栏"Horizontal Type Tool"（水平输入工具），如图8-29所示，将鼠标移动到合成窗口，单击并输入文字"ADOBE"，单击工具栏"Selection Tool"（选择工具，见图8-30）确认输入。

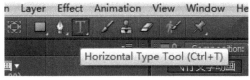

图8-29　水平输入工具

图8-30　选择工具

02 选择文字层"ADOBE"，在"Character"（文字设置）面板中设置文字的各项参数，如图8-31所示，字体颜色数值为灰色"R115、G115、B115"。

03 选择文字层"ADOBE"，在"Paragraph"（段落设置）窗口中调节文字的对齐方式，选择第二个选项，如图8-32所示。

图8-31　设置文字的各项参数

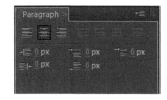

图8-32　调节文字的对齐方式

04 选择文字层"ADOBE"，移动文字内容的位置，使其居于合成窗口中间，如图8-33所示。

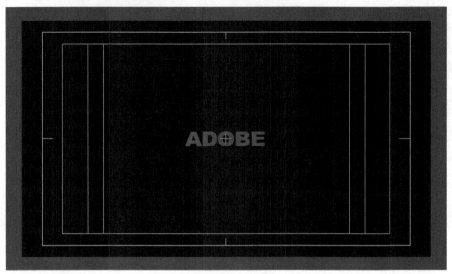

图8-33　移动文字内容的位置

3. 创建渐变背景

01 选择"Layer">"New">"Solid"命令，弹出"Solid Settings"（固态层设置）对话框，在"Name"输入框内输入"背景"，单击"OK"按钮确认，如图8-34所示，获得一个新的固态层。

02 选择层"背景"，选择"Effects">"Generate">"Ramp"命令，为"背景"层添加一个"Ramp"（渐变）特效，参数设置如图8-35所示。"Start Color"颜色数值为（R1、G48、B71），"End Color"颜色数值为（R1、G4、B8）。

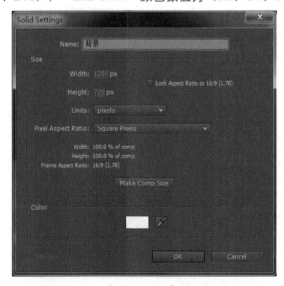

图8-34　"Solid Settings"对话框

图8-35　"Ramp"特效

4. 创建摄像机

01 选择"Layer">"New">"Camera"命令，弹出"Camera Settings"（摄像机设置）对话框，"Preset"（预设）选择"15 mm"，如图8-36所示，单击"OK"按钮确认。

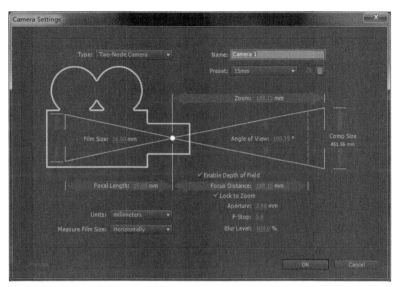

图8-36 "Camera Settings"对话框

(02) 确认后弹出"Warning"警告窗口（见图8-37），保持默认不修改，单击"OK"确认，得到一个摄像机"Camera 1"。

图8-37 警告窗口

> **注意**
>
> 警告窗口的内容提示：合成组中必须存在三维层才可以正确应用摄像机功能，在后面的步骤中会把二维文字层转化为三维层。

5. 转化三维立体层

(01) 选择文字层"ADOBE"，单击层右边的三维层开关，将层转化为三维立体层，如图8-38所示。

(02) 选择文字层"ADOBE"，选择"Effects" > "Generate" > "Ramp"，为层添加一个"Ramp"（渐变）特效，参数设置如图8-39所示，"Star Color"颜色为纯白色，"End Color"颜色为纯黑色。

图8-38 转化为三维立体层　　　图8-39 "Ramp"特效

6. 创建文字动画

01 选择文字层"ADOBE"，按"P"键调出"Position"（位置）属性，按组合键"Shift + T"调出"Opacity"（不透明度）属性，如图8—40所示。

图8—40　调出"Position"选项和"Opacity"属性

02 选择文字层"ADOBE"的"Position"选项，单击"Position"选项前面的关键帧自动记录器，移动时间线指针到工作区起始位置，修改"Position"选项数值为"640，382，−638"，设定第一个关键帧；继续移动时间线指针到00:00:00:06处，修改"Position"选项数值为"640，382，0"，设定第二个关键帧；继续移动时间线指针到00:00:01:02处，修改"Position"选项数值为"640，382，143"，设定第三个关键帧；最后移动时间线指针到00:00:01:08处，修改"Position"选项数值为"640，382，1620"，设定第四个关键帧。选择第二个关键帧，按"F9"键进行关键帧平滑操作，关键帧的图标形状变为"工字形"。如图8—41所示

图8—41　设置层位移动画

> **技巧**
>
> 　选中关键帧之后按"F9"键，可以将关键帧的运动曲线变得更平滑。

03 选择文字层"ADOBE"的"Opacity"选项，单击"Opacity"选项前面的关键帧自动记录器，移动时间线指针到00:00:01:02处，修改"Opacity"选项数值为"89%"；移动时间线指针到00:00:01:06处，修改"Opacity"选项数值为"0%"，如图8—42所示。

图8—42　设置层透明度动画

04 选择文字层"ADOBE"，移动时间线指针到00:00:00:09处，按"Alt +]"组合键将文字层"ADOBE"的结束位置设定在00:00:00:09处，如图8—43所示。

图8—43　设置层结束点

"Alt＋]"组合键将层的结束点定义在时间线指针的位置，"Alt＋["组合键将层的起始点定义在时间线指针的位置。

7. 创建画面闪白

01 选择"Layer"＞"New"＞"Solid"命令，弹出"Solid Settings"对话框，在"Name"输入框中输入"闪白1"，调整"Color"选项的颜色为白色，如图8－44所示，单击"OK"按钮确认。

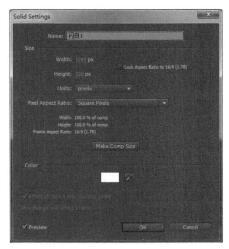

图8－44　"Solid Settings"对话框

02 选择层"闪白1"，调整当前合成组中各层的排列顺序，完成后的顺序如图8－45所示。

03 选择层"闪白1"，移动时间线指针到00:00:00:01处，按"Alt＋]"组合键将层"闪白1"的结束位置设定在00:00:00:01的位置。如图8－46所示。

图8－45　调整层的排列顺序　　　　　　图8－46　设置层结束点

8. 调节动画效果

01 按住"Ctrl"键，鼠标左键单击层"ADOBE"和"闪白1"，松开"Ctrl"键，按组合键"Ctrl＋D"为这两个层创建副本，得到两个新的层，如图8－47所示。

02 选择新得到的层"闪白1"，按"Enter"键，修改层名称为"闪白2"；选择文字层"ADOBE 2"，双击该层，在合成显示窗口中修改文字内容为"AFTER EFFECTS"；调整时间线内层之间的顺序，如图8－48所示。

图8－47　创建层副本　　　　　　图8－48　修改文字内容

技巧

在时间线窗口中双击文字层的名字可以使文字层进入编辑状态，合成窗口中的文字会被全部选中，输入新的文字即可。

---

03 按住"Ctrl"键，选择文字层"AFTER EFFECTS"和"闪白2"两个层，移动这两个层，使它们的起始位置与文字层"ADOBE"的结束位置对齐，如图8-49所示。

图8-49　对齐多个层

04 按住"Ctrl"键，选择文字层"AFTER EFFECTS"和"闪白2"，松开"Ctrl"键，按组合键"Ctrl+D"为这两个层创建副本，得到两个新的层，如图8-50所示。

05 选择文字层"AFTER EFFECTS 2"，双击该层，修改文字内容为"CS5"；调整时间线窗口中层之间的排列顺序，调整后的顺序如图8-51所示。

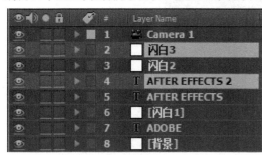

图8-50　创建层副本　　　　　　　　　　图8-51　修改文字内容

06 按住"Ctrl"键，选择文字层"CS5"和"闪白3"两个层，移动这两个层，使它们的起始位置与文字层"AFTER EFFECTS"的结束位置对齐，如图8-52所示。

图8-52　对齐多个层

07 按住"Ctrl"键，选择文字层"CS5"和"闪白3"，松开"Ctrl"键，按组合键"Ctrl+D"为这两个层创建副本，得到两个新的层。如图8-53所示。

08 选择文字层"CS6"，双击该层，修改文字内容为"NOW AVAILABLE"；调整时间线窗口中层之间的排列顺序，调整后的顺序如图8-54所示。

09 按住"Ctrl"键，选择文字层"NOW AVAILABLE"和"闪白4"这两个层，移动这两个层，使它们的起始位置与文字层"CS5"的结束位置对齐，如图8-55所示。

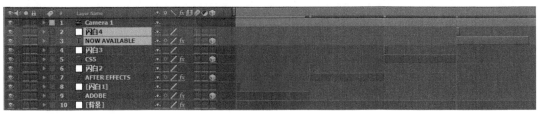

图8-53 创建层副本   图8-54 调整层的排列顺序

图8-55 对齐多个层

9．创建辉光效果

01 选择 "Layer" > "New" > "Adjustment Layer" 命令，创建名字为 "Adjustment Layer 1" 的调节层，选择这个层，按 "Enter" 键修改名字为 "辉光"，如图8-56所示。

02 选择调节层 "辉光"，选择 "Effects" > "Stylize" > "Glow"，为层添加一个 "Glow"（辉光）特效，参数调节如图8-57所示，"Color A" 颜色数值为（R166、G224、B255），"Color B" 颜色数值为（R0、G161、B255）。

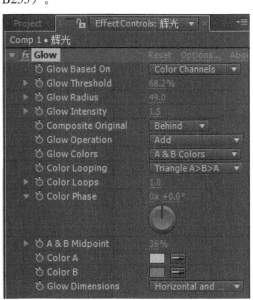

图8-56 创建调节层   图8-57 "Glow" 特效

10．设置动态模糊

打开当前时间线窗口中所有层的运动模糊开关，然后再打开时间线窗口上方的运动模糊总开关，如图8-58所示。

图8-58　打开所有层和合成组的运动模糊开关

11．预览效果

在"Preview"面板中，单击"RAM Preview"按钮，预览整体效果，如图8-59所示，片头文字动画效果就制作完成了。

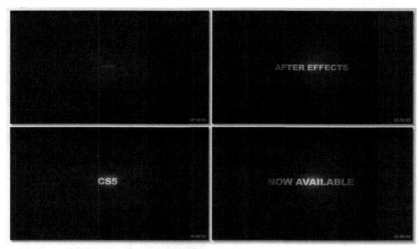

图8-59　案例效果

8.6　本章习题

一、填空题

1．在After Effects CS5软件中，三维层的_____参数可以控制层是否接受其他层的阴影投射。

2．在After Effects CS5软件中，摄像机层的_____参数可以控制场景是否产生景深效果。

二、操作题

运用灯光和摄像机工具制作一段三维立体场景动画。

第9章
运动跟踪与稳定技术

运动跟踪与稳定技术能有效地对原始拍摄素材的画面进行加工或修整，是影视后期制作中的重要技术。随着Adobe After Effects软件升级到CS5版本，运动跟踪功能也不断地完善和丰富。除了原有的基于点的跟踪技术外还增加了基于平面的跟踪技术。

学习目标

➡ 理解跟踪与稳定技术的原理及适用范围
➡ 掌握基于点的跟踪类型及操作方法
➡ 掌握运动稳定的操作方法
➡ 理解Mocha跟踪的原理
➡ 掌握Mocha跟踪的操作方法

9.1 基于点的跟踪与稳定技术

运动跟踪技术可将其他素材或元素合成到动态素材中，并使其与动态素材相匹配进行一致运动。稳定技术则可消除原始拍摄画面在自身运动时带来的不必要的画面晃动。

所谓基于点的跟踪与稳定就是指通过对画面中的运动点进行跟踪，从运动点的变化得到整个画面或画面某区域的运动变化规律，作为跟踪或稳定操作的依据。在Adobe After Effects CS5中，基于点的跟踪与稳定都是在"Tracker"（跟踪）面板中进行操作的。

9.1.1 "Track Motion"

在后期制作中，经常需要将实拍视频画面中的一些元素进行替换或增加新的元素，如在物品上添加某个标志，替换商品包装的Logo，替换人物手中的道具等。添加的新元素并不是简单地放置于画面之中，而是要与原动态画面相匹配，进行一致的运动。这就需要应用到"Track Motion"（运动跟踪）功能，实现此类效果。

"Track Motion"（运动跟踪）功能开启后，跟踪器将以第一帧所选区域的像素为标准来记录之后所选区域的运动路径（包括位移、旋转、缩放、仿射边角和透视）的变化，然后将以上记录的跟踪结果数字化，再将此数据赋予新元素，从而使新元素与原动态画面相匹配，实现画面元素的完美合成。

> **注意**
>
> 运动跟踪是对运动视频的处理，且画面中要有明显的运动物体，若图像为静止或运动物体不明显则无法进行跟踪。

1．参数设置

选择菜单"Animation"（动画）>"Motion Tracker"（运动跟踪）或"Animation"（动画）>"Motion Stabilizer"（运动稳定）命令，打开"Layer"（层）窗口及"Tracker"面板。在"Layer"（层）窗口中指定跟踪点并预览效果，在"Tracker"面板中设置跟踪参数。

（1）在"Layer"（层）窗口中设置跟踪点。"Layer"（层）窗口在"Track Motion"（运动跟踪）的操作中有两个作用：一是可以同步预览跟踪的画面；二是能够直接在层窗口中设置跟踪点以定义跟踪区域。

"Layer"（层）窗口内跟踪点由三部分组成：两个矩形框和一个十字点标记，如图9—1所示。

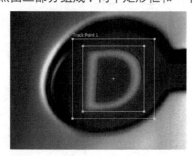

图9—1　"Layer"（层）窗口内的跟踪点

● 外矩形框"Search Size"（跟踪搜索区域）：用来指定跟踪对象的搜索区域。拖曳矩形框的边角可以改变它的大小。

该区域越小跟踪的精度和速度就越高，因此该区域不宜过大；而为了保证跟踪点的延续，运动画面中连续两帧的跟踪点必须处于此矩形框之中，因此该区域亦不能过小。

● 内矩形框"Feature Size"（特征区域）：用于定义跟踪的特征范围，跟踪过程中将记录当前特征区域内的对象特征。该区域越小，跟踪的精度和速度就越高。拖曳矩形框的边缘可以改变它的大小。

● 十字点标记"Attach Point"（特征区域的中心点）：该点是跟踪位置的计算依据，它与添加元素所在层的中心点或效果点相连，使添加元素所在层与跟踪区域保持关联。

（2）在"Tracker"（跟踪）面板设置跟踪点参数。"Tracker"（跟踪）面板用来设置跟踪点的相关参数，如图9－2所示。

图9－2　"Tracker"面板

"Tracker"面板参数如下。

● "Track Motion"（运动跟踪）：单击此按钮，"Track"面板变为运动跟踪功能的参数设置面板。

● "Stabilize Motion"（运动稳定）：单击此按钮，"Track"面板变为运动稳定功能的参数设置面板。

● "Motion Source"（跟踪源）：指定所要跟踪的源素材。

● "Current Track"（当前跟踪）：指定当前的运动跟踪。

● "Track Type"（跟踪类型）：指定跟踪类型。此下拉菜单下显示五种跟踪类型，"Stabilize"（稳定）、"Transform"（变换），"Parallel Corner Pin"（平行边角），"Perspective Corner Pin"（透视边角）和"Raw"（未处理）。

● "Stabilize"（稳定）类型

选择该类型与单击"Stabilize Motion"（运动稳定）按钮效果相同，计算的数据将返回本层，用于稳定画面。该类型操作与"Transform"类型相同。

● "Transform"（位置）类型

对层进行位置跟踪。单击"Tracker Controls"面板上的"Track Motion"按钮后此类型为默认类型。该类型对位移、旋转和缩放进行跟踪，得出计算结果并传递给目标对象。选择此类型后，其下方的"Position"（位置）变为勾选状态，"Rotation"（旋转）、"Scale"（尺寸）

变为可选选项。"Position"（位置）具有一维属性，即只能控制一个点，也就是说在只勾选"Position"的情况下，"Layer"（层）窗口只会出现一个跟踪点，此种跟踪也被称为"一点跟踪"，如图9-3所示。

若在对"Position"跟踪的同时还需跟踪"Rotation"（旋转）、"Scale"（尺寸），则可勾选另两项，"Layer"（层）窗口将出现两个跟踪点，且这两个跟踪区域由箭头相连，跟踪器通过两个区域的相对变化来计算跟踪特征区域的位移以及旋转或缩放的变化数值，并将数据赋予给其他层，完成跟踪。此种跟踪也被称为"两点跟踪"，如图9-4所示。

图9-3　一点跟踪　　　　　　　　　　　图9-4　两点跟踪

● "Parallel Corner Pin"（平行边角）类型

此类型主要用来对平面中的倾斜和旋转进行跟踪，但不能产生透视的变化。跟踪点的四个边角中有三个点是指定点，以实线表示，跟踪器根据这三个指定点推算出第四个点的位置信息，第四点的边角以虚线表示，如图9-5所示。四个点在跟踪过程中的位置信息将被转化为"Corner Pin"（边角）关键帧，完成歪斜、旋转运动的跟踪。此种跟踪也被称为"三点跟踪"。

● Perspective Corner Pin"（透视边角）类型

与"Parallel Corner Pin"（平行边角）类型相似，"Perspective Corner Pin"（透视边角）类型也由四个边角形式的跟踪点。不同的是，此类型跟踪点的四个边角全为实线，且四边形可以自由变形，以模拟各种透视效果，如图9-6所示。跟踪器进行分析计算后将四个定位点的位置信息转化为"Corner Pin"（边角）关键帧，完成透视跟踪。此种跟踪也被称为"四点跟踪"。

图9-5　三点跟踪　　　　　　　　　　　图9-6　四点跟踪

● "Raw"（未处理）类型

仅对"Position"（位移）进行跟踪，但得到的数据并不应用于其他层而是只保存在原图像的"Tracker"（跟踪）属性中，需使用表达式的方式来调用该数据。

- "Position"（位置）：勾选该项进行位置变换的跟踪。
- "Rotation"（旋转）：勾选该项进行旋转变换的跟踪。
- "Scale"（缩放）：勾选该项进行大小缩放变换的跟踪。
- "Edit Target"（编辑目标）：指定跟踪数据应用的层或效果。单击此按钮可打开 "Motion Target"（追踪目标）对话框，选择需要被赋予跟踪数据的层或效果。
- "Options"（选项）：跟踪的相关设置选项。单击 "Options" 打开 "Motion Tracker Option"（运动跟踪选项）对话框，设置与跟踪相关的参数。
- "Analyze"（分析）：对跟踪区域进行前后的分析。在分析过程中跟踪点会自动生成关键帧。◀️ "分析后一帧" 按钮；◀ "倒放分析" 按钮；▶ "播放分析" 按钮；▶️ "分析前一帧" 按钮。
- "Reset"（重置）：对 "Tracker" 面板的参数重新设置，恢复到默认状态。
- "Apply"（应用）：应用面板上的设置。

单击 "Edit Target"（编辑目标）按钮，打开 "Motion Target"（跟踪目标）对话框，如图9-7所示。

图9-7　"Motion Target" 对话框

"Motion Target"（跟踪目标）对话框参数如下。

- "Layer"（层）：单击右侧下拉菜单指定某个层，将跟踪数据赋予该层。
- "Effects Point Control"（特效控制点）：单击右侧下拉菜单指定跟踪层上的某个特效控制点参数，将跟踪数据赋予该参数。

单击 "Options" 打开 "Motion Tracker Option"（运动跟踪选项）对话框，如图 9-8 所示。

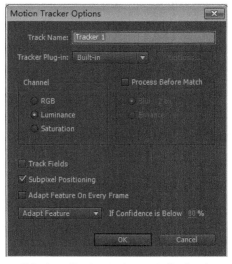

图9-8　"Motion Tracker Option" 对话框

"Motion Tracker Option"（运动跟踪选项）对话框参数如下。

● "Track Name"（跟踪名称）：定义当前跟踪的名称。

● "Tracker Plug-in"（跟踪插件）：显示Adobe After Effects CS5中的跟踪插件，默认情况下只有内置的跟踪插件。

● "Channel"（通道）：基于点的跟踪是根据像素的差异进行的，该选项便于指定跟踪点与周围像素的差异类型。包括："RGB"（RGB通道）、"Luminance"（亮度通道）、"Saturation"（饱和度通道）。

● "Process Before Match"（预先处理）：勾选此项可对所跟踪的画面进行"Blur"（模糊）或"Enhance"（增强）的预先设置。

● "Track Fields"（跟踪场）：勾选此项启用跟踪场。

● "Subpixel Positioning"（子像素匹配）：勾选此项启用子像素匹配。子像素匹配可对特征区域像素进行细分处理及精确运算。

● "Adapt Feature On Every Frame"（适配全部帧特征）：勾选此项适配全部帧特征，可提高跟踪精度。

● "If Confidence Is Below_%"（如果可靠系数低于_%）：当搜索目标有差异时的准备性百分比，并且依据此百分比选择相对应的处理方式。处理方式的选项位于该参数名称前方的下拉菜单。包括"Continue Tracking"（继续跟踪）、"Stop Tracking"（停止跟踪）、"Extrapolate Motion"（自动推算运动）和"Adapt Feature"（优化特征区域）四种处理方式。

> **注意**
>
> 在默认情况下，Adobe After Effects CS5 的跟踪是基于画面的"Luminance"（亮度通道）进行处理的。

（3）在"Timeline"（时间线）窗口调整跟踪点属性值。单击时间线窗口中跟踪层名称前的三角按钮，展开"Track Point 1"（跟踪点1）属性栏，如图9-9所示。

图9-9　"Track Point 1"属性栏

"Track Point 1"属性栏参数如下。

● "Feature Center"（跟踪区域中心）：运动跟踪点的位置。与"Layer"（层）窗口中跟踪点十字标记的位置相对应。

● "Feature Size"（跟踪区域尺寸）：运动跟踪特征区域的范围。与"Layer"（层）窗口中内矩形框相对应。

- "Search Offset"（搜索偏移）：运动跟踪搜索区域的位置偏移的大小。与"Layer"（层）窗口中外矩形框的位置偏移相对应。

- "Search Size"（搜索尺寸）：运动跟踪搜索区域的范围。与"Layer"（层）窗口中外矩形框的尺寸相对应。

- "Confidence"（置信）：可靠系数，搜索目标有差异时的准备性百分比。

- "Attach Point"（特征区域中心点）：运动跟踪特征区域的中心点的位置。

- "Attach Point Offset"（特征区域中心点的偏移）：运动跟踪特征区域的中心点的位置偏移。

2．操作方法

"Tracker Motion"（运动稳定）的操作步骤如下。

（1）选中层，选择"Animation"（动画）>"Tracker Motion"（运动跟踪）命令，"Tracker Controls"（跟踪控制）面板随即打开或在"Tracker"（跟踪）面板中单击"Tracker Motion"（运动跟踪）按钮。

（2）在"Motion Source"（运动源）选项的下拉菜单中选择源素材层。

（3）在"Edit Type"（编辑类型）中选择跟踪类型。

当所选类型为"Transform"（位置）时，下方的在"Position"（位置）及"Rotation"（旋转）、"Sale"（尺寸）选项为激活状态，可进行勾选。

（4）单击"Edit Target"（编辑目标）按钮，打开"Motion Target"（跟踪目标）窗口。设置跟踪数据应用的层和效果。

（5）单击"Option"（选项）按钮，打开"Motion Tracker Option"（运动跟踪选项）对话框设置跟踪通道等参数。

（6）将时间线指针放置于素材的开始位置，在预览窗口中移动跟踪点选择跟踪区域，调整特征区域的范围。

（7）按"Analyze"（分析）栏中的"播放分析"按钮▶，跟踪器开始分析运算并进行跟踪。

（8）跟踪无误后，按"Apply"（分析）按钮完成应用。

> **技巧**
>
> 如果追踪目标较为复杂，经常会出现特征区域离开追踪目标的情况，这时可以用以下方法解决：①需在"Layer"窗口中，将开始分离位置设置为追踪入点，调整追踪区域及其他设置，对分离区域重新进行追踪。②加大搜索区域。③提高追踪精度。④手动对出现分离的帧进行调节。

9.1.2 "Stabilize Motion"

稳定技术是后期合成的一项重要技术，它主要用来消除或减弱前期拍摄中的画面抖动现象。运动稳定的原理是根据特征点在起始位置时与画面中其他点的位置距离和所成角度，来分析运算后续帧特征点的位置与角度，跟踪器根据运算结果再为层的中心点和旋转角度属性添加关键帧，并使关键帧与特征点在运动方向和旋转角度的变化上呈相反的运动，从而抵消了画面的晃动。

"Stabilize Motion"（运动稳定）的应用也是根据像素的差异进行的，因此在选取跟踪点的时候就要使跟踪点与周围像素在色相、亮度、对比度中的某一方面或几方面有明显的差异。"Channel"（跟踪通道）提供了三种像素差异类型，包括"RGB"（RGB通道）、"Luminance"（亮度通道）、"Saturation"（饱和度通道）。

"Stabilize Motion"（运动稳定）的操作步骤如下。

（1）选中层，选择"Animation"（动画）>"Stabilizer Motion"（运动稳定）命令或在"Tracker"面板中单击"Stabilize Motion"（运动稳定）按钮。"Tracker"（跟踪控制）面板随即打开。

（2）根据所需在"Tracker"（跟踪）面板中勾选"Position"、"Rotation"、"Scale"选项，如图9－10所示。

（3）单击"Option"（选项）按钮，打开设置面板，设置通道类型等，如图9－11所示。完成设置单击"OK"按钮即可。

图9－10　"Tracker"面板的设置　　　图9－11　"Option"面板的设置

（4）将时间线指针放置于素材的开始位置，将画面中的两个具有颜色、亮度或饱和度特征的，且两者间没有相对移动的物体作为稳定画面的参考点。在"Layer"窗口中将跟踪点移动到参考点所在位置，并调整特征区域的范围，如图9－12所示。

（5）按"Analyze"（分析）中的"播放分析"按钮，跟踪器开始分析运算，如图9－13所示。此过程中，可能出现跟踪点的丢失或偏离，这时需在此时间处重新设置入点，调整跟踪器的跟踪区域、特征区域等参数，使它能够继续跟踪。

图9－12　指定跟踪点　　　　　图9－13　对跟踪点进行分析运算

（6）跟踪无误后，单击"Apply"（应用）按钮完成。此时，该层的时间线轨道中将自动生成画面运动的关键帧，如图9－14所示。

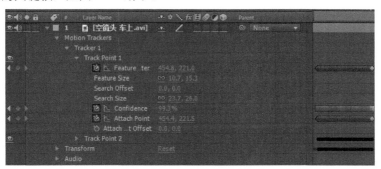

图9－14　完成跟踪后的时间线窗口

> **提示**
>
> 　　若完成稳定后，画面不能占满窗口，则要加大"Scale"（缩放）的属性值。但应尽量减少此操作，因为随缩放数值的增大，画面的图像质量将会降低。

9.2　基于平面的跟踪技术

　　"Mocha for After Effects"是Imagineer Systems公司专为Adobe After Effects CS5软件编写的一款Adobe After Effects CS5内置插件，从Adobe After Effects CS5 CS4版本开始，它内置于Adobe After Effects CS5软件中，为Adobe After Effects CS5软件提供强大的动态跟踪抠像功能。"Mocha for After Effects"作为一种低成本的有效跟踪解决方案，在艰难的短片拍摄过程中，也可以节省大量时间和金钱。它使影视特效合成变得更容易。

9.2.1　"Mocha for After Effects"跟踪技术的原理及应用

　　与之前基于点的"Track Motion"运动跟踪原理不同，"Mocha for After Effects"不需要在画面中设定跟踪点，而是通过对某平面的直接计算，获得该平面的位置、缩放、旋转、透视变化的数据，因此它被称为基于平面的跟踪技术。"Mocha for After Effects"采用工业标准2.5D平面的追踪技术，比传统工具的制作方法还要快3～4倍，能够更迅速地建立高品质影片，如图9－15所示。

图9－15　"Track Motion"软件

9.2.2 "Mocha for After Effects"的操作

"Mocha for After Effects"虽然内置于Adobe After Effects CS5，但使用时需要在Windows程序菜单中打开。在"Mocha for After Effects"的界面中，几乎展现了所有的操作设置。

1. 启动"Mocha for After Effects"

在Windows程序菜单中打开"Mocha for After Effects"或在Adobe After Effects CS5的安装目录下找到"Mocha for Adobe After Effects CS5.exe"，双击将其打开。

> **注意**
>
> 只要安装了完整版的Adobe After Effects CS5 软件，就可以在Windows程序菜单中找到Mocha for After Effects的快捷方式，而一些网上流传的After Effects精简版本则不一定带有此功能，所以请务必安装完整原版Adobe After Effects CS5软件。

2. 新建项目

选择"File"（文件）>"New"（新建）命令或者单击界面左上角新建项目图标█，弹出"New Project"（新项目）对话框，设置新建参数，单击"OK"按钮，如图9-16所示。After Effects CS5内置的"Mocha for After Effects"为V2版本。V2版本简化了V1版本在新建项目时的多步骤操作，只需一个面板的设置便可完成新建项目的操作。

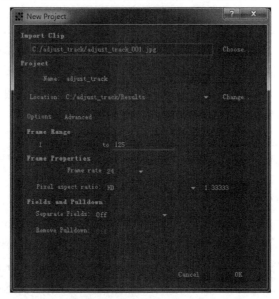

图9-16 "New Project"对话框

"New Project"（新项目）对话框参数如下。

● "Choose…"（选择）：选择需导入的文件。单击该按钮弹出"Choose a file"（选择一个文件）对话框，选择素材文件，单击"打开"按钮即可。

● "Name"（名称）：定义该项目名称。

● "Change…"（更改）：更改根目录。单击该按钮弹出"Choose location"（选择目录）对话框，选择该项目的根目录，单击"OK"按钮即可。

- "Frame Range"（帧范围）：设置帧范围，定义第几帧到第几帧之间为此跟踪操作的范围。
- "Frame rate"（帧速率）：根据素材进行帧速率的设置。
- "Pixel aspect ratio"（像素比）：设置像素比，即对视频格式的定义。下拉菜单中包含了10种像素比，此外也可选择"Custom"（自定义），输入所需的像素比数值。

> **注意**
>
> Mocha for After Effects不能识别中文文件名和中文路径，需要处理的文件命名必须为英文或者数字，并且保存到用英文或者数字命名的文件夹中。

3．开启项目

完成新建项目设置后，将自动开启项目。"Mocha for After Effects"的界面顶部为工具箱，如图9-17所示。工具箱中为用户提供了多种操作工具，在CS5版本中工具箱中添加了5个新工具。

图9-17　工具箱面板

- ■选择工具：选择绘制的层，及层上的点。
- ■选择内部点和外部点工具：对内部和外部的点共同产生作用，对其进行移动和调整。
- ■选择内部点工具：只能对内部的点进行移动和调整。
- ■选择外部点工具：只能对外部的点进行移动和调整。
- ■选择任意点工具：对内部或外部的任意的点进行移动和调整。
- ■增加控制点工具：单击绘制的层的边缘可添加控制点。
- ■抓手工具：移动观察图像。
- ■放大镜工具：向上拖曳鼠标放大图像，向下拖曳鼠标缩小图像。
- ■创建X-Spline曲线层工具：沿欲跟踪的区域边缘依次单击，绘制X-Spline曲线层。
- ■添加X-Spline曲线层工具：添加另一层X-Spline曲线层。
- ■创建Bezier曲线层工具：沿欲跟踪的区域边缘依次单击，绘制Bezier曲线层。
- ■添加Bezier曲线层工具：添加另一层Bezier曲线层。
- ■附加层工具：将一个层中的点附加到另外一个层的一个点上，一般用来排列多个层的点。
- ■锁定Bezier手柄工具：锁定绘制好的Bezier曲线手柄。
- ■旋转工具：激活后，单击鼠标设定旋转轴心位置，拖曳鼠标设定旋转角度。
- ■缩放工具：激活后，单击鼠标设定缩放中心位置，拖曳鼠标设定缩放范围。
- ■移动工具：激活后，拖曳鼠标可对选定的点、控制手柄或整个曲线层进行移动。

4．设置项目的入点与出点

移动预览窗口中的时间线指针，通过单击"入点"按钮■与"出点"按钮■，设置层的入点与出点，为跟踪指定操作范围。然后可以单击"放大至整个时间线"按钮■，将入点与出点间的时间范围扩展为整个时间线上的显示。

5．绘制跟踪选区

使用"X-spline"工具■或"Bezier"■工具在跟踪平面绘制出跟踪选区，如图9-18所示。

在预览窗口下方的跟踪设置面板对跟踪进行精确设置，如图9—19所示。

图9—18　绘制跟踪选区　　　　　　　　　　　图9—19　跟踪设置面板

跟踪设置面板参数如下。

- Luminance（亮度）：根据亮度进行跟踪。
- Auto Channel（自动通道）：自动选择对比最强的通道进行跟踪。
- Translation（位移）：根据位移进行跟踪。
- Scale（缩放）：根据缩放进行跟踪。
- Rotation（旋转）：根据旋转进行跟踪。
- Shear（倾斜）：根据倾斜进行跟踪。
- Perspective（透视）：根据透视进行跟踪。

6．设置显示

单击屏幕右边"View Controls"（视图控制）面板中的"Surface"（表面）按钮，如图9—12所示，打开跟踪区域的平面显示。可根据需要单击其他按钮来添加或消除其他内容的显示，如图9—20所示。

7．调整控制点

在预览窗口移动跟踪的四个红色控制点，使这些控制点与被跟踪区域相匹配，如图9—21所示。

图9—20　"View Controls"面板　　　　　　　图9—21　调整控制点

8．跟踪分析

单击预览窗口右下角的跟踪按钮，如图9-22所示，开始对选中的区域进行跟踪。

图9-22　跟踪按钮面板

跟踪按钮分别为向后跟踪、跟踪上一帧、停止跟踪、跟踪下一帧、向前跟踪。

9．导出跟踪数据

完成区域跟踪后，需要把跟踪计算出来的数据导出来。单击"Track"面板右下方的"Export Data"（导出数据）标签下面的"Export Tracking Data.."（导出跟踪数据）按钮，如图9-23所示。弹出"Export Tracking Data"（导出跟踪数据）对话框，根据需要选择合适的导出选项，如图9-24所示。

图9-23　"Export Data"控制区　　　　图9-24　"Export Tracking Data"对话框

10．将跟踪数据导入Adobe After Effects CS5

打开Adobe After Effects CS5软件，导入被跟踪的素材文件，在项目窗口中右键单击素材文件，在弹出的快捷菜单中选择"Interpret Footage"（解释背景）＞"Main"（主要）命令，如图9-25所示。

此时弹出的"Interpret Footage"（解释背景）对话框中，设置背景参数即可完成向Adobe After Effects CS5界面的导入，如图9-26所示。

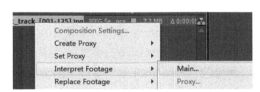

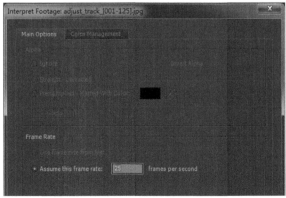

图9-25　将跟踪数据导入Adobe After Effects CS5　　图9-26　"Interpret Footage"对话框

9.3 实战案例——更换屏幕画面

📹 **学习目的**

> 利用本章所学习的跟踪知识与技巧，选用适当的跟踪形式对画面内容进行跟踪与替换

⇨ **重点难点**

> 理解跟踪与稳定技术的原理及适用范围
> 理解Mocha跟踪的原理
> 掌握Mocha跟踪的操作方法

下面，通过本章的综合案例熟悉Mocha for After Effects软件的跟踪操作。在案例中，通过设置素材导入选项、设定跟踪范围、调节跟踪点等操作，完成更换画面内容的效果。效果如图9-27所示。

图9-27 预览整个合成

📁 **操作步骤**

1. 导入素材并设置跟踪范围

01 从Windows程序菜单中找到Mocha for After Effects，双击打开。启动完毕后弹出Mocha for After Effects的欢迎画面，单击"Start"（开始）按钮即可进入工作界面。

02 选择"File"（文件）>"New Project"（新建项目）命令或者单击界面左上角"新建项目"按钮█，弹出"New Project"（新项目）对话框。在"Import Clip"（导入）选项栏中按"Choose"（选择）按钮，在打开的"Choose a file"对话框（选择一个文件）中，选择"素材\第9章\（Footage）\adjust_track_001.jpg"。再修改"New Project"窗口中的参数，将"Frame rate"（帧速率）设置为"25"，"Pixel aspect ratio"（像素比）选择"Custom"（自定义），数值调整为"1.0"，如图9-28所示。单击"OK"按钮完成新建。

03 单击工具栏"Create X-Spline Layer Tool"（创建曲线层工具）█，在显示器的最外圈上绘制一组封闭的外圈曲线，如图9-29所示。

04 单击工具栏"Add X-Spline Layer Tool"（添加曲线层工具）■，在显示器的最外圈上绘制一组封闭的内圈曲线，如图9－30所示。

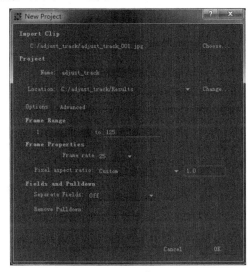

图9－28　新建项目

图9－29　绘制外圈曲线

图9－30　绘制内圈曲线

技巧

按住"Z"键，同时按住鼠标左键不放，此时移动鼠标可以放大或者缩小素材显示窗口。

05 通过控制手柄调整画面中绘制的曲线的边角部分，使曲线与显示器形状更加匹配，效果如图9－31所示。

图9－31　调整曲线边角

经验

　　用鼠标选择画面中曲线节点上的蓝色控制手柄可以调节曲线边角的圆滑程度。当选择某一个节点时，素材显示窗口左上角会自动出现这个节点的放大图，方便调节观察，如图9—32所示。

图9—32　节点的放大显示

　　06 单击素材显示窗口右下的"Track Forwards"（向前跟踪）按钮■，开始对选中的区域进行跟踪。

　　07 跟踪完成之后，发现开始时绘制的曲线位置发生了变化，有的部分没有与显示器外形匹配，如图9—33所示。这说明在跟踪过程中有一些数据无法正常识别，需要通过其他方法来纠正这些问题。

　　08 单击屏幕右边"View Controls"（视图控制）面板中的"Mattes"（蒙版）按钮和"Surface"（表面）按钮，如图9—34所示，打开跟踪区域的蒙版显示和表面显示，如图9—35所示。

图9—33　绘制曲线与跟踪部分不匹配　　图9—34　"View Controls"面板　　图9—35　蒙版显示和表面显示

　　09 单击屏幕左下角的"AdjustTrack"（调节跟踪）按钮，如图9—36所示，切换到跟踪数据修改面板。这时素材显示窗口中会出现额外的四个红色控制点。

图9—36　"AdjustTrack"按钮

10 将四个红色控制点以及与它相关联的蓝色外框顶点移动到内圈曲线的位置，使这些控制点与被跟踪的显示器液晶面板区域相匹配，如图9-37所示。

11 向前移动素材预览窗口的时间滑块，发现有的控制点偏离了目标区域，这时需要手动将其调整到合适的位置。分别选择四个红色控制点，移动时间滑块到不同的位置，调整红色控制点的位置与液晶面板保持匹配。反复调整控制点位置使跟踪数据更加准确，如图9-38所示。

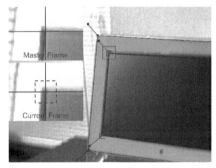

图9-37　调整后的图　　　　　　　图9-38　调整控制点

12 跟踪点调解完毕，单击素材显示窗口下方的播放按钮，可以观察到跟踪点的匹配情况，如图9-39所示。

图9-39　预览跟踪效果

2．导出与导入跟踪数据

01 单击屏幕下方"Export Data"（导出数据）标签下面的"Export Tracking Data.."（导出跟踪数据）按钮，如图9-40所示。

图9-40　"Export Tracking Data.."按钮的位置

此时，在弹出"Export Tracking Data"（导出跟踪数据）对话框，单击"Copy to Clipboard"（复制到剪切板）按钮确认导出，如图9-41所示。

图9—41   "Export Tracking Data"对话框

[02] 打开Adobe After Effects CS5软件，导入被跟踪的素材文件，在项目窗口中右键单击素材文件，选择"Interpret Footage"（解释背景）>"Main"（主要）选项，在弹出来的"Interpret Footage"（解释背景）对话框中，把"Frame Rate"（帧速率）选项数值设置为"25"，如图9—42所示。

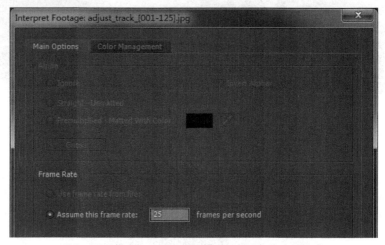

图9—42   在"Interpret Footage"对话框中更改帧速率

[03] 在项目窗口中选择素材，用鼠标拖曳到项目窗口底部的胶卷图标上，松开鼠标创建一个新的合成，素材文件自动包含在合成之内，如图9—43所示。

[04] 选择"Layer"（层）>"New"（新建）>"Solid"（固态层）命令，弹出"Solid Settings"（固态层设置）面板，在"Name"（名称）输入框中输入"液晶面板"，选择任意颜色，单击"OK"按钮确认，如图9—44所示。

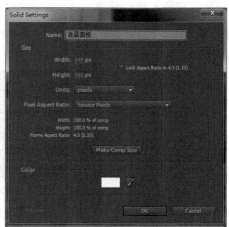

图9—43   新建合成   图9—44   新建固态层

05 切换到Mocha程序中，重复导出与导入跟踪数据的第1步操作，然后切换到Adobe After Effects CS5，选择层"液晶面板"，按"Ctrl+V"组合键将Mocha的跟踪数据粘贴到层"液晶面板"中，这时图像发生了变化，如图9-45所示。

图9-45 将Mocha的跟踪数据粘贴到Adobe After Effects CS5层

3. 替换被跟踪区域画面

当被替换区域的跟踪数据确定之后，需要用准备好的视频素材对这部分进行更换，以符合前期的创作要求，下面用视频素材替换被跟踪区域的画面。

01 替换被跟踪区域画面。选择层"液晶面板"，按"Ctrl+Shift+C"组合键调出"Pre-compose"（预合成）窗口，输入"屏幕播放"，选择第一项，单击"OK"完成，得到新的合成层"屏幕播放"，就将视频素材植入到这个合成中，如图9-46所示。

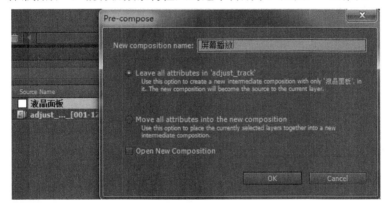

图9-46 对"液晶面板"层进行预合成

02 在项目窗口中单击右键选择"Import"（导入）>"File"（文件），选择视频素材文件"02.mov"并导入。

03 在项目窗口中拖曳素材"02.mov"到合成"屏幕播放"中，如图9-47所示。

图9-47 导入素材文件

04 切换到合成"adjust_track"，拖曳时间线指针，此时显示器内已经开始播放视频。调节视频素材的大小，并且将视频播放时间提前，如图9-48所示。

图9—48 "adjust_track"合成的画面效果

05 按小键盘"0"键，预览整个合成，如图9—27所示。

9.4 本章习题

一、选择题

1. 使用"Track Motion"功能时，"Layer"（层）窗口显示的跟踪点由两个矩形框和一个十字点标记组成，十字点标记表示_____（单选）

    A. 搜索区域   B. 特征区域

    C. 层中心点   D. 特征区域中心点

2. 透视跟踪也可叫做_____（单选）

    A. 一点跟踪   B. 两点跟踪

    C. 三点跟踪   D. 四点跟踪

3. 在默认情况下，Adobe After Effects CS5 的跟踪是基于画面的哪个通道进行处理的_____（单选）

    A. Saturation   B. Luminance

    C. YIQ   D. Iuminance

二、上机练习

使用"Track Motion"功能，为素材"adjust_track_001_125.jpg"中的电脑屏幕更换画面。

第10章
表达式

在After Effects CS5中，创作动画效果一般采用设置关键帧的方式。这种方式简单易用，容易上手，但是也存在不足之处，如当需要制作长时间的循环动画效果时，采用设置关键帧的方法则会产生大量的重复关键帧并耗费大量时间，在这种情况下，使用表达式语言来创建循环动画则会节省大量时间和精力，提高工作效率。

学习目标

→ 了解表达式的特性和功能
→ 掌握表达式的各种操作方法
→ 了解并掌握表达式语言的基本语法
→ 熟练使用表达式完成动画设置

10.1 表达式的基本操作

表达式是基于Java Script的一种动画描述语言，一般添加在目标层的各种属性上，用以生成丰富的动画效果。表达式也可以使层的属性与属性之间建立关联，使用某一属性的关键帧去控制其他属性，提高工作效率。

10.1.1 表达式的添加、编辑和移除

1．添加表达式

添加表达式的方法有如下三种。

（1）手动输入或粘贴复制。创建一个固态层，选择固态层，按"P"键调出"Position"属性，按住"Alt"键不放，鼠标左键单击"Position"属性左侧的关键帧自动记录器，时间线窗口中自动出现表达式输入框，如图10－1所示。

图10－1 添加表达式

> **注意**
>
> 当为层的属性添加表达式时，会在表达式输入框内产生一个默认的表达式，此默认的表达式不会产生动画效果。

在输入框中输入相应的表达式或者按组合键"Ctrl ＋ V"将从其他程序中复制的表达式粘贴在输入框内，鼠标左键单击时间线窗口中的空白位置确认输入，如图10－2所示。

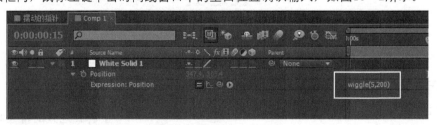

图10－2 手动输入表达式

> **注意**
>
> 表达式语句中的标点符号必须为英文半角格式。

（2）语言菜单选择。创建一个固态层，选择固态层，按"P"键调出"Position"属性，按住"Alt"键不放，鼠标左键单击"Position"属性左侧的关键帧自动记录器，时间线窗口中自动出现表达式输入框，如图10－3所示。

图10-3　添加表达式

鼠标左键单击表达式选项中的 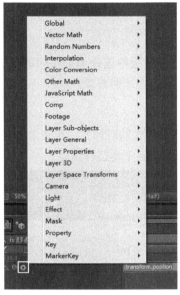 按钮，弹出表达式语言菜单，如图10-4所示，在菜单中选择一个表达式，被选择的表达式自动出现在表达式输入框内，鼠标左键单击时间线窗口中的空白位置确认输入。

图10-4　表达式语言菜单

Adobe After Effects CS5中内置了丰富的表达式语言内容，表达式语言菜单列出了各项表达式语言的参数和编写格式，按照格式可以编写出正确的表达式语句。

在菜单中选择一个表达式语言，表达式语言将自动插入在表达式输入框的当前光标位置内。如果在表达式输入框的文字被选中，新的表达式语言会替换当前被选中的表达式内容，如果表达式输入框没有激活编辑状态，则新的表达式语言会替换表达式输入框内的所有内容。

（3）表达式关联器。创建两个固态层，选择第一个固态层，按"P"键调出"Position"属性，选择第二个固态层，按"S"键调出"Scale"属性，按住"Alt"键不放，鼠标左键单击第一个固态层的"Position"属性左侧的关键帧自动记录器，时间线窗口中自动出现表达式输入框，如图10-5所示。

图10-5　添加表达式

鼠标左键按住表达式选项中的 ◎ 按钮不松开，拖动鼠标产生一条直线，将这条直线可以移动的一端拖动到第二个固态层的"Scale"属性名称上，如图10－6所示，松开鼠标左键即可产生表达式，两个属性关联在一起。

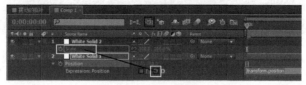

图10－6　表达式关联

添加表达式后，可以方便地对表达式进行编辑，鼠标左键单击表达式输入框，即可重新输入或者编辑表达式。

2．移除表达式

移除表达式的方法：在时间线调板中选择添加了表达式的层属性，选择"Animation"＞"Remove Expression"命令，即可将表达式移除。

3．关闭表达式

在时间线调板中选择添加了表达式的层属性，单击表达式开关按钮，如图10－7所示，即可关闭表达式，表达式内容被保留，但不再起作用。

图10－7　关闭表达式

10.1.2　表达式转化

为某个层属性添加表达式后，层属性即按照表达式语句内容生成各种动画效果，但是并不会在层属性上产生关键帧。当需要修改动画效果中某个时间段或者某个位置的具体数值时，可以将表达式动画转化为关键帧动画。

选择添加了表达式的层属性，选择"Animation"＞"Keyframe Assistant"＞"Convert Expression to Keyframes"命令，系统将会对表达式的运算结果进行逐帧的分析，将分析结果转化为具体的关键帧体现在层属性上，并关闭表达式功能，如图10－8所示。

图10－8　表达式转化为关键帧

> **经验**
>
> 将表达式转化为关键帧的操作是不可逆操作，不可以将转化的关键帧转化为表达式，只可以使用组合键"Ctrl ＋ Z"来恢复操作。

10.2 实战案例——摆动的指针

学习目的

> 掌握添加表达式的方法
> 掌握简单表达式的书写规则

重点难点

> 表达式命令的运用
> 表达式关联的运用

本节讲述如何添加编辑表达式，并且实现表达式关联动画效果，本案例效果如图10－9所示。

图10－9　案例效果

操作步骤

1．打开项目

01 选择"File" > "Open Project"命令，弹出"打开"对话框，选择"素材\第10章\摆动的指针.aep"，单击"打开"按钮确认打开项目文件，如图10－10所示。

02 项目文件为预先制作好的指针图形，并带有一组文字，如图10－11所示。

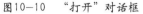

图10－10　"打开"对话框

图10－11　原始画面效果

03 时间线窗口中存在两个层，分别是文字层"T 50"和固态层"指针"，如图10－12所示。

2．设置层级关系

为文字层"T 50"设置父子层级关系，使文字层"T 50"跟随固态层"指针"，如图10－13所示。

图10－12　合成中的层

图10－13　设置父子层级关系

3．添加表达式

01 选择层"指针"，按"R"键调出层的"XYZ Rotation"属性，如图10－14所示。

图10－14　层"指针"的"XYZ Rotation"属性

02 选择层"指针"，按住"Alt"键不放，鼠标左键单击"Position"属性左侧的关键帧自动记录器，时间线窗口中自动出现表达式输入框，如图10－15所示。

图10－15　添加表达式

03 在表达式输入框中输入"wiggle（1,50）"（标点符号必须为半角），如图10－16所示，鼠标单击时间线窗口中的空白区域，确认表达式书写完毕。

图10－16　输入表达式内容

04 调整后的画面如图10－17所示。

图10-17 调整后的画面

05 选择层"指针"，按"U"键两次，单独显示层"指针"的"Z Rotation"属性，如图10-18所示。

图10-18 层"指针"的"Z Rotation"属性

4．设置表达式关联

01 选择层"T 50"，依次展开层名称左侧的浏览器，找到"Source Text"属性，如图10-19所示。

图10-19 层"T 50"的"Source Text"属性

02 按住"Alt"键不放，鼠标左键单击"Source Text"属性添加一个表达式，松开"Alt"键，单击并拖动■图标，使直线的结束端指向层"指针"的"Z Rotation"处，如图10-20所示。

图10-20 设置表达式关联

03 表达式关联后，层"T 50"的表达式内容自动更改，如图10-21所示。

图10-21　表达式内容自动更新

04 激活表达式输入框，将鼠标光标移动到表达式输入框中的起始位置上，单击表达式语言菜单为表达式添加一个"Math Floor"语句，表达式输入框中表达式显示为Math.floor(value) thisComp.layer（"指针"）.transform.zRotation，如图10-22所示。

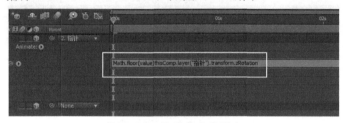

图10-22　添加表达式语言

05 修改表达式的内容为Math.floor(thisComp.layer（"指针"）.transform.zRotation），如图10-22所示。

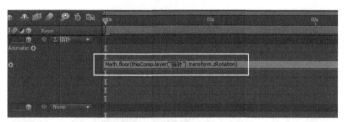

图10-23　修改表达式内容

06 调整后的画面效果如图10-24所示。

图10-24　调整后的画面

07 选择层"T 50"，按"R"键调出"Z Rotation"属性，如图10-25所示。

08 按住"Alt"键不放，鼠标左键单击"Z Rotation"属性添加一个表达式，松开"Alt"键，单击并拖动 图标，使直线的结束端指向层"指针"的"Z Rotation"处，如图10-26所示。

09 调整后的画面如图10-27所示。

图10-25 层 "T 50" 的 "Z Rotation" 属性

图10-26 设置表达式关联

图10-27 调整后的画面

(10) 编辑层 "T 50" 的 "Z Rotation" 属性表达式内容，如图10-28所示。

(11) 调整后的画面效果如图10-29所示。

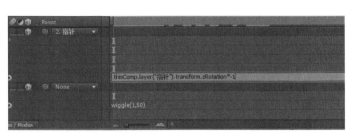

图10-28 编辑表达式内容

图10-29 最终画面效果

(12) 在 "Preview" 面板中，单击 "RAM Preview" 按钮，预览整体动画效果，确认无误后渲染输出。

10.3 本章习题

操作题

运用表达式语句制作一段循环播放的动画。

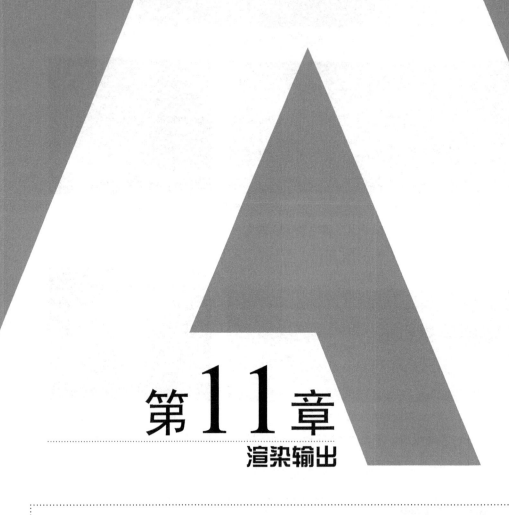

第11章

渲染输出

当Adobe After Effects CS5的各个制作环节完成之后，就要考虑最终的图像输出了。Adobe After Effects CS5中可将合成项目中的图像最终输出为视频、动画、视频项目、静止图片和图片序列等多种格式，可以根据具体的用途或发布媒介的需求进行选择。

学习目标

→ 掌握渲染输出的基本流程和相关设置

→ 掌握 "Render Queue"（渲染队列）窗口的使用

→ 了解Adobe After Effects CS5支持输出的各种格式

→ 掌握各种格式的渲染输出方法

渲染输出基本流程

渲染输出是整个Adobe After Effects CS5制作过程中的最后一步，也是关键的一步，渲染输出方式的选择将直接影响影片的最终呈现效果。

11.1.1 / 渲染输出

渲染就是将合成项目中的所有层、设置和其他信息创建成为一个二维合成图像。渲染是通过逐帧渲染的方式完成的，可以在不可实时预览效果的情况下查看到流畅的最终效果。

渲染输出一般需要消耗不少时间，在进行渲染输出之前，最好先进行预览，发现问题及时解决。在时间线窗口中激活需要预览的合成组，单击"Preview"窗口中的"RAM Preview"按钮即可进行预览，快捷键为数字键盘上的"0"键。

11.1.2 / "Render Queue"窗口

"Render Queue"（渲染队列）窗口用于渲染合成项目图像，并能显示和设置渲染及输出的相关信息。Adobe After Effects CS5允许将多个合成项目加入到渲染任务中，所有等待渲染的列队将被排列在此处，如图11-1所示。

图11-1 "Render Queue"窗口

1. "Current Render"当前渲染信息

"Current Render"（当前渲染信息）栏显示当前渲染信息以及渲染进程。渲染开始后它将显示开始渲染的时间、当前已渲染的时间以及结束的时间。已渲染部分会以百分比长度的黄色条显示，未被渲染部分则会以黑色条显示。展开"Current Render"（当前渲染信息）名称左侧的三角按钮，可查看当前的渲染信息。按下按钮"Render"（渲染）、"Stop"（停止）、"Pause/Continue"（暂停/继续）按钮，进行开始渲染、停止渲染、暂停渲染或继续渲染的操作。如图11-2所示。

图11-2 "Current Render"栏

2．渲染队列区

每个需要渲染的合成项目都排列于渲染队列区，等候渲染，如图11-3所示。在渲染队列区中，可以上下拖曳渲染任务，重新为它们排序；可选择"Composition"（合成）>"Add to Render Queue"（添加到渲染队列）命令，添加渲染任务；可选择一个渲染任务，按"Delete"（删除）键取消该渲染任务。

图11-3　渲染队列区

渲染队列区的显示内容如下。

- "Label"（标记）：标记栏。可以用不同的颜色将队列区分开。
- "#"（编号标记）：渲染时系统将会依编号为准，按数字依次渲染。可以拖曳排列次序来改变编号。
- "Comp Name"（合成名称）：合成项目的名称。
- "Status"（状态）：显示渲染列队中合成项目的图像渲染状态。在情况不同时，有不同的显示方式，包括以下方式："Unqueued"（不在渲染状态）、"Queued"（准备渲染的状态）、"Needs Output"（未指定输出名）、"Failed"（渲染失败）、"Use Stopped"（停止渲染）和"Done"（渲染完成）。
- "Started"（开始）：显示渲染的开始时间。
- "Render Time"（渲染时间）：显示渲染时间。

11.1.3　在"Render Queue"窗口中渲染输出影片

在Adobe After Effects CS5中，虽然可以通过选择"File"（文件）>"Export"（输出）命令进行输出，但可选格式和编码非常有限。而"Render Queue"（渲染队列）窗口可对影片的渲染输出提供高级控制，拥有广泛的格式和编码支持。

1．将合成项目添加到渲染队列窗口

将合成项目添加到渲染队列窗口有以下两种方法。

（1）在Timeline（时间线）窗口或"Project"（项目）窗口中选择欲输出的"Comp"（合成），选择"Composition"（合成）>"Make Movie"（制作影片）命令或按组合键"Ctrl+M"，将该"Comp"添加到"Render Queue"（渲染队列）窗口。

（2）将"Comp"从"Project"（项目）面板中直接拖曳至"Render Queue"（渲染队列）窗口，即可完成添加。

2．渲染设置

（1）Adobe After Effects CS5中提供了一些设置模式，可根据情况直接选用。在"Render

Queue"（渲染队列）窗口中，单击"Render Settings"名称右侧的三角按钮，打开渲染模式选项菜单，如图11－4所示。

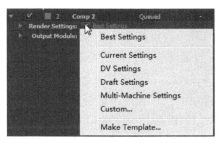

图11－4　渲染模式选项菜单

"Render Settings"渲染模式选项菜单内容如下。

● "Best Settings"（最优设置）：使用最好的质量进行渲染。

● "Current Settings"（当前设置）：以当前"Comp"（合成）图像的分辨率进行渲染。

● "DV Settings"（DV设置）：以DV的分辨率和帧数进行渲染。

● "Draft Settings"（草图设置）：使用草稿级的渲染质量。

● "Multi-Machine Settings"（联机设置）：联机渲染。

● "Custom"（自定义）：选择该命令可以打开"Render Setttings"对话框，进行渲染的自定义设置。

● "Make Template"（制作模板）：选择该命令可以打开"Render Settings Templates"（渲染设置模板）对话框，制作渲染模板。

（2）单击三角按钮右侧的下划线文字，可以在弹出"Render Settings"（渲染设置）对话框中进行渲染自定义设置，如图11－5所示。

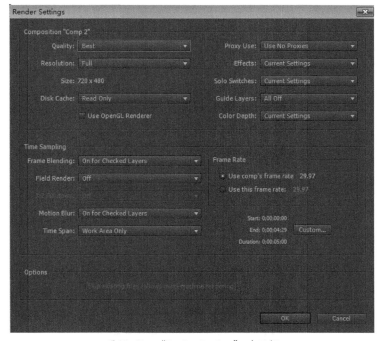

图11－5　"Render Settings"对话框

"Render Settings"（渲染设置）对话框部分参数如下。

● "Quality"（质量）：设置渲染的质量。

● "Resolution"（分辨率）：设置渲染影片的分辨率。

● "Proxy Use"（使用代理）：设置渲染是否使用代理。

● "Effects"（特效）：设置渲染是否使用特效。

● "Frame Blending"（帧融合）：设置渲染影片是否采用帧融合模式。

● "Field Render"（渲染场）：设置渲染是否采用场渲染方式。

● "3：2Pulldown"（3：2的折叠）：设置3：2下拉的引导相位法。

● "Motion Blur"（运动模糊）：设置是否使用运动模糊功能。

● "Time Span"（时间范围）：设置当前合成项目的渲染范围。

● "Frame Rate"（帧速率）：设置渲染影片时的帧速率。

● "Use comp's frame rate"（使用合成影片中的帧速率）：创建影片时，设置的项目默认帧速率。

● "Use this frame rate"（使用指定帧速率）：使用自定义项目的帧速率。

● "Skip Existing Files"（省略丢失文件）：是否省略丢失的文件。

> **经验**
>
> 如果影片输出时"Field Render"（渲染场）的选择与视频设备的场序相反，则输出的影片不能在电视上平滑顺畅地播放，而会出现图像一前一后的抖动现象。

3．输出设置

（1）单击渲染队列区"Output Module"（输出模块）右侧三角按钮，打开输出模式选项菜单，如图11－6所示，根据不同要求的文件类型选择输出模块。如果选择"Custom"（自定义）命令，将打开"Output Module Settings"（输出模块设置）对话框，进行渲染的自定义设置；选择"Make Template"（制作模板）命令，则打开"Output Module Templates"（输入模块模板）对话框，制作输出模板。

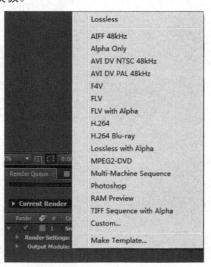

图11－6　输出模式选项菜单

（2）单击三角按钮右侧的下划线文字，在"Output Module Settings"（输出模块设置）对话框中进行输出的自定义设置。其中包括输出格式、视频输出、音频输出三个区域的设置，如图11－7所示。

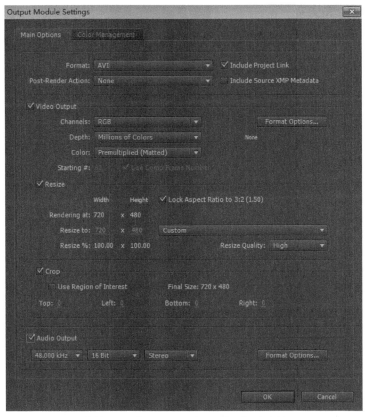

图11－7　"Output Module Settings"对话框

- "Format"（格式）：设置输出文件的格式。
- "Post-Render Action"（渲染后动作）：设置渲染后是否使用刚渲染的文件作为素材或者代理素材。

"Video Output"（视频输出）：该区域用于设置视频输出参数。

- "Channels"（通道）：设置输出的通道。
- "Format Options"（格式选项）：选择视频的编码方式。
- "Depth"（色深）：选择色深。
- "Color"（颜色）：设置输出的视频所包含的Alpha通道的模式。
- "Starting"（开始）：当输出的格式为序列图片时，该项用于指定序列图片的文件名序列数。

"Resize"（调整尺寸）：该区域用于调整输出画面的尺寸。

- "Lock Aspect Ratio to 4：3"（锁定纵横比为4：3）：勾选此复选框则将纵横比锁定为4：3。
- "Custom"（自定义）：在下拉菜单中可选择某一制式，或选择"Custom"自定义画面尺寸。

- "Resize Quality"（调整尺寸质量）：设置调整尺寸的质量，默认为"High"（高）。

"Crop"（修剪）：该区域用于裁切画面。

- "Use Region of Interest"（使用重点区域）：勾选此复选框则采用"Composition"（合成）窗口中的"Region of Interest"（重点区域）工具确定画面区域。

- "Top/Left/Bottom/Right"（顶/左/底/右）：设置上、左、下、右四个边被裁掉的像素尺寸。

"Audio Output"（音频输出）：该区域用于设置音频输出参数。

- "48.000kHz"：在下拉菜单中选择音频的采用速率。

- "16 Bit"：在下拉菜单中选择音频的量化位数。

- "Stereo"（立体声）：在下拉菜单中设置赫兹、比特、立体声或单声道。

- "Format Options"（格式选项）：选择音频的编码方式。

"Format"（格式）中提供了多种视频和动画格式、图片格式、音频格式，如图11－8所示。

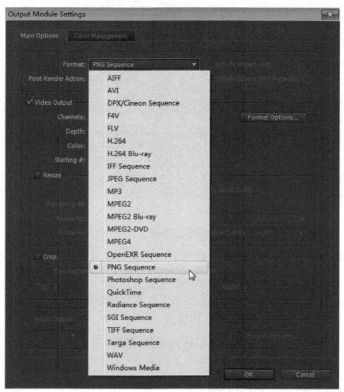

图11－8　"Format"下拉菜单

列表中列出了Adobe After Effects CS5软件支持的输出格式，选择不同的输出格式，影片参数和压缩设置等也有所不同。常用的输出格式和对应的使用途径如下。

- AIFF：将影片的声音部分输出为AIFF格式音频，适合于在各平台之间进行音频数据交换。

- AVI：将影片输出为DV格式的数字视频和Windows操作平台数字电影，适合于计算机本地播放。

- Quick Time：输出为MOV格式数字电影，适合与苹果机进行数据交换。
- WAV：只输出影片的声音，输出为WAV格式音频，适合于各平台音频数据交换
- FLV／F4V：输出为Flash流媒体格式视频，适合网络播放。
- H.264／H.264 Blu-ray：输出为高性能视频编解码文件，适合输出高清视频和录制蓝光光盘。
- PNG／Targa／TIFF／JPEG Sequence：输出为图片序列，适合于多平台数据交换。
- MPEG4：输出为压缩比较高的视频文件，适合移动设备播放。
- MPEG2／MPEG2-DVD：输出为MPEG2编码格式的文件，适合录制DVD光盘。
- Windows Media：输出为微软专有流媒体格式，适合于网络播放和移动媒体播放。

4．设置输出文件的命名规则

单击"Output To"（渲染到）后面的三角按钮，在弹出的文件命名规则选项菜单中为输出文件选择一种命名规则。如图11-9所示。

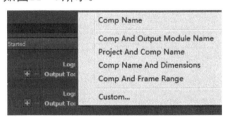

图11-9　文件命名规则的选项菜单

5．设置输出文件的存储路径

左键单击"Output To"三角按钮后的下划线文字，在弹出的"Output Movie To"（输出影片到）对话框中，为输出影片选择存储路径，如图11-10所示。

图11-10　设置输出文件的存储路径

6．设置"Log"（日志）

在"Log"（日志）栏右侧的下拉菜单中，选择一种日志记录方式。生成"Log"（日志）文件后，其路径会显示在"Render Settings"（渲染设置）标题和"Log"（日志）菜单下面。

⚙ **提示**

渲染影片的时长取决于合成的帧尺寸、品质、复杂程度以及压缩算法。

11.1.4 "Render Settings"和"Output Module"的预置设置

在Adobe After Effects CS5中，对渲染和输出也可以进行预置设置，用户可将自己常用的一些设置存储为自定义的预置，在以后的使用中就可避免对渲染和输出的反复设置。

1. "Render Settings Templates"

选择"Edit"（文件）>"Templates"（模板）>"Render Settings"（渲染设置）命令或者在Render Queue对话框中左键单击"Render Settings"后面的小三角形，在弹出的快捷菜单中选择"Make Templates"（制作模板）命令，弹出"Render Settings Templates"（渲染设置模板）对话框，如图11-11所示。

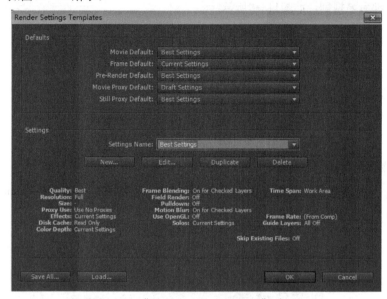

图11-11　"Render Settings Templates"对话框

"Render Settings Templates"对话框中各参数如下。

- "Movie Default"（影片缺省）：影片的缺省设置。　.
- "Frame Default"（单帧缺省）：单帧的缺省设置。
- "Pre-Render Default"（渲染前缺省）：渲染前的缺省设置。
- "Movie Proxy Default"（代理影片缺省）：代理影片的缺省设置。
- "Still Proxy Default"（代理单帧缺省）：代理单帧的缺省设置。
- "Settings Name"（设置名称）：可以在下拉列表中选择已有的渲染模板。
- "New"（新建）按钮：单击按钮可以新建一个模板。
- "Edit"（编辑）按钮：单击按钮可以对选定的模板进行编辑。
- "Duplicate"（复制）按钮：单击按钮可以复制选定的模板。
- "Delete"（删除）按钮：单击按钮可以删除选定的模板。

完成以上编辑，按钮下方的对话框中将显示系统当前渲染模板的相关信息。

- "Save All"（保存所有）按钮：单击按钮将模板存储为一个"*.A"的文件。

- "Load"（提取）按钮：单击按钮可以将存储的模板文件提取出来。
- "OK"按钮：单击按钮完成设置。

2. "Output Module Templates"

选择"Edit"（文件）>"Templates"（模板）>"Output Module"（输出模块）命令或者在"Render Queue"对话框中左键单击"Output Module"（输出模块）后面的小三角形，在弹出的菜单中选择"Make Templates"（制作模板）命令，弹出"Output Module Templates"（输出模块模板）对话框，如图11-12所示。

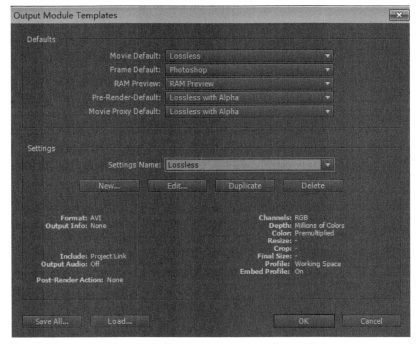

图11-12　"Output Module Templates"对话框

"Output Module Templates"（输出模块模板）对话框中的参数与"Render Settings Templates"（渲染设置模板）对话框中的参数基本相同。略有区别的是，在此对话框中单击"Save All"（保存所有）按钮后，模板将被存储为一个"*.ars"文件。

11.1.5 "Collect Files"文件打包

在渲染之前，可以为文件打包，使用"Collect Files"（收集文件）命令将项目或合成中的所有文件复制到一个指定位置，以便存档或移动项目到其他电脑系统。使用"Collect Files"（收集文件）命令，After Efftects将创建一个文件夹，文件夹中包含了一个素材文件夹，根据设置也可能包含一个输出文件夹。

"Collect Files"（收集文件）的操作步骤如下。

（1）选择"File"（文件）>"Collect Files"（收集文件）命令。

（2）在弹出的"Collect Files"（收集文件）对话框中，对收集方式等参数进行设置。如图11-13所示。

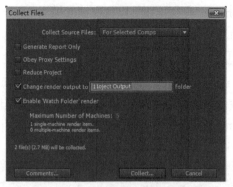

图11-13 "Collect Files"对话框

"Collect Files"（收集文件）对话框的参数含义如下。

● "Collect Source Files"（收集文件方式）：在下拉菜单中选择收集文件的方式。包括 "All"（所有），收集全部素材，包含没有用到的素材或代理素材；"For All Comps"（所有合成），收集任意合成项目中的所有素材和代理素材；"For Selected Comps"（所选合成），收集所选合成项目中的所有素材和代理素材；"For Queued Comps"（收集队列合成），收集当前渲染队列窗口中任意合成项目的所有素材和代理素材；None（Project Only）（无（仅项目）），仅将项目复制到新位置，不收集任何源素材。

● "Generate Report Only"（仅生成报告）：勾选此复选框则不复制文件和代理。

● "Obey Proxy Settings"（执行代理设置）：合成项目中包含代理素材时，勾选此复选框则只复制合成项目中用到的文件；取消勾选则复制包含代理素材和源素材。

● "Reduce Project"（削减项目）：当"Collect Source Files"（收集文件方式）选项设置为"For All Comps"、"For Selected Comps"、"For Queued Comps"时，勾选此复选框则移除文件中没有用到的素材和合成项目。

● "Change render output to"（改变输出模块到）：勾选此复选框可重新定向输出模块，可以渲染文件到收集文件夹中的一个命名的文件夹中。可确保在另一台计算机上可以使用渲染后的文件。

● "Enable 'Watch Folder' render"（"查看文件夹"渲染）:可以保存项目到指定文件夹，然后通过网络渲染文件夹。

（3）单击"Comments"（注释）按钮，输入注释文字，单击"OK"完成。添加的注释信息将生成到报告中。

（4）单击"Collect"按钮，在弹出的"Collect files into folder"（收集文件到文件夹）对话框中，为收集文件夹命名并指定存储路径。单击"保存"开始收集文件。

11.2 输出操作

Adobe After Effects CS5为输出文件提供了多种格式和压缩选项。在输出文件时，可根据文件的用途进行选择，如果输出影片作为最终播出影片，则需根据媒介特点，及文件尺寸、码率等选择格式。

11.2.1 输出一段标准的影片

输出一段标准影片的操作步骤如下。

（1）选择要渲染的合成文件。

（2）选择"Composition"（合成）>"Make Movie"（制作影片）命令或使用组合键"Ctrl + M"。

（3）在弹出的"Render Queue"（渲染队列）对话框中指定文件名和存储路径等。

（4）单击"Render"按钮开始进行渲染。

技巧

如果需要将此合成项目渲染成输出多种格式或者多种编码，则在第三步之后，选择"Composition"（合成）>"Add Output Module"（增加输出模块）命令或按"Output To"（输出到）左侧的"＋"按钮，为该输出项目再次添加输出设置，如图11－14所示。按"－"按钮，则删除对应的输出设置。

图11－14 添加输出模块

11.2.2 输出为Premiere Pro的项目

Adobe After Effects CS5可将项目输出为Premiere Pro项目，它作为不涉及渲染的输出，仅做保存而不渲染，以此完成数据的转换和项目信息的保存。

输出为Premiere Pro的项目的操作步骤如下。

（1）选择"File"（文件）>"Export"（输出）>"Adobe Premiere Pro Project"（Premiere工程）命令。

（2）在弹出的"Export As Adobe Premiere Pro Project"（导出为Premiere项目）对话框中设置文件的存储路径及文件名，单击"保存"完成输出，如图11－15所示。

图11－15 "Export As Adobe Premiere Pro Project"对话框

11.2.3 / 输出合成项目中的一个单帧

输出合成项目中的某一帧的操作步骤如下。

（1）在时间线窗口中选择欲输出的一帧。

（2）选择"Composition"（合成）＞"Save Frame As"（将帧保存为）＞"File"（文件）命令，添加渲染任务到"Render Queue"（渲染队列）窗口。

（3）单击"Render"按钮开始渲染。

另外，也可将单帧输出为分层的Photoshop文件。选择"Composition"（合成）＞"Save Frame As"（将帧保存为）＞"Photoshop Layers"（Photoshop层）命令。在弹出的"另存为"对话框中指定文件名和存储路径，单击"保存"按钮即可完成单帧的输出，如图11－16所示。

图11－16　"Photoshop Layers"命令弹出"另存为"对话框

> **经验**
>
> Photoshop不支持Adobe After Effects CS5中的一些功能，因此分层的"Photoshop"文件可能看上去与Adobe After Effects CS5中的帧略有区别。这时，可以使用"Composition"（合成）＞"Save Frame As"（将帧保存为）＞"File"（文件）命令，输出为拼合层版本的PSD文件。

> **技巧**
>
> 如果对当前时间点之后的影片做定帧效果，可以使用"Composition"＞"Save Film As"＞"File"命令生成单独的一帧图像再调入Adobe After Effects CS5中；也可对该影片使用"Layer"＞"Enable Time Remapping"命令，在当前时间点设置一个关键帧并删除影片出点的"Time Remap"关键帧。

11.2.4 / 输出一段序列帧

输出一段序列帧和输出一段动画的不同之处在于，系统将以连续图片的形式记录当前所制作的动画。输出图片的总数将由"秒数乘以所设置的每秒输出的帧数"来决定。输出序列帧，必须要在"Format"（格式）下拉列表中选择"sequence"（序列）格式文件。Adobe After Effects CS5支持多种序列图片的输出格式，包括Cineon Sequence、BMP Sequence、IFF Sequence、TIFF Sequence、JPEG Sequence、Photoshop Sequence、OpenEXR Sequence、Pixar Sequence、SGI Sequence和Targa Sequence。

输出一段序列帧的操作步骤如下。

（1）在时间线窗口选择欲输出的合成文件。

（2）选择"Composition"（合成）>"Make Movie"（制作影片）命令，将合成项目添加到渲染队列中。

（3）单击"Output Module"右侧的划线文字，打开"Output Module"设置对话框。

（4）在"Format"（格式）下拉菜单中选择某种序列图片格式，如图11－17所示。并对其他参数进行调整，单击"OK"完成输出设置。

（5）单击"Render"按钮，开始进行渲染。

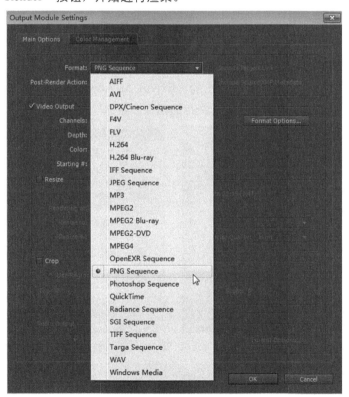

图11－17　选择序列图片格式

11.2.5　输出Flash文件

Adobe After Effects CS5可将合成项目渲染输出为SWF、FLV、F4V以及XFL等格式，以便在Adobe Flash Player播放器中播放。SWF文件可直接在Adobe Flash Player中播放，而FLV和F4V则必须封装或连接到一个SWF文件，再使用Adobe Flash Player播放。XFL文件用于与Flash Professional软件进行格式中转。

1．输出为XFL文件

将Adobe After Effects CS5中的合成组输出为XFL文件后，可以在Flash Professional软件中进行编辑修改。XFL文件可以包含独立的层和关键帧，可以尽可能多地保存合成组的信息，以便在Flash Professional中直接使用。如果Adobe After Effects CS5不能输出合成项目中的个别层，则该层将作为XFL文件中的一个未渲染数据，可以被忽略，也可被渲染为PNG或FLV格式。

将合成项目输出为XFL文件的操作步骤如下。

（1）在时间线窗口选择欲输出的合成组。

（2）选择"File"（文件）>"Export（输出）">"Adobe Flash Professional（XFL）"命令。

（3）在弹出的"Adobe Flash Professional（XFL）Settings"（XFL设置）对话框中选择当含有XFL格式不支持的层时采取何种处理方式，如图11－18所示。选择"Rasterize to"（栅格化）选项，则不支持的层被渲染为PNG或FLV格式；选择"Ignore"（忽略），则不支持的层将不被渲染。

（4）单击"Format Options"（格式选项）按钮，修改PNG或FLV文件的设置。对更改不满意，可单击"Reset To Defaults"（重新设置）按钮，恢复默认设置。

（5）完成设置单击"OK"，在弹出的"Export As Adobe Flash Professional（XFL）"（输出为XFL）对话框中，为输出文件选择存储路径和名称，如图11－19所示。

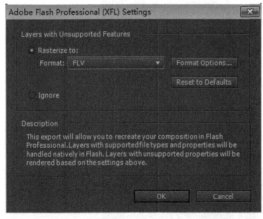 

图11－18　"Adobe Flash Professional（XFL）Settings"对话框　图11－19　"Export As Adobe Flash Professional（XFL）"对话框

> **注意**
>
> 合成项目中的音频部分不会输出到XFL文件中。

2．输出为SWF文件

SWF文件是一种能在Flash Player中进行播放的较小的矢量动画文件。在渲染输出SWF文件时，Adobe After Effects CS5将以最大限度保持矢量图形的矢量特性。但是，SWF文件不支持Adobe After Effects CS5中的栅格化图像、混合模式、运动模糊、嵌套合成以及一些特效。此情况下，可选择忽略或者选择栅格化帧使包含不支持属性的部分作为JPEG压缩位图的形式添加到SWF文件中。

将合成项目输出为SWF文件步骤如下。

（1）在时间线窗口选择欲输出的合成文件。

（2）选择"File"（文件）>"Export（输出）">"Adobe Flash Player（SWF）"命令。

（3）在弹出的"Save File As"（保存文件为）对话框中为输出文件命名并选择存储路径，单击"保存"完成设置。

（4）在弹出的"SWF Settings"（SWF设置）对话框中，对SWF文件格式的输出属性进行设置，如图11-20所示。在"Image"（图像）选项栏中设置栅格化图像的质量，并设置不支持属性的处理方式；在"Audio"（音频）选项栏中对音频的采样率等进行设置；在"Options"（选项）选项栏中可对"回放循环"、"包含项目名"、"将所有重叠对象分成不重叠的部分"和"将层标记作为网络连接"选项进行勾选。

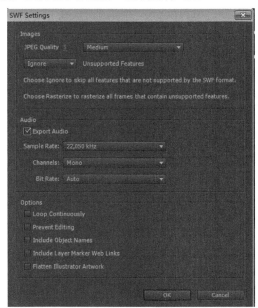

图11-20　"SWF Settings"对话框

（5）单击"OK"按钮完成设置，进行输出。

3．输出为FLV或F4V文件

FLV和F4V文件仅包含基于像素的视频，没有矢量图形和交互性，它们是封装格式，与一组视频和音频格式相关联。FLV文件通常包含基于On2VP6或Sorenson Spark编码的视频数据以及基于MP3音频编码的音频数据。F4V文件通常包含基于H.264视频编码的视频数据以及基于AAC音频编码的音频数据。在After Effect中它们同其他格式一样，是通过"Render Queue"（渲染队列）渲染输出的。

11.2.6 / 网络联机渲染

Adobe After Effects CS5和大多数大型三维软件一样，支持网络渲染。此功能可高效地渲染出大型文件。参与渲染的机器必须装有After Effects软件，软件版本可以不同，但渲染设置必须一样，并且字库相同；操作平台也可以不一样，但必须要指定同一个渲染文件。

> **提示**
>
> Adobe After Effects CS5支持Mac版和Windows版的网络联机渲染。

网络渲染的操作步骤如下。

（1）在Adobe After Effects CS5中，选择"File"（文件）>"Collect Files"（收集文件）命令。在弹出的"Collect Files"（收集文件）对话框中进行设置，单击"Collect"（收集）完成设置，如图11－21所示。在弹出的"Collect Files into folder"（收集文件到文件夹）对话框中输入文件夹名称并选择服务器上的存储路径，如图11－22所示。

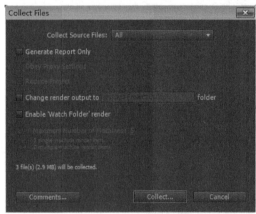

图11－21 "Collect Files"对话框　　　　图11－22 "Collect Files into folder"对话框

（2）打开刚复制的项目文件，选择需渲染输出的合成文件或素材。选择"Composition"（合成）>"Add to Render Queue"（添加渲染队列）命令，将选项添加到渲染队列中。如图11－23所示。

图11－23 添加渲染队列

（3）在渲染队列窗口中单击"Output Module"（输出模块）右侧的下划线文字，弹出"Output Module Setting"（输出模块设置）对话框，在"Format"（格式）选项中选择一种图片序列格式，单击"OK"完成设置。如图11－24所示。

（4）在渲染队列中单击"Render Setting"（渲染设置）右侧的下划线文字，弹出"Render Settings"（渲染设置）对话框，勾选"Skip existing files"（忽略当前文件）复选框，如图11－25所示，避免多个系统重复渲染，单击"OK"完成设置。

图11－24　选择图片序列格式　　　　图11－25　勾选"Skip existing files"复选框

（5）在服务器的磁盘空间中新建一个文件夹，用于文件输出。回到渲染队列中，单击"Output To"（输出到）右侧的划线文字，弹出"Output Movie To"（输出影片到）对话框，输入文件名，并将输出路径选择为刚新建的文件夹。如图11－26所示。

图11－26　"Output Movie To"对话框

（6）在每个用于渲染的系统中打开并保存项目用以记录相对路径，再在每个系统中打开渲染队列窗口，单击"Render"按钮进行影片的输出。

经验

若一个或多个系统停止渲染输出，则未完成的部分由参与渲染输出的其他系统继续完成。

11.3　实战案例——渲染输出

学习目的

> 利用本章所学的渲染输出知识，掌握多种格式的渲染输出方法。

重点难点

> 掌握渲染输出的基本流程和相关设置
> 掌握"Render Queue"（渲染队列）窗口的使用
> 掌握各种格式的渲染输出方法

下面，通过本案例，熟悉并掌握Adobe After Effects CS5的渲染输出影片或图片的方法。掌握用不同的方式将一个任务渲染输出成为不同格式。

📁 **操作步骤**

1. 为一个渲染任务添加多个输出设置

01 启动Adobe After Effect CS5软件，选择"File">"Open Project"命令，打开"素材\第9章\ Mocha.aep"文件，在"Project"（项目）窗口中选择"adjust track"合成组，如图11－27所示。

图11－27　选择"adjust track"合成组

02 选择"Composition"（合成）>"Add to Render Queue"（添加到渲染队列）命令或者按"Ctrl＋M"组合键，将该合成添加到"Render Queue"（渲染队列）窗口。

03 选择"Composition"（合成）>"Add Output Module"（增加输出模块）命令或按"Output To"（输出到）左侧的"＋"按钮，为该渲染任务再次添加输出设置，如图11－28所示。

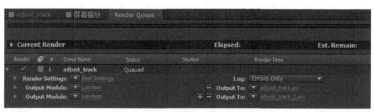

图11－28　添加渲染任务

2. AVI格式文件的输出设置

01 在"Render Queue"（渲染队列）窗口中单击"adjust track"渲染任务下的"Render Settings"（渲染设置）右侧的划线文字，在弹出的"Render Settings"（渲染设置）对话框中，将"Field Render"（渲染场）设置为"Upper Field First"（上场优先），其他使用默认值，如图11－29所示。

图11－29　设置"Field Render"选项

02 单击"Output Module"（输出模块）选项右侧的划线文字，在打开的"Output Module Settings"（输出模块）对话框中将"Format"（格式）设置为"AVI"格式，如图11－30所示。

03 单击"Format"（格式选项）按钮，在弹出的"AVI Option"（AVI选项）对话框中将压缩方式设置为"DV NTSC"，单击"OK"按钮完成设置，如图11－31所示。

图11－30 设置输出格式为"AVI"　　图11－31 设置压缩方式为"DV NTSC"

04 设置好输出格式及压缩方式后，单击"Output To"（输出到）右侧的划线文字，在弹出的对话框中选择渲染路径并输入文件名称。如图11－32所示。

图11－32 选择渲染路径并输入文件名称

3．Targa Sequence格式文件的输出设置

01 单击第二个"Output Module"（输出模块）选项右侧的划线文字，在打开的"Output Module Settings"（输出模块）对话框中将"Format"（格式）设置为"Targa Sequence"，如图11－33所示。

02 单击"Format Options"（格式选项）按钮，在弹出的对话框中选择"24 bits/pixel"，如图11－34所示。单击"OK"按钮完成设置。

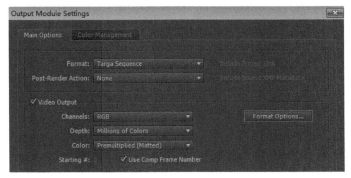

图11－33 将"Format"设置为"Targa Sequence"　　图11－34 设置输出格式为"Targa Sequence"

03 单击"Output To"（输出到）右侧的划线文字，在弹出的对话框中选择渲染路径并输入文件名称。

04 渲染输出的设置完成后，在"Render Queue"（渲染队列）窗口中单击"Render"（渲染）按钮开始渲染，如图11-35所示。

图11-35　渲染过程

4．输出单帧图像

01 回到"Timeline"（时间线）窗口的"adjust track"合成，在时间线窗口中将时间指针拖曳到需要输出的时间位置，如图11-36所示。

图11-36　欲输出的单帧画面

02 选择"Composition"（合成）>"Save Frame as"（保存单帧为）>"File"（文件）命令，此时新的渲染任务添加到渲染队列中，如图11-37所示。

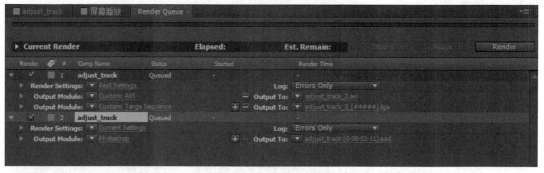

图11-37　渲染单帧命令

03 单击"Output Module"（输出模块）右侧的划线文字，在弹出的"Output Module Settings"（输出模块设置）对话框中，重新设置图片的格式为TIFF，并在"Video Output"（视频输出）选择区对通道进行选择，如图11-38所示。

图11—38　重新设置图片格式

04 完成设置后，在渲染队列窗口单击"Render"（渲染）按钮，即可渲染出单帧文件。

11.4　本章习题

一、选择题

1. 打开"Render Queue"（渲染队列）窗口的快捷键是_____（单选）

    A.　"Alt + N"　　　　　　　　　　　　B.　"Ctrl + N"

    C.　"Ctrl + M"　　　　　　　　　　　　D.　"Alt + M"

2. Adobe After Effects CS5 不能输出的视频格式有_____（单选）

    A.　AVI　　　　　　　　　　　　　　B.　SWF

    C.　TIFF　　　　　　　　　　　　　　D.　Rmvb

二、上机练习

利用个人现有视频素材，将其一次输出为3个输出任务，输出格式分别为MOV、TIFF
Sequence和一张PNG单帧图片。

第12章

综合案例——节目预告

本章通过讲解为某电视台制作节目预告片花的项目案例，演示使用Adobe After Effects CS5进行影视后期工作的完整操作流程，包括准备素材、制作动态背景、制作摄像机动画、制作文字动画、添加背景音乐和渲染输出等步骤，案例实际效果如图12-1所示。

图12-1 案例实际效果

12.1 准备素材

本案例需要准备制作素材，包括如下内容：

（1）电视台的Logo文件。

（2）一段影片的视频素材，可以通过互联网搜索下载。

（3）一副栏目截图，可以使用Adobe Photoshop等软件制作。

（4）一段背景音乐，可以通过互联网搜索下载或者使用音频编辑软件制作。

12.2 制作动态背景

1．新建合成组

单击计算机桌面左下角"开始"按钮，在Windows程序列表中找到Adobe After Effects CS5并打开。选择"Composition">"New Composition"命令，弹出"New Composition"对话框，对各项参数进行设置，如图12－2所示，单击"OK"按钮确认获得一个新的合成组"时钟"。

2．绘制遮罩

（1）选择"Layer">"New">"Solid"命令，弹出"Solid Settings"对话框，在"Name"输入框中输入"第四圈"，其余参数如图12－3所示，单击"OK"按钮确认，获得一个新的固态层"第四圈"。

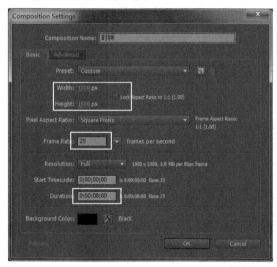

图12－2　"New Composition"对话框

图12－3　"Solid Settings"对话框

（2）在工具面板中单击■矩形工具，按住鼠标左键不放，弹出次级菜单，松开鼠标左键，选择"Ellipse Tool"椭圆形工具，如图12－4所示。

（3）选择固态层"第四圈"，使用椭圆形工具在层上绘制一个圆形遮罩，如图12－5所示。

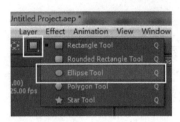

图12-4 选择"Ellipse Tool"椭圆形工具

图12-5 绘制一个圆形遮罩

3. 添加特效

（1）选择固态层"第四圈"，选择"Effect"＞"Generate"＞"Vegas"命令，为层添加一个"Vegas"特效，在"Effect Controls"窗口调节特效的参数，如图12-6所示，"Color"参数的颜色数值为"R95，G95，B95"。

（2）调整后的画面效果如图12-7所示。

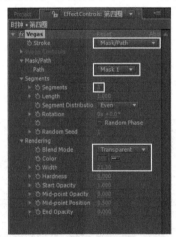

图12-6 调节"Vegas"特效

图12-7 画面效果

（3）选择层"第四圈"，选择"Edit"＞"Duplicate"命令，为层"第四圈"创建一个副本，如图12-8所示。

（4）选择新得到的层"第四圈"，按"Enter"键，修改名称为"第三圈"，如图12-9所示。

图12-8 创建层副本

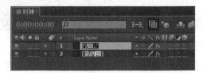

图12-9 修改层名称

（5）选择层"第三圈"，按"S"键调出"Scale"属性，修改"Scale"属性数值，如图12-10所示。

（6）调整后的画面效果如图12-11所示。

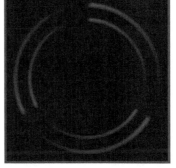

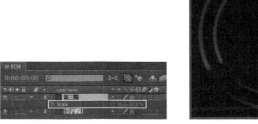

图12－10　修改"Scale"属性数值　　　　　图12－11　画面效果

（7）选择层"第三圈"，选择"Edit"＞"Duplicate"命令，为层"第三圈"创建一个副本"第三圈2"，如图12－12所示。

（8）选择层"第三圈2"，按"Enter"键，修改名称为"第二圈"，如图12－13所示。

图12－12　创建层副本　　　　　　图12－13　修改层名称

（9）选择层"第二圈"，按"S"键调出"Scale"属性，修改数值为"60%，60%"，如图12－14所示。

（10）调整后的画面效果如图12－15所示。

图12－14　修改"Scale"属性数值　　　　　图12－15　画面效果

（11）选择层"第二圈"，选择"Edit"＞"Duplicate"命令，为层"第二圈"创建一个副本"第二圈2"，如图12－16所示。

（12）选择层"第二圈2"，按"Enter"键，修改名称为"第一圈"，如图12－17所示。

图12－16　创建层副本　　　　　　图12－17　修改层名称

（13）选择层"第一圈"，按"S"键调出"Scale"属性，修改数值为"40%，40%"，如图12－18所示。

（14）调整后的画面效果如图12－19所示。

图12－18　修改"Scale"属性数值　　　图12－19　画面效果

4．设置表达式动画

（1）选择层"第四圈"，按"R"键调出"Rotation"属性，按住"Alt"键，鼠标左键单击"Rotation"属性前面的关键帧自动记录器，在时间线窗口中出现表达式输入框，删除原有表达式内容，输入"time*85+15"，如图12－20所示，鼠标单击任意空白位置确认。

（2）选择层"第三圈"，按"R"键调出"Rotation"属性，按住"Alt"键，鼠标左键单击"Rotation"属性前面的关键帧自动记录器，在时间线窗口中出现表达式输入框，删除原有表达式内容，输入"time*－100+35"，如图12－21所示，鼠标单击任意空白位置确认。

图12－20　为层"第四圈"添加表达式　　　图12－21　为层"第三圈"添加表达式

（3）选择层"第二圈"，按"R"键调出"Rotation"属性，按住"Alt"键，鼠标左键单击"Rotation"属性前面的关键帧自动记录器，在时间线窗口中出现表达式输入框，删除原有表达式内容，输入"time*120+20"，如图12－22所示，鼠标单击任意空白位置确认。

（4）选择层"第一圈"，按"R"键调出"Rotation"属性，按住"Alt"键，鼠标左键单击"Rotation"属性前面的关键帧自动记录器，在时间线窗口中出现表达式输入框，删除原有表达式内容，输入"time*－40－50"，如图12－23所示，鼠标单击任意空白位置确认。

图12－22　为层"第二圈"添加表达式　　　图12－23　为层"第一圈"添加表达式

5．制作指针

（1）选择"Layer"＞"New"＞"Solid"命令，弹出"Solid Settings"对话框，在"Name"输入框内输入"时针"，"Color"颜色数值调整为"R58，G76，B96"，如图12－24所示，单击"OK"按钮获得一个新的层"时针"。

（2）在工具面板中选择钢笔工具，如图12-25所示。

（3）使用钢笔工具在层"时针"上绘制一个遮罩，如图12-26所示。

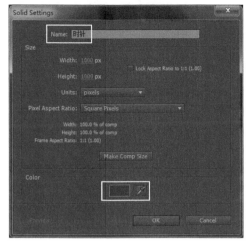

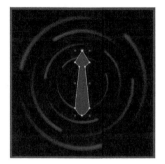

图12-24　"Solid Settings"对话框　　　图12-25　选择钢笔工具　　图12-26　绘制时针形状

（4）选择层"时针"，按"P"键调出"Position"属性，继续按组合键"Shift＋A"调出"Anchor Point"属性，继续按组合键"Shift＋S"调出"Scale"属性，调整三个属性的数值，如图12-27所示。

（5）调整后的画面效果如图12-28所示。

图12-27　调整三个属性的数值　　　　　　　图12-28　画面效果

（6）选择层"时针"，选择"Edit"＞"Duplicate"命令，为层"时针"创建一个副本，如图12-29所示。

（7）选择新得到的层"时针"，按"Enter"键修改层的名称为"分针"，如图12-30所示。

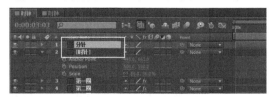

图12-29　创建层副本　　　　　　　　　图12-30　修改层名称

（8）选择层"分针"，按"S"键调出"Scale"属性，修改"Scale"属性的参数，如图12-31所示。

（9）调节后的画面效果如图12-32所示。

图12-31　修改"Scale"属性数值　　　　　图12-32　画面效果

（10）选择层"分针"，按"R"键调出"Rotation"属性，按住"Alt"键，鼠标左键单击"Rotation"属性前面的关键帧自动记录器，在时间线窗口中出现表达式输入框，删除原有表达式内容，输入"time*300+15"，如图12-33所示，鼠标单击任意空白位置确认。

（11）选择层"时针"，按"R"键调出"Rotation"属性，按住"Alt"键，鼠标左键单击"Rotation"属性前面的关键帧自动记录器，在时间线窗口中出现表达式输入框，删除原有表达式内容，输入"time*20+30"，如图12-34所示，鼠标单击任意空白位置确认。

图12-33　为层"分针"添加表达式　　　　图12-34　为层"时针"添加表达式

6．调整三维空间位置

（1）打开所有层的三维属性开关，如图12-35所示。

（2）选中所有层，按"P"键，调出所有层的"Position"属性，如图12-36所示。

图12-35　打开三维属性开关　　　　　　图12-36　调出"Position"属性

（3）鼠标左键单击时间线中的空白位置，取消所有层的选中状态，如图12-37所示。

（4）分别修改每个层的"Position"属性数值，如图12-38所示。

图12-37　取消所有层的选中状态　　　　图12-38　分别修改"Position"属性数值

7. 设置层混合模式

单击时间线窗口底部的"Toggle Switches / Modes"按钮，修改所有层的"Mode"为"Add"模式，如图12-39所示。

图12-39 修改层的混合模式

12.3 制作摄像机动画

1. 新建合成组

（1）选择"Composition" > "New Composition"命令，弹出"Composition Settings"对话框，参数设置如图12-40所示，单击"OK"按钮确认，获得一个新的合成组"节目预告"。

（2）选择"Layer" > "New" > "Solid"命令，弹出"Solid Settings"对话框，在"Name"输入框内输入"背景"，其余参数保持默认，如图12-41所示，单击"OK"按钮确认，获得一个新的固态层"背景"。

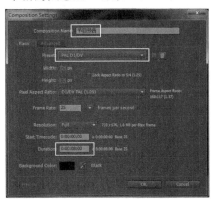 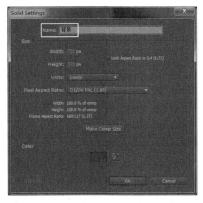

图12-40 "Composition Settings"对话框　　图12-41 "Solid Settings"对话框

（3）选择层"背景"，选择"Effect" > "Generate" > "Ramp"命令，为层添加一个"Ramp"特效，在"Effect Controls"窗口中调节参数，如图12-42所示。"Start Color"颜色数值为纯白色，"End Color"颜色数值为"R113，G113，B113"。

图12-42 "Ramp"特效

2．设置合成组嵌套

（1）在"Project"窗口中，选择合成组"时钟"，将其拖放到时间线窗口中的"节目预告"合成组内，如图12—43所示。

（2）调整后的画面效果如图12—44所示。

图12—43　设置合成嵌套

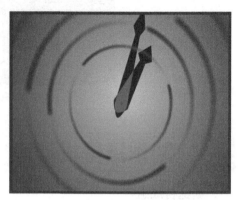

图12—44　画面效果

3．创建摄像机动画

（1）选择"Layer"＞"New"＞"Camera"命令，弹出"Camera Settings"对话框，调节各项参数如图12—45所示。

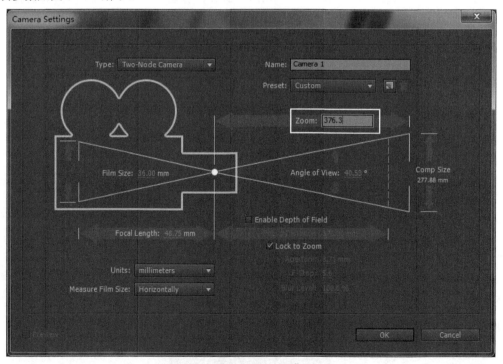

图12—45　"Camera Settings"对话框

（2）"Camera Settings"对话框参数调节完成后，单击"OK"按钮，弹出"Warning"警告对话框，如图12—46所示，对话框中的参数保持默认，单击"OK"按钮确认即可获得一个新的摄像机层"Camera 1"。

（3）选择层"时钟"，打开层的三维属性开关，如图12—47所示。

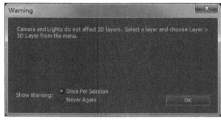

图12—46　"Warning"警告对话框

图12—47　打开层的三维属性开关

（4）选择层"Camera 1"，单击层名称左侧的三角符号，展开层的"Transform"属性。将时间线指针移动到时间线起始位置，单击"Point of Interest"属性和"Position"属性前面的关键帧自动记录器，为这两个属性创建关键帧，并修改"Position"属性的数值，如图12—48所示。

（5）将时间线指针移动到0:00:00:18处，修改"Point of Interest"属性和"Position"属性的数值，如图12—49所示。

图12—48　为摄像机创建关键帧

图12—49　为摄像机创建关键帧

（6）将时间线指针移动到0:00:07:06处，修改"Point of Interest"属性和"Position"属性的数值，如图12—50所示。

（7）将时间线指针移动到0:00:07:24处，修改"Point of Interest"属性和"Position"属性的数值，如图12—51所示。

图12—50　为摄像机创建关键帧

图12—51　为摄像机创建关键帧

4．设置景深效果

（1）选择层"Camera 1"，展开"Camera Options"属性，修改"Depth of Field"属性为"On"，移动时间线指针到时间线起始位置，单击"Aperture"属性前面的关键帧自动记录器，为"Aperture"属性创建一个关键帧，修改它的数值，如图12—52所示。

图12—52　为摄像机创建景深效果

（2）移动时间线指针到0:00:00:18处，修改"Aperture"属性的数值，如图12—53所示。

图12—53　调节摄像机景深效果

（3）移动时间线指针到0:00:07:06处，单击"Aperture"属性最左边的"Add or remove keyframe at current frame"按钮，如图12—54所示。

（4）移动时间线指针到0:00:07:24处，修改"Aperture"属性的数值，如图12—55所示。

图12—54　调节摄像机景深效果

图12—55　调节摄像机景深效果

（5）选择层"时钟"，打开层的塌陷转换开关，如图12—56所示。

（6）调整后的画面效果如图12—57所示。

图12—56　打开层的塌陷转换开关

图12—57　画面效果

12.4 制作文字动画

1. 导入素材

（1）选择"File" > "Import" > "File"命令，弹出"Import File"对话框，选择"素材\第12章\节目预告\（Footage）"文件夹，选择准备好的素材文件，如图12—58所示，单击"打开"按钮确认，将文件导入到软件中。

（2）导入的素材文件显示在"Project"窗口中，如图12－59所示。

图12－58　"Import File"对话框　　　　图12－59　素材文件显示在"Project"窗口中

2．调整素材

（1）在"Project"窗口中，选择"logo.ai"，将其置入到时间线窗口的"节目预告"合成组中，如图12－60所示。

（2）选择层"logo.ai"，按"P"键调出"Position"属性，修改"Position"属性的数值，如图12－61所示。

图12－60　置入电视台Logo　　　　图12－61　修改电视台Logo的摆放位置

（3）调整后的画面效果如图12－62所示。

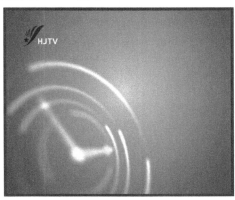

图12－62　画面效果

3．绘制遮罩

（1）选择"Layer"＞"New"＞"Solid"命令，弹出"Solid Settings"对话框，在"Name"输入框内输入"彩色底版"，"Color"颜色数值调整为"R255，G138，B0"，如图12－63所示。

（2）在工具面板中选择矩形工具，在层"彩色底版"上绘制一个矩形遮罩，如图12－64所示。

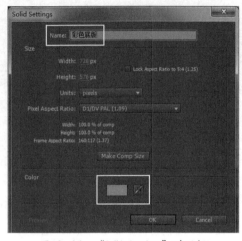

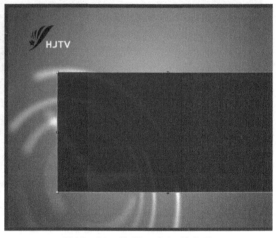

图12－63　"Solid Settings"对话框　　　　　图12－64　绘制一个矩形遮罩

4．创建文字内容

（1）在工具面板中选择文字工具，如图12－65所示。

图12－65　选择文字工具

（2）鼠标移动到合成显示窗口中单击，输入文字内容"节目预告"，单击工具面板中的选择工具确认输入，如图12－66所示。

（3）在"Character"面板和"Paragraph"中设置文字的参数，如图12－67所示。

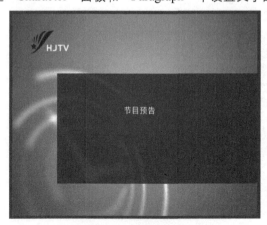

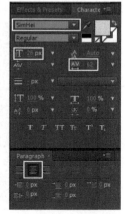

图12－66　输入文字内容"节目预告"　　　　图12－67　设置文字的参数

（4）选择文字层"节目预告"，单击层名字左侧的三角符号展开层的"Transform"属性，将时间线指针移动到0:00:00:18处，单击"Position"属性和"Scale"属性左侧的关键帧自动记录器，为这两个属性创建关键帧，调整两个属性的数值，如图12—68所示。

（5）将时间线指针移动到0:00:01:00处，修改"Position"属性和"Scale"属性的数值，如图12—69所示。

图12—68　创建关键帧　　　　　　　图12—69　创建关键帧

（6）在"Project"窗口中，同时选择"节目1.avi"和"节目2.tga"，将其置入到时间线窗口的"节目预告"合成组中，如图12—70所示。

（7）在时间线窗口中，同时选择"节目1.avi"和"节目2.tga"，按"S"键调出层的"Scale"属性，修改"Scale"属性的数值，如图12—71所示。

图12—70　置入素材　　　　　　图12—71　修改"Scale"属性的数值

（8）单独选择"节目1.avi"，按"P"键调出层的"Position"属性，修改"Position"属性的数值，如图12—72所示。

（9）单独选择"节目2.tga"，按"P"键调出层的"Position"属性，修改"Position"属性的数值，如图12—73所示。

图12—72　修改"Position"属性的数值　　图12—73　修改"Position"属性的数值

（10）调整后的画面效果如图12—74所示。

图12—74　画面效果

（11）选择层"节目1.avi"，将其起始位置移动到0:00:01:21处，如图12－75所示。

（12）在工具面板中选择文字输入工具，鼠标移动到合成显示窗口中单击，输入文字内容"20:15 海外剧场"，单击工具面板中的选择工具确认输入，在"Character"面板和"Paragraph"面板中设置文字的参数，如图12－76所示。

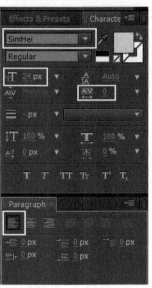

图12－75　设置层起始位置　　　　　　图12－76　设置文字的参数

（13）选择文字层"20:15 海外剧场"，按"P"键调出"Position"属性，修改"Position"属性的数值，如图12－77所示。

（14）在工具面板中选择文字输入工具，鼠标移动到合成显示窗口中单击，输入文字内容"钢铁侠2"，单击工具面板中的选择工具确认输入，在"Character"面板和"Paragraph"面板中设置文字的参数，如图12－78所示。

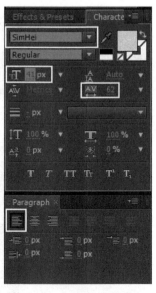

图12－77　修改"Position"属性的数值　　　图12－78　设置文字的参数

（15）选择文字层"钢铁侠2"，按"P"键调出"Position"属性，修改"Position"属性的数值，如图12-79所示。

（16）在工具面板中选择文字输入工具，鼠标移动到合成显示窗口中单击，输入文字内容"23:45 新闻速递"，单击工具面板中的选择工具确认输入，在"Character"面板和"Paragraph"面板中设置文字的参数，如图12-80所示。

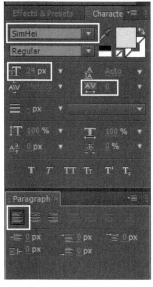

图12-79　修改"Position"属性的数值　　　　图12-80　设置文字的参数

（17）选择文字层"23:45 新闻速递"，按"P"键调出"Position"属性，修改"Position"属性的数值，如图12-81所示。

（18）在工具面板中选择文字输入工具，鼠标移动到合成显示窗口中单击，输入文字内容"午夜新闻"，单击工具面板中的选择工具确认输入，在"Character"面板和"Paragraph"面板中设置文字的参数，如图12-82所示。

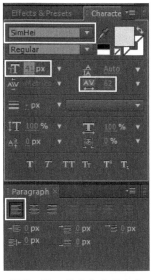

图12-81　修改"Position"属性的数值　　　　图12-82　设置文字的参数

（19）选择文字层"午夜新闻"，按"P"键调出"Position"属性，修改"Position"属性的数值，如图12－83所示。

图12－83　修改"Position"属性的数值

5．制作辅助元素

（1）选择"Layer" > "New" > "Solid"命令，弹出"Solid Settings"对话框，在"Name"输入框内输入"白色横条"，"Color"颜色数值调整为纯白色，如图12－84所示，单击"OK"按钮确认，得到一个新的固态层"白色横条"。

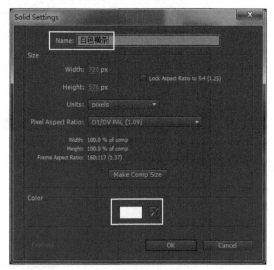

图12－84　"Solid Settings"对话框

（2）选择层"白色横条"，按"P"键调出"Position"属性，按组合键"Shift + S"调出"Scale"属性，关掉"Scale"属性的链接图标，调整两个属性的数值，如图12－85所示。

（3）选择层"白色横条"选择"Edit" > "Duplicate"命令，为层"白色横条"创建一个副本，如图12－86所示。

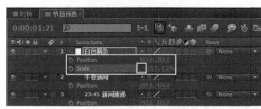

图12－85　调整两个属性的数值

图12－86　创建层副本

（4）选择新得到的层"白色横条"，按"Enter"键修改层的名字为"白色横条2"，如图12－87所示。

（5）选择层"白色横条2"，按"P"键调出"Position"属性，修改"Position"属性的数值，如图12－88所示。

图12－87　修改层名称

图12－88　修改"Position"属性的数值

6．制作淡入淡出动画

（1）同时选择合成中的层，如图12－89所示。

（2）按"T"键，调出图层的"Opacity"属性，如图12－90所示。

图12－89　同时选择合成中的层

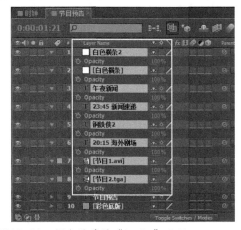

图12－90　调出图层的"Opacity"属性

（3）移动时间线指针到0:00:01:21处，单击"Opacity"属性左侧的关键帧自动记录器，修改"Opacity"属性的数值，如图12－91所示。

（4）移动时间线指针到0:00:02:05处，修改"Opacity"属性的数值，如图12－92所示。

图12－91　创建第一个关键帧

图12－92　创建第二个关键帧

（5）移动时间线指针到0:00:07:06处，单击"Opacity"属性左侧的"Add or remove keyframe at current time"按钮，如图12-93所示。

（6）移动时间线指针到0:00:07:20处，修改"Opacity"属性的数值，如图12-94所示。

图12-93　创建第三个关键帧　　　　　图12-94　创建第四个关键帧

（7）选择层"彩色底版"，按"T"键调出"Opacity"属性，移动时间线指针到0:00:01:00处，单击"Opacity"属性左侧的关键帧自动记录器，并修改"Opacity"属性的数值，如图12-95所示。

（8）移动时间线指针到0:00:01:13处，修改"Opacity"属性的数值，如图12-96所示。

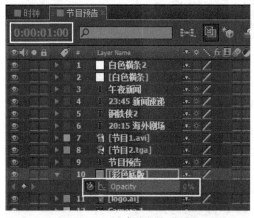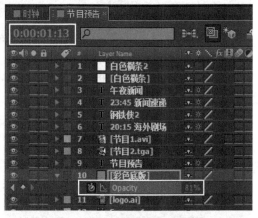

图12-95　创建第一个关键帧　　　　　图12-96　创建第二个关键帧

（9）移动时间线指针到0:00:07:06处，单击"Opacity"属性左侧的"Add or remove keyframe at current time"按钮，如图12-97所示。

（10）移动时间线指针到0:00:07:20处，修改"Opacity"属性的数值，如图12-98所示。

（11）选择层"节目预告"，按"T"键调出"Opacity"属性，移动时间线指针到0:00:07:06处，单击"Opacity"属性左侧的关键帧自动记录器创建一个关键帧，如图12-99所示。

（12）移动时间线指针到0:00:07:20处，修改"Opacity"属性的数值，如图12-100所示。

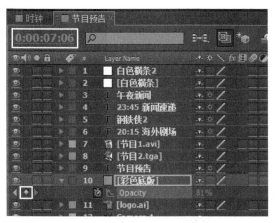

图12-97　创建第三个关键帧

图12-98　创建第四个关键帧

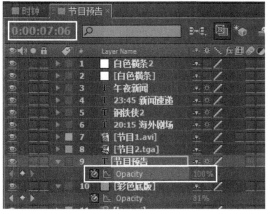

图12-99　创建第一个关键帧

图12-100　创建第二个关键帧

7．添加投影特效

（1）选择层"节目预告"，选择"Effect"＞"Perspective"＞"Drop Shadow"命令，为层添加一个"Drop Shadow"特效，修改特效的数值，如图12-101所示。

（2）选择层"20:15 海外剧场"，选择"Effect"＞"Perspective"＞"Drop Shadow"命令，为层添加一个"Drop Shadow"特效，修改特效的数值，如图12-102所示。

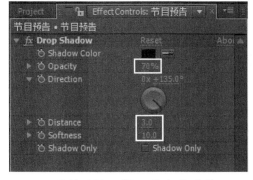

图12-101　"Drop Shadow"特效

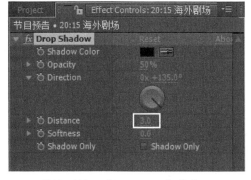

图12-102　"Drop Shadow"特效

（3）以同样的方式为其余的文字层添加"Drop Shadow"特效，特效的数值参考层"20:15 海外剧场"的"Drop Shadow"特效数值。

12.5 添加背景音乐

在"Project"窗口中，选择素材"背景音乐.wav"，将其置入到时间线窗口中，如图12－103所示。

图12－103　添加背景音乐

12.6 渲染输出

1. 预览效果

单击"Preview"面板中的"RAM Preview"按钮，进行内存预演，预演完成后在合成显示窗口中观察项目的实际效果，如图12－104所示，如发现问题可及时进行修改。

图12－104　预览画面效果

2. 渲染输出

（1）确认无误后，在"Project"窗口中，选择合成"节目预告"，选择"Composition"＞"Add to Render Queue"命令，调出"Render Queue"窗口，如图12－105所示。

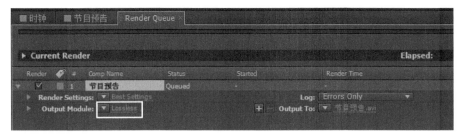

图12-105 "Render Queue" 窗口

（2）单击"Render Queue"窗口中"Output Module"右侧的黄色文字"Lossless"，弹出"Output Module Settings"对话框，"Format"参数选择"AVI"，勾选"Audio Output"选项，如图12-106所示，单击"OK"按钮确认。

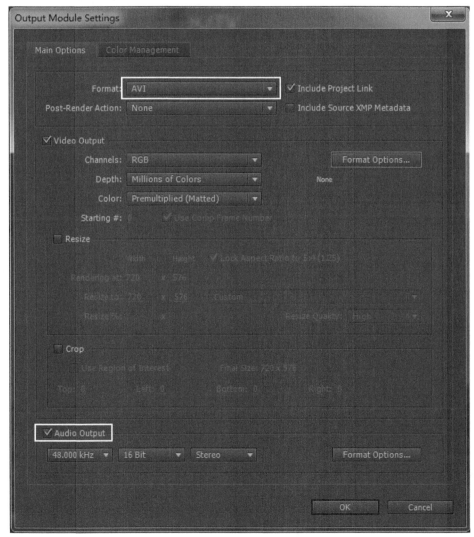

图12-106 "Output Module Settings" 对话框

（3）单击"Render Queue"窗口中"Output To"选项右侧的黄色文字按钮，弹出"Output Movie To"对话框，输入文件名称，如图12-107所示，单击"保存"按钮确认保存。

图12-107 设定文件名称

（4）单击"Render Queue"窗口右侧的"Render"按钮开始渲染输出，如图12-108所示。

图12-108 开始渲染

（5）渲染完成后，在计算机中找到输出完成的视频文件，进行播放，效果如图12-109所示。

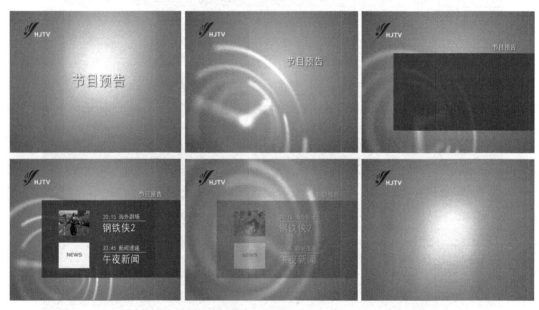

图12-109 案例实际效果